高等教育一体化系列教材
高等技术应用型人才计算机类专业系列教材

面向对象程序设计（Java）

贺 敏 鞠 磊 杨 露 编著

电子工业出版社
Publishing House of Electronics Industry
北京·BEIJING

内 容 简 介

本书基于 TOPCARES-CDIO 工程化教育理念，以"贪吃蛇游戏"作为案例进行项目驱动，围绕项目开发所需知识进行内容组织，在保证实用性的同时兼顾知识的系统性。全书共分为 5 个单元，前 4 个单元系统论述了 Java 基础语法（包括变量和表达式、程序控制结构、字符串和数组）、面向对象程序设计的概念（包括特征和原则、类定义语法、继承和多态、抽象类和接口、枚举和泛型等）、Java Swing 图形化界面编程技术、Java 常用类（包括正则表达式、集合类、Java I/O、数据库访问技术等）；第 5 单元按工程化方式完整实现了"贪吃蛇游戏"的项目，对前面的知识进行了综合应用。

本书适合作为高等院校计算机及相关专业本科教材，也可作为相关培训机构的培训教材，以及对 Java 开发技术感兴趣人员的参考书。

未经许可，不得以任何方式复制或抄袭本书之部分或全部内容。
版权所有，侵权必究。

图书在版编目（CIP）数据

面向对象程序设计：Java / 贺敏，鞠磊，杨露编著. —北京：电子工业出版社，2019.7
ISBN 978-7-121-36531-7

Ⅰ. ①面… Ⅱ. ①贺… ②鞠… ③杨… Ⅲ. ①JAVA 语言—程序设计—高等学校—教材 Ⅳ. ①TP312.8

中国版本图书馆 CIP 数据核字（2019）第 092410 号

策划编辑：贺志洪
责任编辑：刘真平
印　　刷：大厂聚鑫印刷有限责任公司
装　　订：大厂聚鑫印刷有限责任公司
出版发行：电子工业出版社
　　　　　北京市海淀区万寿路 173 信箱　邮编 100036
开　　本：787×1092　1/16　印张：20.5　字数：524.8 千字
版　　次：2019 年 7 月第 1 版
印　　次：2022 年 5 月第 7 次印刷
定　　价：51.00 元

凡所购买电子工业出版社图书有缺损问题，请向购买书店调换。若书店售缺，请与本社发行部联系，联系及邮购电话：（010）88254888，88258888。

质量投诉请发邮件至 zlts@phei.com.cn，盗版侵权举报请发邮件至 dbqq@phei.com.cn。
本书咨询联系方式：（010）88254609 或 hzh@phei.com.cn。

前言

本书特点

1. 基于 TOPCARES-CDIO 工程化教育理念

本书基于 TOPCARES-CDIO 工程化教育理念，以项目教学贯穿全书，设计了课程项目——贪吃蛇游戏，每个单元设计了相应单元项目，如 OO 计算器、简易绘图软件等，并设计了大量案例来讲解知识点。全书大小案例 100 多个，案例代码近万行。

2. 结构清晰，讲解到位

本书根据项目特点划分为 5 个单元，逻辑清晰，结构合理；本书为每个知识点精心设计了相应案例，并结合代码详细介绍知识点，非常适合初学者上手。

3. 教学资源丰富

为了便于教学和学生学习，本书为教师配备了 PPT 课件和本书所有实例源码，可以大大节约教师时间，提高授课质量；为学生配备了相应习题和配套资源包，方便学生模仿练习，培养程序思维。

本书历时一年终于完稿，参与本书编写的人员情况如下：第 1、9 章由于倩倩编写，第 2～4 章由曹晶垚编写，第 5、6、11 章由黄婧编写，第 7 章由马俊编写，第 8 章由杨露编写，第 12、13 章由鞠磊编写，第 10、14 章由贺敏编写。全书由贺敏进行统编和校稿，并完成全书项目及案例代码。本书配套资源包框架由黄波老师提供，由学生邓艳帮忙完成，特此表示感谢。

读者对象

本书适合作为高等院校计算机及相关专业本科教材，也可作为相关培训机构的培训教材，以及对 Java 开发技术感兴趣人员的自学用书。由于能力和水平所限，难免存在错误和疏漏，希望各位专家、教师和同学提出指正意见，与编者共同讨论，编者邮箱为 hemin@nsu.edu.cn。

内容组织

全书采用循序渐进的方式，逐步引导读者全面而系统地掌握 Java 语言的语法和面向对象知识。全书分为 5 个单元共 14 章，主要内容安排如下：

第 1 章　绪论：主要内容包括 Java 语言的特点和运行机制、面向对象思想概述，以及本书课程项目简介。

第 2 章　结构化基础语法：主要介绍 Java 程序的组成，以及编程的基本要素——数据类型和变量、表达式和语句。

第 3 章　字符串和数组：主要介绍程序中广泛使用的字符串和数组。

第 4 章　程序控制结构：重点介绍面向结构编程的重要元素，包括分支、循环、跳转等多种语法结构，并完成单元项目——扫雷游戏布雷逻辑实现。

第 5 章　面向对象思想及原则：简要介绍面向对象的特征及原则，并安排 OOP 引例帮助读者过渡。

第 6 章　类定义语法：以有理数类定义为例，介绍类定义各个方面的知识，包括类和对象、类的组成、构造方法、方法重载、可变参数等。

第 7 章　面向对象高级概念：主要介绍继承和多态、抽象类和接口、内部类和枚举类型、泛型编程等，并完成单元综合项目——OO 计算器。

第 8 章　Java Swing 技术：主要介绍 GUI 程序的机制、容器与布局、事件处理机制、常用 UI 元素及自动化任务。

第 9 章　Java 绘图技术：主要介绍 Java 绘图机制、Graphics 类的使用，并完成单元项目——GUI 计算器、简易绘图软件。

第 10 章　字符串与正则表达式：主要介绍字符串与 StringBuilder 类、正则表达式和 Java 中正则的支持。

第 11 章　Java 集合框架：主要介绍常用集合类 ArrayList、LinkedList、HashMap 和 HashSet，以及集合工具类 Arrays 和 Collections。

第 12 章　文件与 I/O 流：主要介绍文件操作与各种文件读/写技术，以及序列化和反序列化技术，并完成单元项目——单词统计。

第 13 章　数据库访问技术 JDBC：以 MySQL 数据库为例，主要介绍数据库连接及常用操作，以及数据库事务的概念和应用。

第 14 章　课程项目——贪吃蛇游戏：以贪吃蛇游戏为例，采用 MVC 架构，综合应用全书介绍的 Java 技术，做到学以致用。

书中的每一章开始都提出了学习目标，点出该章的重点知识；每一章结束都进行了小结，对该章的关键知识点进行回顾。此外，每一章都配备了一定数量的习题，通过这些练习能帮助读者有的放矢地复习所学内容。

教 学 建 议

本书内容丰富，教学学时建议：如果学生没有编程基础，建议安排 96 学时；如果学生有编程基础，则建议 64 学时。64 学时具体安排如下：

前言

教学单元	章　名	课内学时	课外学时
第1单元　Java基础语法	第1章　绪论	2	2
	第2章　结构化基础语法	4	4
	第3章　字符串和数组	2	2
	第4章　程序控制结构	8	10
第2单元　Java面向对象	第5章　面向对象思想及原则	2	2
	第6章　类定义语法	4	6
	第7章　面向对象高级概念	6	10
第3单元　GUI编程	第8章　Java Swing技术	6	8
	第9章　Java绘图技术	6	8
第4单元　Java常用技术	第10章　字符串与正则表达式	4	8
	第11章　Java集合框架	4	8
	第12章　文件与I/O流	4	8
	第13章　数据库访问技术JDBC	4	8
第5单元　课程项目实践	第14章　课程项目——贪吃蛇游戏	8	16

配 套 资 源

本书将全书项目和案例制作成了配套资源包，在浏览器中打开"index.html"，界面如下图所示，单击左侧导航栏的案例，右侧上方将显示其对应代码，右侧下方显示其运行效果截图。

目录

第 1 单元　Java 基础语法

第 1 章　绪论 …………………………… 3
　1.1　Java 概述 ………………………… 3
　　1.1.1　Java 的起源和发展 ………… 3
　　1.1.2　Java 语言特点 ……………… 4
　　1.1.3　Java 运行机制 ……………… 5
　1.2　面向对象思想 …………………… 6
　1.3　综合项目概述 …………………… 6
　本章小结 ……………………………… 7
　习题 …………………………………… 7

第 2 章　结构化基础语法 ……………… 8
　2.1　Java 程序组成 …………………… 8
　　2.1.1　注释 ………………………… 9
　　2.1.2　程序入口点 ………………… 10
　　2.1.3　程序组织 …………………… 10
　　2.1.4　程序错误 …………………… 11
　　2.1.5　代码规范 …………………… 12
　　2.1.6　使用 IDE …………………… 12
　2.2　数据类型和变量 ………………… 14
　　2.2.1　基本类型和引用类型 ……… 14
　　2.2.2　基本类型 …………………… 14
　　2.2.3　变量 ………………………… 16
　　2.2.4　类型转换 …………………… 17

　2.3　表达式和语句 …………………… 18
　　2.3.1　算术运算 …………………… 18
　　2.3.2　关系运算 …………………… 19
　　2.3.3　条件运算 …………………… 20
　　2.3.4　赋值运算 …………………… 21
　　2.3.5　运算符优先级 ……………… 21
　　2.3.6　位运算 ……………………… 22
　　2.3.7　其他运算 …………………… 23
　本章小结 ……………………………… 24
　习题 …………………………………… 24

第 3 章　字符串和数组 ………………… 25
　3.1　字符串 …………………………… 25
　　3.1.1　字符串的创建 ……………… 25
　　3.1.2　格式化字符串 ……………… 26
　　3.1.3　字符串和基本类型转换 …… 26
　　3.1.4　字符串常用方法 …………… 27
　3.2　数组 ……………………………… 28
　　3.2.1　数组的定义 ………………… 28
　　3.2.2　数组元素的访问 …………… 29
　　3.2.3　多维数组 …………………… 29
　本章小结 ……………………………… 29
　习题 …………………………………… 29

第 4 章 程序控制结构 ………… 31

4.1 分支结构 ………… 31
- 4.1.1 if-else 分支 ………… 31
- 4.1.2 switch 分支 ………… 34

4.2 循环结构 ………… 35
- 4.2.1 while 循环 ………… 36
- 4.2.2 do-while 循环 ………… 37
- 4.2.3 for 循环 ………… 37

4.3 跳转语句 ………… 39
- 4.3.1 break 语句 ………… 39
- 4.3.2 continue 语句 ………… 40

4.4 递归调用 ………… 41

4.5 综合应用 ………… 42
- 4.5.1 二分查找算法 ………… 42
- 4.5.2 九宫算术 ………… 43
- 4.5.3 Excel 地址转换 ………… 45
- 4.5.4 约瑟夫环 ………… 46

4.6 单元项目 ………… 48
- 4.6.1 项目概述 ………… 48
- 4.6.2 设计与实现 ………… 48

本章小结 ………… 50
习题 ………… 51

第 2 单元　Java 面向对象

第 5 章 面向对象思想及原则 ………… 55

5.1 面向对象思想特征 ………… 55
5.2 面向对象思想原则 ………… 57
5.3 OOP 引例 ………… 58

本章小结 ………… 61
习题 ………… 62

第 6 章 类定义语法 ………… 63

6.1 成员访问控制 ………… 63
6.2 数据相关成员 ………… 64
- 6.2.1 成员变量 ………… 64
- 6.2.2 构造方法 ………… 64
- 6.2.3 get/set 访问器 ………… 65

6.3 方法定义 ………… 66
- 6.3.1 方法构成 ………… 66
- 6.3.2 方法重载 ………… 69
- 6.3.3 可变参数 ………… 70

6.4 类成员 ………… 71
- 6.4.1 类和对象 ………… 71
- 6.4.2 类成员定义 ………… 72

本章小结 ………… 74
习题 ………… 74

第 7 章 面向对象高级概念 ………… 76

7.1 继承和多态 ………… 76
- 7.1.1 继承 ………… 76
- 7.1.2 对象的类型转换 ………… 78
- 7.1.3 多态 ………… 79
- 7.1.4 Object 类 ………… 82

7.2 抽象类和接口 ………… 89
- 7.2.1 抽象类 ………… 89
- 7.2.2 接口 ………… 90
- 7.2.3 抽象类和接口的区别 ………… 92

7.3 内部类 ………… 94
- 7.3.1 顶层类成员 ………… 94
- 7.3.2 局部内部类 ………… 96
- 7.3.3 内部类与多重继承 ………… 97

7.4 枚举类型 ………… 98
- 7.4.1 枚举的定义 ………… 98
- 7.4.2 枚举的实现原理 ………… 98
- 7.4.3 枚举的使用 ………… 100

7.5 泛型编程 ………… 102
- 7.5.1 泛型类型 ………… 102

7.5.2 类型擦除 …………………… 104	7.6.3 静态导入 …………………… 109
7.5.3 类型限制 …………………… 105	7.7 单元项目 …………………………… 109
7.5.4 泛型方法 …………………… 107	7.7.1 项目概述 …………………… 109
7.6 类的组织：包 ……………………… 108	7.7.2 设计与实现 ………………… 110
7.6.1 包的概念与意义 …………… 108	本章小结 ………………………………… 117
7.6.2 包的定义与使用 …………… 108	习题 ……………………………………… 117

第 3 单元　GUI 编程

第 8 章　Java Swing 技术 …………… 121	8.5.2 常用组件 …………………… 156
8.1 Swing 技术简介 …………………… 121	8.5.3 通用对话框 ………………… 161
8.1.1 Swing 概述 ………………… 121	8.5.4 菜单栏 ……………………… 167
8.1.2 GUI 程序的创建 …………… 122	8.5.5 系统托盘 …………………… 169
8.1.3 窗口坐标体系 ……………… 124	8.6 自动化任务 ………………………… 171
8.1.4 界面风格 …………………… 124	8.6.1 模拟鼠标键盘 ……………… 171
8.1.5 模式窗口与非模式窗口 …… 125	8.6.2 屏幕截图 …………………… 174
8.2 常用容器 …………………………… 126	本章小结 ………………………………… 176
8.2.1 顶层容器 …………………… 126	习题 ……………………………………… 177
8.2.2 中间容器 …………………… 129	第 9 章　Java 绘图技术 ……………… 178
8.3 常用布局 …………………………… 131	9.1 界面绘图机制 ……………………… 178
8.3.1 BorderLayout 边界布局 …… 131	9.1.1 绘制过程 …………………… 178
8.3.2 FlowLayout 流式布局 ……… 133	9.1.2 双缓冲技术 ………………… 179
8.3.3 CardLayout 卡片布局 ……… 134	9.1.3 绘图与动画 ………………… 179
8.3.4 GridLayout 网格布局 ……… 134	9.2 Graphics 的使用 …………………… 181
8.3.5 BoxLayout 箱式布局 ……… 135	9.2.1 几何图形绘制和填充 ……… 181
8.3.6 GridBagLayout 非规则网格布局 … 137	9.2.2 字符串绘制 ………………… 185
8.3.7 绝对布局 …………………… 140	9.2.3 图片绘制 …………………… 191
8.4 事件监听和处理 …………………… 142	9.3 单元项目 …………………………… 194
8.4.1 事件处理机制 ……………… 142	9.3.1 GUI 计算器 ………………… 194
8.4.2 键盘事件处理 ……………… 144	9.3.2 简易绘图软件 ……………… 198
8.4.3 鼠标事件处理 ……………… 147	本章小结 ………………………………… 208
8.4.4 窗口事件处理 ……………… 151	习题 ……………………………………… 208
8.5 常用 UI 元素 ……………………… 153	
8.5.1 辅助元素 …………………… 154	

第 4 单元　Java 常用技术

第 10 章　字符串与正则表达式 ……… 213
10.1　再论字符串 ………………… 213
10.1.1　字符串的不变性 ………… 213
10.1.2　StringBuilder 类 ………… 215
10.1.3　字符串其他常用操作 …… 217
10.2　正则表达式 ………………… 219
10.2.1　正则符号 ………………… 219
10.2.2　正则验证与匹配 ………… 221
10.2.3　支持正则的字符串方法 … 225
本章小结 …………………………… 227
习题 ………………………………… 227

第 11 章　Java 集合框架 …………… 229
11.1　集合框架概述 ……………… 229
11.2　常用集合类 ………………… 231
11.2.1　ArrayList 类 ……………… 231
11.2.2　LinkedList 类 …………… 233
11.2.3　HashMap 类 …………… 236
11.2.4　HashSet 类 ……………… 240
11.3　集合工具类 ………………… 240
11.3.1　Arrays 类 ………………… 240
11.3.2　Collections 类 …………… 242
本章小结 …………………………… 242
习题 ………………………………… 242

第 12 章　文件与 I/O 流 …………… 244
12.1　文件 ………………………… 244
12.1.1　创建文件对象 …………… 245
12.1.2　操作文件对象 …………… 245
12.2　I/O 流概述 ………………… 247
12.2.1　流的概念与分类 ………… 247
12.2.2　流的套接 ………………… 247
12.3　字符流读/写 ……………… 248
12.3.1　字符阅读流 ……………… 248
12.3.2　字符书写流 ……………… 249
12.4　字节流读/写 ……………… 250
12.4.1　字节输入流 ……………… 250
12.4.2　字节输出流 ……………… 252
12.4.3　标准输入/输出 ………… 257
12.5　对象序列化 ………………… 258
12.5.1　序列化技术概述 ………… 258
12.5.2　序列化与反序列化 ……… 258
12.5.3　序列化的限制 …………… 261
12.6　单元项目 …………………… 262
12.6.1　项目概述 ………………… 262
12.6.2　设计与实现 ……………… 263
本章小结 …………………………… 267
习题 ………………………………… 267

第 13 章　数据库访问技术 JDBC …… 269
13.1　JDBC 基本概念 …………… 269
13.2　JDBC 驱动程序类型 ……… 270
13.3　搭建数据库环境 …………… 271
13.3.1　安装 MySQL 数据库 …… 271
13.3.2　建立数据表 ……………… 271
13.3.3　配置 JDBC 驱动 ………… 271
13.3.4　接口 Driver 和类 DriverManager ……………… 272
13.3.5　编写驱动测试程序 ……… 273
13.4　数据库访问 ………………… 274
13.4.1　注册数据库驱动 ………… 274
13.4.2　创建连接对象 …………… 274
13.4.3　创建 SQL 对象 ………… 275
13.4.4　执行 SQL 语句 ………… 275
13.4.5　访问结果集对象 ………… 276
13.5　数据库操作 ………………… 277
13.5.1　在 Swing 窗口中显示结果集 … 278
13.5.2　元数据 …………………… 280
13.5.3　PreparedStatement 对象 … 281
13.6　事务处理 …………………… 282
13.6.1　事务 ……………………… 282
13.6.2　保存点 …………………… 284
本章小结 …………………………… 285
习题 ………………………………… 285

第 5 单元　课程项目实践

第 14 章　课程项目——贪吃蛇游戏 … 289

　14.1　项目功能描述 …………… 289

　14.2　项目设计与实现 ………… 289

　　14.2.1　搭建游戏框架 ………… 289

　　14.2.2　GameImage 类实现 …… 290

　　14.2.3　DigitImage 类实现 …… 292

　　14.2.4　GameConfig 类实现 …… 292

　　14.2.5　Node 类实现 ………… 294

　　14.2.6　Snake 类实现 ………… 295

　　14.2.7　事件机制模拟 ………… 297

　　14.2.8　GameServer 类实现 …… 298

　　14.2.9　PanelInfo 类实现 ……… 299

　　14.2.10　PanelGame 类实现 …… 301

　　14.2.11　国际化与本地化 ……… 301

　　14.2.12　MenuGame 类实现 …… 302

　　14.2.13　FrameGame 类实现 …… 304

　　14.2.14　PlayerController 类实现 … 305

　　14.2.15　GameController 类实现 … 305

　　14.2.16　GameEntry 类实现 …… 307

　14.3　课程项目总结 …………… 308

附录 A　《劝学篇》 ……………… 309

附录 B　编码规范 ………………… 311

附录 C　JDK 版本特性 …………… 314

第 1 单元　Java 基础语法

故不积跬步，无以至千里；不积小流，无以成江海。骐骥一跃，不能十步；驽马十驾，功在不舍。锲而舍之，朽木不折；锲而不舍，金石可镂。

——荀子·《劝学篇》

 单元知识要点

绪论
结构化基础语法
字符串和数组
程序控制结构

 单元案例

进制转换
日期转换
质数判断
选择排序
斐波拉契数列
二分查找
九宫算术
Excel 地址转换
约瑟夫环

 单元项目

扫雷游戏布雷逻辑实现

第1章 绪 论

计算机的出现是 20 世纪最伟大的科技成果之一,它引发了社会生产力的迅猛发展及人们观念的飞跃性变革。在短短几十年内人们就迅速地从铅与火的时代走进了光与电的时代,过去靠人工进行的大量烦琐的工作,现在都可以由计算机替代完成。不仅如此,它还能做许多人力不便做或不能做的事情。神奇的计算机改变了世界。

人们要使用计算机为自己服务,必须能够和计算机交互,把人的意图告诉计算机,计算机在理解之后,就可发挥其高速的运算能力和处理能力为人们工作了。计算机语言就是人和计算机交互的工具,但人们的意图是通过程序提交给计算机的,所以还必须用计算机语言编写出程序,即所谓的程序设计。

程序设计的发展经历了面向过程向面向对象的转换,目前面向对象编程已经成为主流,而本书采用的编程语言 Java 就非常完美地体现了面向对象编程的优势。

 学习目标

★ 了解 Java 语言的特点
★ 熟悉 Java 程序的运行机制
★ 理解面向对象编程的思想
★ 了解贯穿本书的综合项目

1.1 Java 概述

本节首先对 Java 语言进行简述,包括 Java 的起源和发展、Java 语言特点和运行机制,使读者对 Java 有一个初步的认识。

1.1.1 Java 的起源和发展

Java 源于美国 Sun 公司的 Patrick Nawghton、James Gosling 和 Mike Sheridan 等人组成的开发小组进行的代号为"Green"的项目研制。James Gosling 是该项目的负责人,他需要为"Green"项目的实现找到一门合适的语言。起初他选择了 C 语言,并且进行了扩展。但是后来却发现这些扩展并不能满足当时的需求,因此他夜以继日地开发了一种新语言,并且以其办公室外的橡树"Oak"为名。1995 年"Oak"更名为"Java"("Oak"注册时发现已经被占用),它来自印度尼西亚的一个盛产咖啡的小岛的名字,其中文名为爪哇,而热腾腾的香浓咖啡也成为 Java 语言的标志。

Java 面世之后,很快流行开来并且发展迅速。Java 技术所拥有的通用性、高效性、平台移植性及安全性都对 C++造成了强有力的冲击。

1996 年,Sun 公司发布 JDK 1.0 版本,第一次提出了"Write Once, Run Anywhere"(一次开发,随处运行)的口号;1998 年 12 月,JDK 1.2 版本发布,通常称为 Java 2,是 Java 重大转变的最流行版本,主要特点是集合框架、JIT 编译器、策略工具、Java 基础类、Java 二维类库和 JDBC 改进。Sun 公司在这个版本中把 Java 技术体系拆分为 3 个方向,分别是面向桌面应用开发的 J2SE(Java 2 Platform, Standard Edition)、面向企业级开发的 J2EE(Java 2 Platform, Enterprise Edition)和面向手机等移动终端开发的 J2ME(Java 2 Platform, Micro Edition);2002 年 4 月,JDK 1.4 版本发布,这是 Java 真正走向成熟的标志,包括了正则表达式、异常链、NIO、日志类、XML 解析器和 XSLT 转换器等新技术特性;2004 年 9 月,JDK 1.5 版本发布,从 JDK 1.2 以来,Java 在语法层面上的变化一直很小,而 JDK 1.5 在 Java 语法易用性上做出了非常大的改进。例如,自动装箱、泛型、动态注解、枚举、可变长参数、遍历循环(foreach 循环)等语法特性都是在 JDK 1.5 中加入的;2006 年 12 月,JDK 1.6 发布。在这个版本中,Sun 公司终结了从 JDK 1.2 开始已经有 8 年历史的 J2EE、J2SE、J2ME 的命名方式,启用 Java SE 6、Java EE 6、Java ME 6 的命名方式。JDK 1.6 的改进包括:提供动态语言支持(通过内置 Mozilla Java Rhino 引擎实现)、提供编译 API 和微型 HTTP 服务器 API 等。同时,这个版本对 Java 虚拟机内部做了大量改进,包括锁与同步、垃圾收集、类加载等方面的算法都有相当多的改动。这个版本发布前一个月,在 Java One 技术大会上,Sun 公司宣布将 Java 开源。

2009 年 4 月 20 日,Oracle 公司正式宣布以 74 亿美元的价格收购 Sun 公司,Java 商标从此正式归 Oracle 公司所有(Java 语言本身并不属于哪家公司所有,它由 JCP 组织进行管理,尽管 JCP 主要是由 Sun 公司或者说 Oracle 公司所领导的)。随后,Oracle 公司分别于 2011 年、2014 年、2017 年发布了 Java 1.7、1.8、1.9 三个版本。

1.1.2　Java 语言特点

可以说是 Internet 的发展促使了 Java 的诞生,而 Java 语言不断发展的各种特性也更好地适应了 Internet 的飞速发展,其主要特点如下:

1. 简单性

Java 的语法和 C 语言类似,使得大多数程序员可以很容易地学习和使用。而 Java 还去掉了 C 语言中一些复杂的语法(如指针),更加简单,更适合初学者入门。

2. 平台无关性

Java 源文件在 Java 平台上被编译为独立于操作系统的字节码格式(后缀为 class 的文件),然后可以在实现这个 Java 平台的任何系统中运行,从而实现 Java 宣称的"一次开发,随处运行"的宗旨。

3. 面向对象

Java 语言提供类、接口和继承等原语完美体现面向对象思想。为了简单起见,只支持类之间的单继承，但支持接口之间的多继承，并支持类与接口之间的实现机制（关键字为 implements）。

4. 分布式

Java 语言支持 Internet 应用的开发，在基本的 Java 应用编程接口中有一个网络应用编程接口（Java net），它提供了用于网络应用编程的类库，包括 URL、URLConnection、Socket、ServerSocket 等。Java 的 RMI（远程方法激活）机制也是开发分布式应用的重要手段。

5. 健壮性

Java 的强类型机制、异常处理等是 Java 程序健壮性的重要保证。同时由于丢弃了指针，Java 提供了垃圾自动回收机制来自动管理内存，避免了程序员无心的错误和恶意的攻击。

6. 安全性

Java 通常被用在网络环境中，为此，Java 提供了一个安全机制以防恶意代码的攻击。例如，安全防范机制（类 ClassLoader），分配不同的名字空间以防替代本地的同名类，字节代码检查，禁止运行时堆栈溢出等。

7. 解释型

如前所述，Java 程序在 Java 平台上被编译为字节码格式，然后可以在实现这个 Java 平台的任何系统的解释器中运行。但 Java 通过提供 JIT 即时编译、指令缓存等技术可以极大提高其运行性能。

1.1.3 Java 运行机制

如前所述，Java 具有平台无关的特点。而实现这个特性是因为 Java 采用了字节码（类似汇编语言）作为中介，即 Java 源文件先编译为字节码文件（.class），然后字节码文件在具体平台上通过 JVM 解释执行。

Java 虚拟机是一台抽象的计算机，其规范定义了每个 Java 虚拟机都必须实现的特性，但是为每个特定实现都留下了选择。举例来说，虽然每个 Java 虚拟机都必须能够执行 Java 字节码，但用何种技术来执行是可以不同的。而且它的规范也很灵活，允许虚拟机用纯粹软件方式来实现，也可以很大部分由硬件实现。Java 虚拟机的主要任务就是装载 class 文件并执行其中的字节码，其中 class 文件由程序中自身定义的类和 Java API 中定义的类构成，其编译运行机制如图 1-1 所示。

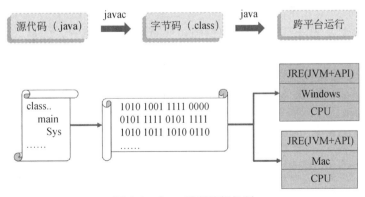

图 1-1 Java 编译运行机制

1.2 面向对象思想

随着计算机硬件技术的飞速发展，计算机的存储容量迅速增大、速度迅速提高，计算机取得了越来越广泛的应用，这就对软件开发提出了更高的要求。然而软件技术的进步却远远滞后于硬件技术的进步：软件开发的周期和成本难以控制，有的软件甚至无法交付；软件的质量总是不尽人意，经常是用之不灵、弃之可惜。这种状况人们称之为"软件危机"。

渐渐地，人们认识到：为了摆脱软件危机，必须按照工程化的原则和方法来组织软件开发工作。20世纪70年代流行的面向结构的程序设计方法，其主要目标是解决面向结构的语言系统的设计问题。它强调程序的模块化和自顶向下的功能分解。对于涉及大量计算的问题，从算法的角度揭示事物的特点，对程序进行面向结构的分割是合适的。而随着软件应用涉及社会生活的方方面面，面对变动的现实世界，面向结构的设计方法暴露出越来越多的不足，主要有：

- 功能与数据分离，不符合人们对现实世界的认识。要保持功能与数据的相容也十分困难。
- 基于模块的设计方式，导致软件修改困难。
- 自顶向下的设计方法，限制了软件的可重用性，降低了开发效率，也导致最后开发出来的系统难以维护。

为了解决面向结构程序的这些实际问题，面向对象的技术应运而生。这是一种强有力的软件开发方法，它将数据和对数据的操作视为一个相互依赖、不可分割的整体，采用数据抽象和信息隐蔽技术，力图简化现实世界中大多数问题的求解过程。面向对象的方法符合人们的思维习惯，同时有助于控制软件的复杂性，提高软件的生产效率，从而得到了广泛认可，已成为目前最为流行的一种软件开发方法。

面向对象的本质就是抽象，其三大核心特征为封装、继承和多态。面向对象的目标是提高代码的复用性、程序的扩展性和软件的维护性。

1.3 综合项目概述

本书基于TOPCARES-CDIO工程化教育理念，采用项目驱动的方式进行组织，选用的综合项目为经典的贪食蛇游戏，并适度扩展，主要完成的功能包括：基本的游戏功能（蛇的创建、移动、吃食物并生长、游戏结束控制、食物的随机生成等）、游戏信息显示、游戏配置功能、国际化与本地化支持等。项目采用经典的MVC架构进行设计，完美体现面向对象编程的优势。涉及的主要知识点有：Java程序的组成和组织、Java编程规范、数据类型和变量、表达式和语句、程序控制结构、数组、Java面向对象技术（类定义、类和对象、继承和多态、抽象类和接口、内部类、枚举类型）、Java集合类、Java数据处理文件读/写、Swing界面编程、Java 2D绘图、多线程、国际化与本地化等。

综合项目与教材单元、技术能力的映射关系如下：

（1）贪吃蛇游戏中的碰撞检测等—Java基础语法—结构化程序设计能力；

（2）贪吃蛇游戏中的业务逻辑设计—Java面向对象—面向对象编程能力；

（3）贪吃蛇游戏中的界面设计—GUI 编程—GUI 界面编程能力；

（4）贪吃蛇游戏中的数据处理—Java 常用技术—数据结构应用能力；

（5）贪吃蛇游戏中的其他相关—Java 常用技术—使用 Java API 的能力。

另外，本书每个单元均安排了单元项目，通过单元项目的练习可以对该单元的知识和技术进行综合应用。读者在每个单元完成后必须亲手编码运行，做到融会贯通，举一反三，然后尝试完成综合项目涉及该单元的编码。

本 章 小 结

本章简要描述了 Java 语言的特点和 Java 程序的运行机制，简要介绍了面向对象思想及其核心特征，最后介绍了本书的项目组织和课程项目的情况。读者对本章只需概要了解，后面章节将逐步展开本书内容。

习　　题

1. 简述 Java 语言的特点。
2. 简述 Java 的运行机制。
3. 简述面向过程开发的缺点。
4. 上网搜索面向对象编程的优点。
5. 简述教材综合项目的主要功能。

第 2 章 结构化基础语法

计算机的使用是为了帮助人们进行高速的数据处理，在处理之前首先应该进行数据存储，而申请存储空间（内存）就需要知道申请空间的一些基本信息（如大小、区域等，而数据类型就是起这个作用的），存储空间申请成功后，对空间的操作只有两种方式（拿出来还是放进去）。接下来就应该对数据进行处理了（即语法中的表达式运算，如算术运算），而处理流程跟现实生活完全一样，无非顺序处理、分支处理、循环处理三种。上述过程所涉及的知识点就是程序语言中的基础语法：数据类型、变量、表达式运算和控制结构。

计算机的最大优势是运行速度快，因此它更擅长处理大批量的数据，而这又涉及 Java 中的数组类型；另外，现实世界中我们处理最多的数据信息是文本形式的，所以 Java 中提供了 String 字符串类型予以支持。

第 1 单元就是介绍这些计算机程序中最基本的语法在 Java 中的表示，读者必须熟练掌握。本单元结束时将采用"扫雷游戏布雷逻辑实现"作为单元项目来综合应用这些基本语法，达到巩固基础和灵活应用的目的。

 学习目标

★ 熟练掌握 Java 的基础语法并能灵活应用
★ 理解基本类型和引用类型的区别
★ 熟悉 Java 程序的组成，掌握基本输入、输出方法
★ 有 C 语言基础的读者，需要明确 Java 和 C 语言在基础语法上的区别

2.1　Java 程序组成

本节我们通过 Java 的第一个程序来解释 Java 源程序的组成，以及 Java 程序如何通过命令行进行编译、运行，读者必须掌握手工完成这一过程的全部步骤，以便后面我们使用 IDE（本书采用的是 Eclipse）完成这些步骤时能够更好地理解。不失一般性，我们仍然采用打印"hello, Java"作为第一个程序。

【程序代码清单 2-1】C2001_HelloJava.java

```
1   //第一个 Java 程序，目的是演示 Java 程序的组成
2   import java.lang.System;
3
4   /** *******************************
5    * 类名：HelloJava
6    * 功能：打印"hello, Java"
7    * *******************************/
8   public class C2001_HelloJava {
9       /*
10       * Java 可运行程序入口点，目前识记其组成即可*/
11      public static void main(String[] args) {
12          System.out.println("hello, Java");
13      }
14  }
```

编号说明：为了既有序又能反映案例内容，本书采用了编号+实际类名的方式命名。编号按章节划分，C2 表示第 2 章，001 表示本章的第一个案例。读者自己试验本书代码的时候，可以不用编号。另外，代码中的行号是为了说明方便，它们不是程序的一部分。

使用任何文本编辑器书写上述代码，然后保存为 C2001_HelloJava.java 源文件。接下来要想运行这个程序，还必须对其进行编译，这将使用 Java 的编译器 javac 命令行工具（该工具位于 jdk 安装路径的 bin 文件夹下，Java 大部分命令行工具都位于其中）。为了方便在命令行使用，需要配置 path 环境变量，将上述工具的路径加入 path（如读者不清楚如何配置，上网搜索"Java 环境变量配置"即可，应该会有大量的文档资料能帮助你）。

准备工作做好后，打开命令行窗口，然后将当前工作目录切换到保存该源文件的目录下，输入命令："javac C2001_HelloJava.java"，回车即可。如无意外，在该目录下将生成 C2001_HelloJava.class 文件，这就是 javac 编译后所得到的字节码文件，然后我们再输入"java C2001_HelloJava"，回车就应该看见打印出了"hello，Java"的信息。现阶段对 javac 和 java 这两个工具学会简单使用就可以了。

这个程序本身相当简单，基本上就是测试 Java 环境安装是否正常，不过它也算"麻雀虽小，五脏俱全"。接下来，我们就对这个程序进行逐步解析。这个过程相当重要，涉及的内容较多，必须熟练掌握。

2.1.1 注释

当我们准备做一名程序员的时候，从一开始就养成良好的习惯是相当重要的。而给程序写出良好的注释是程序设计过程中的良好习惯（方便自己阅读和团队合作），也是学习中很重要的一个环节，我们必须从现在开始就按这种方式来严格要求自己。

注释主要用于对程序功能、关键代码等内容进行简单解释和说明，让代码更加清晰、完整，方便自己和他人阅读，从而提高编程效率。被标记为注释的内容在编译时会被忽略，所以注释不会对生成的程序产生任何影响。当然需要说明的是，注释必须准确，必须与代码保持一致，否则有注释并不比没有注释好；另外，注释不是越多越好，我们更应该训练的是代码的自解释性，即良好的命名规范。

Java 中支持三种形式的注释：多行注释(/*...*/)、单行注释(//...)和文档注释(/**...*/)。多行注释的作用范围从 "/*" 所在行到 "*/" 所在行，中间的内容就是注释。单行注释开始于 "//"，作用范围到所在行结束，其主要作用是对关键代码进行说明，如本例中的第 1 行。

对程序功能进行描述并无格式限制，读者可以按照自己的喜好添加其他内容，这里的示例只是应该包括的基本内容。

Java 还提供了一种新型注释，即文档注释，程序员可以使用这种特殊注释语法为其代码编写帮助文档。如上述代码中，以"/**…*/"开始的语句就是文档注释。使用这种方式，借助 jdk 命令行工具（javadoc），可以帮助程序员产生帮助文档，Java 本身的 API 帮助文档就是使用这种方式生成的。

2.1.2 程序入口点

C2001_HelloJava 类中只有一个方法，即 main 方法。在 Java 中，它有一个特殊的名称就是程序入口点。从名字可以看出，这个方法很重要，是程序开始的地方，而且入口点只能有一个。需要注意的是，Java 是区分大小写的语言，因此 main 和 Main 是完全不同的，在书写程序时必须注意 m 是小写的。

main 方法前面出现也必须出现的 public 关键字属于访问权限修饰符，表示可以在外界进行调用（关于访问权限的详细说明请参见第 6 章）；其后的 static 关键字表示 main 方法是一个静态方法，而且需要记住的是 main 也必须是静态方法（关于 static 关键字和静态方法请参见第 6 章）；main 后的括号中是参数列表，即使没有参数也不能省略括号。Java 中 main 方法的参数要求必须是 String[] args 形式，用于接收命令行参数，下面我们会修改上例来理解命令行参数；方法的范围由大花括号"{"、"}"来表示，其中的代码就是方法的实现。

【程序代码清单 2-2】C2002_HelloArgs.java

```
1  import java.lang.System;
2
3  /** ***************************************
4   * 类名：HelloArgs
5   * 功能：接收命令行参数，打印"hello,命令行参数"
6   * ***************************************/
7  public class C2002_HelloArgs {
8      //Java 可运行程序入口点
9      public static void main(String[] args) {
10         if (args.length > 0)
11             System.out.println("hello, " + args[0]);
12     }
13 }
```

修改程序后重新编译，然后运行时输入命令 java C2002_HelloArgs Java，回车即可看到和运行前一个程序相同的结果，但这个程序中输出的内容是和我们传进去的命令行参数关联的（即 C2002_HelloArgs 类名后面，空格间隔的 Java），读者可以输入其他值进行测试。另外，args 这个参数是数组形式，意味着它可以传入多个参数，读者在学习了后面的循环和数组后可以再改写这个程序进行测试。

2.1.3 程序组织

Java 语言是纯面向对象的语言，因此 Java 代码必须包含在 Java 类中，如程序代码清单 2-1 中的 main 方法必须书写在 C2001_HelloJava 类中。而类是面向对象思想在 Java 语言中实现的载体，在后面将具体介绍。

Java 中对类名和源文件名有严格的要求：源文件名必须与其中包含的公开类型的名称一致（包括大小写），否则会报错。这个规则必须很好地理解，请仔细思考如下问题：①源文件名必须与类名一致？②因为源文件必须与类名一致，所以 Java 源文件只能包含一个类型定义？③Java 源文件可以包含多个公开类型的类定义？请读者理解后尝试作答，本节结束处会提供参考答案。

程序代码清单 2-1 中未包含在类定义中的语句是第 2 行 import 语句，该语句是预包含语句，其作用和操作系统中环境变量的作用类似，即如果代码中要使用某个系统预定义或其他动态库中的类型时（如本例中的 System 类），除了使用全限定名称（如本例中可以使用 java.lang.System，书写不方便）外，还可以通过 import 语句预包含其路径，然后在代码中就可以直接使用类名进行引用了（如本例中直接使用 System，书写简单）。当然需要说明的是，由于目前的编译器已经把 java.lang 这个包名默认导入了，所以本例中第 2 行是可以删除不要的。

Java 程序可以由多个源文件组成，当需要时可以通过包进行逻辑分组，因此 Java 中的包和类的关系与文件夹和文件的关系必须完全一致，实际上在硬盘上包本身就是以文件夹的方式进行组织的，包名的分割符"."就是操作系统的路径分割符。

这个程序要求打印信息，在 Java 中用于在控制台进行输出的是 System.out 对象提供的 println 方法，其意思是打印信息并换行；这个对象还提供了 print 方法（打印信息，不换行）和 printf 方法（格式化打印信息）。有关这些方法使用的具体细节在后面用到时再详细介绍。

2.1.4　程序错误

在程序执行的过程中可能会出现以下三种类型的错误：

（1）编译错误。这是在编译阶段发生的错误，主要是使用语言的语法不合规范所引起的错误。需要把这种错误全部排除后才能进入运行阶段。

（2）运行错误。这种错误在编译时发现不了，只在运行时才显现出来。如对负数开平方、除数为 0、数组索引越界、循环终止条件永远不能达到等，这种错误常会引起无限循环或死机。

（3）逻辑错误。这种错误即使在运行时也显示不出来，因为程序能正常运行，但结果不对，比如把表达式中的加号"＋"写成了乘号"＊"等。

前两种错误计算机都会有提示或不正常表象，它会迫使你进行修改，但对逻辑错误计算机并不提醒，全靠程序员仔细检查予以排除。

对于本例，如果我们书写代码时不小心将 main 写成了 Main，则运行程序时将会产生错误信息，如图 2-1 所示。

```
错误：在类 HelloJava 中找不到 main 方法，请将 main 方法定义为：
   public static void main(String[] args)
否则 JavaFX 应用程序类必须扩展javafx.application.Application
```

图 2-1　控制台错误提示信息

当出现编译或运行错误后，程序员可以根据报告的错误信息进行改错，直到所有错误全部改正之后才会生成正确的可执行文件。程序出现编译或运行错误是很正常的现象，尤其是对于初学者，因此刚开始编程时我们不要害怕出错，只要能从错误中学习，逐渐学会根据错误提示进行改错，不断减少低级错误就可以了。

2.1.5　代码规范

前面曾经提过，要做一名好的程序员必须从一开始就培养良好的编码习惯。我们应该知道的是，真正的商业程序绝对是相当规范的。因此，规范的格式是入门的基础。而好的编码习惯应该包括如下几个方面：

（1）良好的注释：应该注意的是注释不能泛滥。我们应该写出具有自解释性的代码，而不是书写晦涩的代码再通过注释进行解释。我们应该只对关键代码及程序的功能进行注释。

（2）良好的命名规范：总的来说，命名应该做到"望文生意"，即观其名就可以知道意思。另外，命名必须符合一定的规范，如 Pascal 命名法、Camel 命名法等。

（3）成对编码原则：正确的程序设计思路是成对编码。例如，类、方法、语句块等都是以"{"和"}"表示范围的，我们应该养成写了左花括号后马上跟上右花括号，然后再往里面添加代码的习惯（请大家思考在纸上编写代码和在计算机上编码的区别）。这可以保证程序在任何时候都可以编译调试，甚至就两个花括号，中间什么都没写，你都可以进行调试。另外，当我们养成这种习惯后，对我们读程序也有很大的帮助，不再一行一行地顺序读代码，而会采用分块阅读的方式。通过一段时间的培养，相信大家都会感受到成对编码的好处。

（4）格式规范：比如缩进、空格、空行等方法，目的是让代码清晰，方便阅读。这方面我们可以通过多阅读优秀代码来锻炼。

针对具体的 Java 语言，我们应该遵循的编码规范可以参见附录 B。

2.1.6　使用 IDE

前面已经介绍了使用 JDK 工具完成 Java 代码的编辑、编译、运行的过程，这个过程我们应该深刻理解和熟练掌握。但是在现代软件开发过程中，使用这种方式开发的工程效率实在太低。而事实上，市面上的确存在大量提高开发效率的集成开发环境（IDE），如 Eclipse、MyEclipse、Intellij_IDEA 等。本书采用的是使用相当广泛的开源免费工具 Eclipse，请读者自行到 Eclipse 官方网站（eclipse.org）根据自己计算机的情况下载合适的版本，然后解压，再从相应目录下找到 eclipse.exe 软件运行即可。本书示例的工具界面截图为 Oxygen 版本。接下来，我们通过使用 Eclipse 工具完成第一个程序的方式简单介绍 IDE 工具的使用，也体验一下 IDE 工具带来的便利。

首先，为了组织好自己的 Java 代码，请专门创建一个工作目录，如 "d:\javaws"；然后运行 Eclipse，启动界面结束后会弹出工作路径选择对话框，请定位到刚才创建的目录下，确定即可；进入开发环境后，会看见一个欢迎界面，关闭这个 tab 页后就可以看见与图 2-2 类似的界面了。

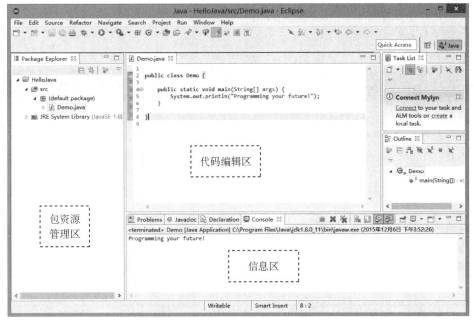

图 2-2 Eclipse 的典型界面

如图 2-2 所示,左边区域为包资源管理区,方便用户对项目资源进行组织和管理;中心区域为代码编辑区,在此区域对 Java 源代码进行编辑和修改;下方区域为各种信息显示区域,如控制台输出区、编译错误信息区等,方便对程序进行排错和调试;右方区域包括任务列表、类视图等其他显示界面,目前暂时用不到。

了解了这些基本区域后,就可以创建第一个程序了,基本步骤为:

(1)执行菜单命令【File】→【New】→【Java Project】,在弹出窗口的 Project name 文本框中输入 HelloJava,然后单击【Finish】按钮完成项目创建。

(2)在包资源管理区应该看见 HelloJava 这个空项目,其下面有预定义的 src 文件夹(用于存放 Java 源文件)和 JRE 系统包。选中 src 文件夹,右击,选择【New】→【Class】,在弹出窗口的 Name 文本框中输入类名 Hello,在下方勾选包含 main 方法的选项,然后单击【Finish】按钮完成源文件的添加。

(3)在代码编辑区应该出现标题为 Hello.java 的 tab 界面,其中代码的基本结构已经默认生成,包括 main 方法(上一步未勾选就不会自动生成,得自己输入),接下来我们只需输入之前代码中的输出语句就编写完成了。

(4)在 Eclipse 中没有专门的编译命令,保存代码就会自动编译,因此如果代码中有错误,在信息区的 Problems 界面就可以看到提示了。当然,你应该已经注意到代码编辑区也有相应的错误提示,当我们熟练使用 IDE 后,就可以很快通过错误提示进行排错了。

(5)最后,如果没有错误,就可以运行程序了。通过工具栏上的播放按钮或按快捷键"Ctrl+F11"就能启动程序运行。本例中,会在信息区的 Console 界面看到打印信息。

上述过程就是使用 IDE 进行开发的基本步骤,读者应该可以体会到使用集成开发环境完成代码的编辑、编译、运行及排错等的确是相当方便的。

思考题答案:①错误,应该是文件名必须和公开类型的类名一致;②错误,应该是 Java 源文件只能定义一个公开权限的类型,其他权限的可以定义多个;③错误,理由同上。不过需要注意的是，Java 源文件可以有多个类定义（非公开），但生成的 class 文件会有多个，一个 class 文件只包含一个类型定义。

2.2 数据类型和变量

使用计算机程序解决问题的第一步是存储数据。因此，我们需要知道如何申请内存、如何使用内存、如何提供需要的内存信息等，这就是本节要解决的问题。

2.2.1 基本类型和引用类型

Java 为方便内存使用和管理提供了两种类型：基本类型和引用类型。程序运行时的内存可以分为栈和堆两种，而基本类型和引用类型在分配区域、使用效率等方面存在很大的不同，具体见表 2-1。

表 2-1 基本类型和引用类型的区别

比 较 项	基 本 类 型	引 用 类 型
分配区域	栈	堆
栈内容	数据	堆地址
访问效率	高	低
回收机制	超出作用范围	垃圾回收

由表 2-1 可见，基本类型在栈上直接保存数据，而引用类型在堆上保存数据，然后把堆地址保存到栈上，程序通过这种间接访问的方式访问其真实数据。在 Java 中，基本类型包括整数类型、小数类型、字符类型、布尔类型（逻辑类型）四种，其他类型都是引用类型，如字符串 String、数组、类和接口等。

2.2.2 基本类型

1. 整数类型

Java 语言提供了四种整数类型：字节整数 byte（8 位）、短整型 short（16 位）、整型 int（32 位，最常用的整数类型）、长整型 long（64 位），都是带符号整数（采用的是二进制补码表示，高位为 0 为正，高位为 1 为负），没有提供 C 语言中的无符号整数，并且 Java 中的整数位数与运行 Java 的目标机器无关。由于计算机内存有限，存储整数时就有相应空间大小的限制，每种整数类型只能存储相应范围的整数，其计算公式为：$-2^{n-1} \sim 2^{n-1}-1$。以 byte 类型为例，只能存储 $-128 \sim 127$ 之间的数，超过这个区间，Java 的处理就是越界翻转（即达到最大值，再增加就翻转为最小值，反之同理）。在编程过程中必须注意这个问题，如果出现不合理的情况（如正数+正数得到了负数），请记得排查越界溢出的问题。对于各种整数，可以通过上述公式计算其最小值和最大值，不必记忆。

还可以通过程序获得其最大值和最小值，即通过 Java 基本类型的包装类（Java 是纯面向对象语言，为了将基本类型纳入统一的对象系统，Java 对每种基本类型都提供了对应的包装类型）。对于整数，相应的包装类为 Byte、Short、Integer、Long，这些类型都提供了 Max_Value

和 Min_Value 两个静态常量，其用法如下：

【程序代码清单 2-3】C2003_IntRange.java

```
1  public class C2003_IntRange {
2      public static void main(String[] args) {
3          System.out.printf("int 取值范围: %d~%d", Integer.MIN_VALUE,
4                  Integer.MAX_VALUE);
5      }
6  }
```

需要说明的是，对于整数字面常量，默认为其相应范围的整数类型，如 2 可以认为是 int 类型；另外，可以通过在数字后面添加 L（或小写）将其指定为 long 型整数。字面常量可以采用十进制或十六进制形式表示（在数字前添加 0x 即可），也可以采用八进制形式表示（在数字前添加前导 0）。

2. 小数类型

Java 语言提供了两种小数类型：单精度小数 float（32 位）和双精度小数 double（64 位），在计算机中的表示采用的是 IEEE 754 标准（具体如何表示可上网查询，初学者可以暂时不必深究）。float 型的精度为 6～7 位，能表示的数量级为 38 次方；double 型的精度为 15～16 位，能表示的数量级为 308 次方。小数类型也提供了对应的包装类型 Float 和 Double，这些类型提供了一些有用的静态常量，如 Float.MAX_VALUE（表示最大值）、Float.POSITIVE_INFINITY（表示正无穷大）、Float.NaN（表示非数字）等，读者可以自己尝试使用和熟悉。

小数类型的字面常量默认为 double 类型，如果要表示 float 型，需要在数字后面添加 F 或 f，这在使用过程中需要注意，如 float f = 3.14;这种代码会有编译错误，更正只需添加 F 即可。另外，Java 支持用科学计数法表示小数字面常量，如 3.1e8 表示 3.1×10^8。

3. 字符类型

Java 中用 char 型（16 位）来表示字符，其字面常量用英文输入法下的单引号引导。在 Java 中字符的编码不是 ASCII 码，而是 16 位 Unicode 编码，共可以表示 65536 个字符，可以方便表示目前世界上的大部分文字语言中的字符，例如：

```
char c = 'a';
char a = '中';
```

char 型字符也可以通过 Unicode 的编码值来表示，格式为 '\uXXXX'，其中 X 表示十六进制数字，例如：

```
char b = '\u0041';        //表示大写字母A
```

char 型字符在计算机中存储的实际是 16 位无符号整数，因此也可以使用 0～65535 的整数字面常量（三种进制都行）为其赋值，如 char d = 65;也表示 A。

与很多语言一样，在 Java 中反斜杠（\）被称为转义符，即通过反斜杠加其他常规字符可以表示一些特殊的字符。例如，要表示反斜杠本身则需要用双反斜杠来表示（'\\'）。Java 中常用的转义符如表 2-2 所示。

表 2-2 常用转义符

转 义 符	字 符 名	转 义 符	字 符 名
\'	单引号	\b	退格
\"	双引号	\n	新行

续表

转 义 符	字 符 名	转 义 符	字 符 名
\\	反斜杠	\r	回车
\0	空格符	\t	水平 tab
\a	蜂鸣声（Alert）	\v	垂直 tab

char 类型的对应包装类为 Character，它提供了很多有用的功能，如判断字符是否为数字 isDigit()、将字母转换为大写形式 toUpperCase()等。如果碰到对字符进行操作，请注意先查看该类有没有提供，有的话就可以直接使用了。

4. 布尔类型

与 C 语言非 0 和 0 表示真和假不同，Java 专门提供了 boolean 类型来表示逻辑值，其取值只有"true"和"false"两种，其所占内存为：单独变量时占 4 字节 32 位，数组变量时占 1 字节 8 位。需要强调的是，既然 Java 已经提供了专门的 boolean 类型表示逻辑值，也就不允许使用任何其他类型来转换和代替，应特别注意在这一点上与 C 语言语法的区别。boolean 类型对应的包装类为 Boolean，其提供的功能在实际编程中使用得比较少，请读者自行查看。

Java 提供的四种基本类型到这里就全部介绍完了，读者必须熟悉这些类型的关键字、内存大小等信息，并且了解它们对应的包装类。另外，由于整数类型、小数类型和字符类型（实际存储为整数）都可看成数学意义上的数值数据，因此把它们统称为数值类型，以方便本文后面的描述。实际编程中，最常用的类型是 int 和 double，而 char 类型主要是组成后面介绍的字符串类型 String 的单元，boolean 类型则是关系运算和逻辑运算的结果类型，初学时必须尽快熟练掌握这四种类型。

2.2.3 变量

前面已经提到，要保存数据需要申请内存，而变量表示的就是存储数据的内存空间。定义变量就是申请内存，而申请内存时必须提供相关信息（即数据类型信息），因此变量定义的语法格式为：

数据类型 变量名 [= 初值]；

数据类型决定了分配内存区域、大小及能够执行的操作；而变量名则是申请到的内存别名，后面的代码通过这个名字对内存进行读写访问。变量定义的位置决定了变量的作用范围，在 Java 中变量的作用域规定为其定义语句所处的语法块（即左右大花括号内），其中语法块可以是方法块、类定义块、其他语句块。Java 中对变量名（标志符）的要求有：

- ◆ 变量名必须以字母或下画线开头；
- ◆ 变量名只能由字母、数字、下画线和美元符号（$）四种字符组成，其中字母包括大小写英文字母、汉字（不推荐使用）等；
- ◆ 变量名不能是关键字或保留字（如 true、public 等）；
- ◆ Java 中推荐变量名采用 Camel 命名法，即第一个单词的首字母小写，其他单词的首字母大写，如 isEmpty 等。

Java 规定变量定义后必须进行初始化才能使用，可以在定义时直接初始化或使用前再赋值。另外，Java 支持一次定义多个类型相同的变量，变量名间用','分隔，如下面的变量定义及初始化均是正确的：

```
int x = 10, y = 20;
long a = 10L;
float f = 3.14F;
```

变量定义后即可通过变量名进行使用，具体只有两种方式：读或写。而除了后面将介绍的对赋值语句进行写操作外，其他的使用方式都属于读操作。

Java 通过提供 final 关键字修饰可以定义只读变量，与其他语言中的常量类似。final 型变量初始化后就不能再修改，否则将导致编译错误。

最后需要了解的是，方法的参数也是一种变量，但其初始化与常规变量不同，这在后面介绍方法时再具体说明。

2.2.4 类型转换

Java 是一种强类型语言，对于类型的使用有着严格的检查机制，如果错误地使用将会出现编译时错误或运行时错误。对于基本类型，Java 允许进行隐式转换或显式转换。隐式转换是系统默认自动进行转换；显式转换又叫强制类型转换，必须明确指定要转换的类型。

1. 隐式转换

在数值类型（整数类型、小数类型及字符类型）之间进行转换时，有两个基本原则：从小范围的类型到大范围的类型通常可以进行隐式转换，从低精度类型到高精度类型可以进行隐式转换，反之则必须进行显式转换（当两条原则冲突时，以精度原则为准），其转换关系如图 2-3 所示。

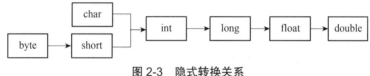

图 2-3 隐式转换关系

需要注意的是：①上述转换不包括 boolean 类型，它与其他基本类型间不存在转换关系；②int 类型或 long 类型转换为 float 类型时有可能损失精度，因为 int 类型和 long 类型的有效位数比 float 类型多，如 int 类型的 123456789 转换为 float 类型时，得到的结果是 123456792.0。

2. 显式转换

在图 2-3 所示的转换关系图中，如果需要逆箭头方向进行转换，就需要进行显式转换，因为这种转换有可能导致数据损失，其语法格式为：

```
目标变量 = （目标类型）待转换变量；
```

例如：

```
double d = 3.62;
int x = (int)d;        //转换后 x 的值为 3
```

显式转换时，从大空间的类型转换为小空间的类型时 Java 采用截断的方法，不会进行四舍五入。

2.3　表达式和语句

申请内存保存数据后，接下来就应该对数据进行处理了，这一节就介绍这方面的内容。Java 中的表达式由操作数（即操作对象）和运算符组成。操作数可以是一个变量、常量或另外一个表达式，运算符则指明了作用于操作数的操作方式。

依据参与运算的操作数的个数，运算符可以分为以下三类：

（1）一元运算符：作用于一个操作数的运算符，又可以分为前缀运算符和后缀运算符，使用时分别放置于操作数的前面和后面。

（2）二元运算符：作用于两个操作数的运算符，使用时放在两个操作数之间。

（3）三元运算符：作用于三个操作数的运算符，只有问号表达式一种。

Java 中的语句是可执行程序的基本组成单元，表现形式为用分号结尾，类似于自然语言中的句子。Java 提供了如下几类语句：

◆ 变量定义语句；
◆ 方法调用语句；
◆ 表达式语句；
◆ 复合语句（即语句块）；
◆ 包定义语句；
◆ 预包含语句（import 语句）。

需要注意的是，表达式不一定是语句，事实上只有赋值表达式和自增、自减表达式才可以独立形成语句，其他的表达式都不能独立形成语句。

2.3.1　算术运算

Java 提供的算术运算有加、减、乘、除、取余和自增、自减七种，对应的运算符分别是：+、-、*、/、%、++和--，操作数类型只能为数值类型（后面可以看到字符串可以进行加法运算）。对于基本算术运算，本身都很简单，读者必须注意的是越界溢出问题（前面已经强调）和精度问题，例如，整数除法取的是商，即结果只会是整数，3/2 只会得到其商 1；而要想得到 1.5，参与运算的操作数必须至少有一个是小数才行，即 3.0/2 可以得到。

在进行算术运算时，有一条重要的原则我们必须注意，即参与算术运算的操作数要求至少为 32 位的数据类型，如果不足将隐式转换为 32 位的类型。为了说明这一点，我们来看下例：

【程序代码清单 2-4】C2004_ConvertDemo.java

```
1   public class C2004_ConvertDemo {
2       public static void main(String[] args) {
3           byte b = 2;
4           b = b + 2;
5           System.out.println(b);
6       }
7   }
```

代码说明：读者应该注意到上述代码已经出现编译错误"cannot convert from int to byte"，即无法将 int 类型转换为 byte 类型。看似如此简单的代码，如果不了解上述原则，我们将会相当困惑,这怎么可能会错?运用上述原则,对"b = b + 2;"这条语句进行分析可以知道,b 是 byte 类型,为 8 位整数,执行加法之前将隐式转换为 32 位的 int 类型,最后相加的结果为 int 类型,这时要把 int 类型的值赋给 b(byte 类型),根据前面介绍的类型转换原则,我们应该知道会出现上述编译错误。在了解这点后,必须将该语句改为"b=(byte)(b+2);",即显式转换后才能保证语句编译通过。后面介绍赋值运算时,可以看到还有一种更方便的方式用于修改这个错误。

在执行除法时,还有个比较重要的问题就是除数为 0 的情况。对于整数类型,当除数为 0 时会出现运行时除 0 的算术异常;对于小数类型,则得到正(或负)无穷大。

跟除法相关的运算是取余运算(或称为模运算),在 Java 中可以对整数或小数执行取余运算,但实际使用中最常用的是对整数进行求余运算,如判断一个整数是否为偶数,可以用 x%2 是否为 0 进行判断。除了取余数,还有一种模运算的情况需要使用取余操作。模运算在现实生活中有着广泛的运用,比如时钟、水表、里程表等都表现了模运算的功能,即在某个范围周而复始地变换,超出则翻转或回滚,这种情况的处理使用%运算就可以简单做到。

最后,所有的数值类型都可以使用一元运算符"++"和"--",该运算会对操作数的值加 1 或减 1,它们经常用到的场合就是循环变量的增减。当运算符位于操作数之前时称为前缀运算符,位于操作符之后时称为后缀运算符。前缀和后缀运算符的区别在于:前者是"先修改(增或减)变量值,然后使用修改后的值作为前缀运算的结果",后者是"先用变量当前的值作为后缀运算的结果,然后再修改变量的值"。要很好地理解二者的区别,必须明确:变量值和表达式结果这两个概念是不同的。我们通过下面的例子来对其进行说明:

【程序代码清单 2-5】C2005_DoublePlusDemo.java

```
1  public class C2005_DoublePlusDemo {
2      public static void main(String[] args) {
3          //后缀表达式
4          int x = 10;
5          int y = x++;
6          System.out.printf("x=%d, y=%d\n", x, y);
7          //前缀表达式
8          int i = 10;
9          int j = ++i;
10         System.out.printf("i=%d, j=%d\n", i, j);
11     }
12 }
```

代码说明:第 6 行输出结果为 x=11, y=10,第 10 行输出结果为 i=11, j=11。从输出结果可以看到,对于变量值来说,前缀和后缀并没有区别,都会执行增 1 操作;而区别在于表达式结果(本例中 y 和 j 的值),前缀表达式是 11(先增后用),后缀表达式是 10(先用后增)。后缀表达式中变量值和表达式结果不一致的现象被称为表达式的副作用。在使用前缀和后缀表达式时,一定要小心区分。

该例中使用了 printf 输出方法,其意思是进行格式化输出,字符串里面列出的就是输出模板,而%开头的(本例中的%d)就是格式控制符,输出时由字符串后面对应值替换,有关格式化字符串将在下一章进一步说明。

2.3.2 关系运算

关系运算用于对两个操作数进行比较,并以 boolean 值返回判断的结果是真(true)还是假（false）。Java 中的关系运算符有==、!=、<、>、<=、>=，它们分别用于判断左操作数是否等于、不等于、小于、大于、小于等于、大于等于右操作数。Java 还提供了一个用于引用类型的关系运算符 instanceof，其作用是判断左操作数是否为右操作数类型的一个实例对象。

对应判等和不等运算，其操作数可以为 Java 提供所有类型，但这只是从语法角度来说。实际使用过程中，请记住这条原则：始终只对 Java 基本类型使用这两个运算符。对于引用类型，应该使用 equals 方法来进行判断，具体参见后面章节。需要注意的是，小数类型提供的 NaN（非数字）始终不等。

其他四种运算的操作数只能是具有大小关系的数值类型，不能作用于 boolean 类型和引用类型。如果操作数有一个是 NaN，则结果始终为 false。所有关系运算都是下面介绍的分支、循环结构的条件表达式的主要形式，后面再举例说明。

2.3.3 条件运算

条件运算主要用于对多个条件进行组合判断，它的操作数要求是 boolean 类型，操作结果也是 boolean 类型。Java 中提供了三种条件运算符：&&、||、!，它们分别代表条件与、条件或和条件非。其中条件与和条件或为二元运算符，而条件非为一元运算符，其运算规则见表 2-3。

表 2-3 条件运算规则

条 件 与	条 件 或	条 件 非
T && T = T	T || T = T	!T = F
T && F = F	T || F = T	!F = T
F && T = F	F || T = T	
F && F = F	F || F = F	

注：表中 T 表示真，F 表示假。

下面以闰年判断为例进行说明（一个年份是闰年的条件为：该年份是 400 的整数倍，或者是 4 的倍数但不是 100 的倍数）。

【程序代码清单 2-6】C2006_LeapJudge.java

```
1   import java.util.Scanner;
2
3   public class C2006_LeapJudge{
4       public static void main(String[] args) {
5           Scanner sc = new Scanner(System.in);
6           int y = sc.nextInt();
7           boolean isLeap = (y % 400 == 0)||(y % 4 == 0 && y % 100 != 0);
8           System.out.println(isLeap);
9           sc.close();
10      }
11  }
```

代码说明：①第 7 行代码即闰年判断的条件表达式，其中包含三个关系表达式，而关系表达式中使用了取余运算。②本例由用户输入一个年份然后输出其判断结果，需要用到 Java 的标准输入语法：System.in 表示的是标准输入即键盘，而 Scanner 是 java.util 包中提供的工具类，用于解析输入流。其中用到了它的读入整数的方法（第 6 行）和用完关闭的方法（第 9 行）。当然，它还提供了读入小数或读入字符串的方法，请读者自行测试。

在条件表达式的求值过程中，有时候不需要把整个表达式执行完就可以确定结果（从

表2-3中可以看出，如条件与运算只要有一个条件为假则结果就为假），这种情况称为条件表达式的短路效应。设a和b均为boolean类型的变量、常量或表达式，那么：

- 对于a&&b，若a为false，则条件表达式的值已经确定为false，这时就发生短路，不再考虑b的情况；只有当a为true时，才继续求解表达式的值。
- 对于a||b，若a为true，则逻辑表达式的值已经确定为true，这时发生短路，不再考虑b的情况；只有当a为false时，才继续求解表达式的值。

在使用条件表达式时，如果能够预测到各个操作数可能取值的情况，充分利用这种"短路"效应，就能够降低表达式的运算量，提高程序运行效率。

2.3.4 赋值运算

赋值运算符就是"="，在编程过程中使用相当普遍，其作用就是将右操作数的值赋予左操作数。这里右操作数可以是一个常量、变量或表达式，但要求其数据类型与左操作数相同，或是可以隐式转换成左操作数的类型；而左操作数必须是一个变量。需要注意的是，赋值表达式本身是有返回值的（其值就是变量的值），因此赋值表达式也可以作为右操作数，例如：

```
int x = 1, y = 2;
x = y = 5;
```

上述代码是成立的，原因就是赋值表达式本身是有值的，即x =（y = 5）。除了上述简单赋值运算外，Java还支持复合赋值运算，即赋值的同时可以进行相应算术运算或位运算，其语法格式为：x op= y，相当于x = x op y。所以算术运算均可执行+=、-=、*=、/=、%=。如果满足复合赋值条件，应尽量采用这种形式进行，因为其好处有三：①书写简便；②可以减少重复计算，效率高；③复合赋值会隐式强制转换，代码简单。例如，前面介绍算术运算操作数自动提升的示例中，我们就可以用 b += 2 的方式进行修改，而不需要自己再强制转换了。

下面来考虑一个具体问题，即交换两个变量x和y的值，这在很多采用交换算法进行排序的代码中很常见。如何进行交换呢？我们不能简单地想成将x的值赋给y，再把y的值赋给x就可以了。因为y=x;执行后y的原值已经丢失，所以要实现交换，必须拿一个临时变量（临时空间）来做中介（我们可以这样理解，有一瓶可乐和一瓶啤酒，要把两瓶饮料交换则必然要使用一个空瓶子来中转），代码如下：

【程序代码清单2-7】C2007_SwapDemo.java

```
1  public class C2007_SwapDemo {
2      public static void main(String[] args) {
3          int x = 10, y = 5;
4          System.out.printf("交换前: x=%d, y=%d\n", x, y);
5  
6          int z = x;
7          x = y;
8          y = z;
9          System.out.printf("交换后: x=%d, y=%d", x, y);
10     }
11 }
```

2.3.5 运算符优先级

前面已经介绍了Java提供的基本运算，而这些运算还可以组合成复合运算，这时就有必要了解运算符优先级的问题了。Java 中对运算符优先级的规定如表 2-4 所示。

表 2-4 运算符优先级

一元运算	.（成员调用）、!、~、++、--、-、强转转换（T）x
乘除运算	*、/、%
加减运算	+、-
移位运算（见 2.3.6 节）	<<、>>、>>>
关系运算	>、<、>=、<=、instanceof、==、!=
位运算（见 2.3.6 节）	&、^、|
条件运算	&&、||
三元运算	?:
赋值运算	=及各种复合赋值

从表 2-4 中可以看出一个大致的优先级规律：一元运算优先级最高，基本运算优先级从高到低依次为算术运算、关系运算、条件运算、赋值运算。

当两个运算符优先级相同时，表达式按照运算符出现的顺序及运算符的结合性来决定求值的顺序：

◆ 一元运算符、赋值运算符和三元运算符属于右结合性，在运算符优先级相等的情况下，表达式按照从右到左的顺序进行运算。

◆ 其他所有运算符均属于左结合性，在操作符优先级相等的情况下，表达式按照从左到右的顺序进行运算。

对于运算符的优先级和结合性，我们无须死记硬背，多练习即可。而实际开发的时候，可以通过使用括号来保证表达式运算的顺序，这样也使得程序逻辑一目了然，增强代码的可读性。

2.3.6 位运算

所有信息在计算机中都是以二进制形式保存的，因此计算机中采用的都是位级运算，而 Java 对其提供的支持就是位运算，具体运算符有：按位与&、按位或|、按位异或^、按位取反~、左移<<、算术右移>>、逻辑右移>>>。其中，只有按位取反运算符"~"是一元运算符，其他均为二元运算符。位运算不会像算术运算那样发生溢出。

位运算的操作数要求是整数类型或字符类型，在运算过程中这些整数均被视为二进制整数，然后通过位运算符对各个二进制位进行相应运算，其运算结果与操作数类型一致。具体的运算规则如表 2-5 所示。

表 2-5 位运算规则表

位运算符	用 法	作 用
&	x & y	按位与，相同位同时为 1 则结果为 1，取余结果为 0
|	x | y	按位或，相同位同时为 0 则结果为 0，取余结果为 1
^	x ^ y	按位异或，相同位相异为 1，相同为 0
~	~x	按位取反
<<	x << y	将 x 左移 y 位，相当于 x 乘 2 的 y 次方
>>	x >> y	将 x 右移 y 位（高位补符号位），相当于 x 除 2 的 y 次方
>>>	x >>> y	将 x 右移 y 位，高位补 0

有了位运算，在判断整数是否为偶数时就可以用"x & 1 == 0"的方式来代替（二进制表示的数最后一位为 0 则是偶数，否则为奇数）；当做整数乘法时，如乘 66，则可以用"x*（64+2）"的方式使用移位运算替代"(x<<6) + (x <<1)"；在之前交换变量值的示例中，也可以使用异或运算来改写（利用异或运算两个规则：x^x=0 和 x^0=x），修改后的代码如下：

【程序代码清单 2-8】C2008_BitSwap.java

```
1  public class C2008_BitSwap {
2      public static void main(String[] args) {
3          int x = 10, y = 5;
4          System.out.printf("交换前：x=%d, y=%d\n", x, y);
5
6          x = x ^ y;
7          y = x ^ y;
8          x = x ^ y;
9          System.out.printf("交换后：x=%d, y=%d", x, y);
10     }
11 }
```

可以看到使用异或运算的方式的确能实现变量的交换，而且可以提高内存使用效率（不用临时变量作为中介）。

最后要特别注意，"&&"和"&"、"||"和"|"这两组运算符看似很相近，但二者完全不同：前者是条件运算，后者是位运算；前者有短路效应，后者没有；前者运算结果为 boolean 类型，后者为整数类型。

2.3.7 其他运算

除了上述运算外，Java 还提供了唯一的三元运算符"?:"，也称为问号表达式。使用该运算符的表达式，功能上相当于只有两个选择条件的 if-else 控制语句（请参见第 4 章）。该表达式形如：

```
boolean 表达式 ? x : y
```

其中，第一个操作数为一个 boolean 类型的表达式。问号表达式执行时，首先计算出表达式的值，如果为 true，则计算表达式 x 的值并返回该结果；如果为 false，则计算并返回表达式 y 的值。任何情况下条件表达式都不会对后两个表达式同时进行求值。

问号表达式要求后两个操作数的类型兼容，且运算结果的类型是 x 和 y 中最兼容的类型，即：

- 如果 x 和 y 的类型相同，那么该类型也是整个表达式的类型；
- 如果 x 的类型可以隐式转换为 y 的类型，则整个表达式的类型与 y 的类型相同；
- 如果 y 的类型可以隐式转换为 x 的类型，则整个表达式的类型与 x 的类型相同；
- 如果上述条件均不成立，那么表达式不合法，将发生编译时错误。

问号表达式还可以复合使用，此时要注意问号表达式是向右结合的，也就是说从右到左分组计算。形如 a?b : c?d : e 的表达式，其执行顺序为 a?b :（c?d : e），也即 a 为真时计算表达式 b 的值，否则计算后一个子表达式 c?d : e 的值。

Java 还提供了一些和引用类型相关的运算符，如前面介绍的 instanceof，以及对象创建运算符 new 等，在介绍面向对象时再详细说明。

本 章 小 结

本章介绍了 Java 程序的组成、Java 最基本的语法、基本数据类型和类型间的转换、变量定义和使用、表达式运算和语句等知识，以及基本数据类型对应的包装类。这些语法基础需要读者深入了解并熟练应用。当然，基础语法中还有更重要的程序控制结构，将在第 4 章进行介绍。

习　　题

1. Java 中数值类型包括＿＿＿＿＿＿、＿＿＿＿＿＿和＿＿＿＿＿＿。
2. Java 的编译器工具是＿＿＿＿＿＿，运行 Java 程序的是＿＿＿＿＿＿。
3. Java 中 int 类型占＿＿＿位，long 类型占＿＿＿位，double 类型占＿＿＿位。
4. Java 中 char 类型的包装类是＿＿＿＿＿＿，int 类型对应的是＿＿＿＿＿＿。
5. Java 中赋值运算符的结合性是＿＿＿＿＿＿。
6. 下面满足规范的变量名是（　　）。
   A. my name　　　　B. new　　　　C. World　　　　D. -value
7. 下列运算符中优先级最高的是（　　）。
   A. ++　　　　B. *　　　　C. >　　　　D. &&
8. 设有变量定义 short i=32; long j=64;，下面赋值语句中不正确的一个是（　　）。
   A. j=i;　　　　B. i=j;　　　　C. i=(short) j;　　　　D. j=(long) i;
9. 简述 Java 提供的三种注释语句。
10. 简述程序的三种错误类型。
11. 简述&&运算和&运算的区别。
12. 简述 Java 标识符的组成规则。
13. 简述 Java 中基本类型和引用类型的区别。
14. 简述 Java 中的基本类型。
15. 编程实现：输入一个 3 位整数，输出其各位数字之和。
16. 百度一下摄氏温度和华氏温度的转换公式，编程实现：输入 double 型的摄氏温度，输出华氏温度。

第3章
字符串和数组

在现实世界中,很多信息都是文本形式的,因此在编程过程中最常用的数据类型就是字符串类型。我们使用计算机经常要处理大批量的数据,而数组类型就是 Java 提供的专门用于处理大量相同类型数据的简便方法。作为程序员,我们必须熟练掌握字符串和数组的相关知识。

学习目标

★ 熟练掌握字符串的创建和常用方法,并能在开发中灵活应用
★ 熟练掌握数组的定义和使用方法,并能在开发中灵活应用

3.1 字 符 串

在 Java 中,字符串(String)就是多个字符(char)形成的序列,是 Java 提供的最常用的引用类型,其字面常量的表现形式由双引号引导的多个字符组成。不过需要注意的是,Java 提供的 String 类型具有恒定性,即一旦初始化就不能改变。如果需要动态处理字符串的生成和修改,需使用 Java 提供的 StringBuilder 类型进行支持,这在后面再进行介绍。

3.1.1 字符串的创建

创建 String 字符串的最简单方式是使用字面字符串常量,例如:

```
String name = "zhangsan";
String book = "Java 面向对象程序设计";
```

除此之外,还可以通过 new 运算符来定义,例如:

```
String s = new String("lisi");
```

当然,上面两种方式是 String 类型创建的主要途径,Java 还提供了一些其他创建方法,请读者参见相关 API 文档。字符串创建好后,就可以进行操作了,而字符串本身可以看成一个字符数组,而关于数组我们将在 3.2 节进行介绍。下面先介绍一些其他常用方法。

3.1.2 格式化字符串

在第 2 章的示例中，我们已经用过 printf 这种格式化输出的方法，其中用到了格式化字符串，其内部采用的就是 String 类型提供的 format 方法，其常用形式为：String.format（String fm, Object… args）。其中 args 的类型是 Java 提供的可变参数类型，可以理解为参数数组，这在后面章节进行详述，方法的返回值是格式化后的字符串；而 fm 就是进行格式控制的字符串，其完整格式如下：

```
%[arg_index$][flags][width][.precision]conversion
```

上述格式中带方括号的表示可选项，其他的为必需项，其具体含义如下：

arg_index $：可选，是一个十进制整数，用于表明参数在参数列表中的位置。第一个参数由"1$"引用，第二个参数由"2$"引用，依次类推。

flags：可选，用于控制输出的格式，比如左对齐、金额用逗号隔开等。

width：可选，用于控制输出的宽度，常与 flags 联合使用。

.precision：可选，用来限定输出的精度，用于浮点数。

conversion：必需项，用来表示如何进行格式化的字符，Java 提供的格式化字符如表 3-1 所示。

表 3-1 常用格式化字符表

格式化字符	含 义	用 法 举 例
D 或 d	格式为十进制整数	如参数为 0x11，则得到"17"
O 或 o	格式为八进制形式	如参数为 17，则得到"21"
X 或 x	格式为十六进制形式	如参数为 17，则得到"11"
F 或 f	格式为小数形式，默认精度为 6 位	如参数为 1.0/3，则得到"0.333333"
S 或 s	格式为字符串形式	如参数为 16，则得到"16"
E 或 e	格式为科学计数法形式	如参数为 100.37，则得到"1.003700e+02"

上述格式化字符与前面的可选项配合使用，就可以灵活地进行格式定制了。比较典型的应用有：控制精度（最后位数采用四舍五入），如 1.345，使用"%.2f"格式化，则得到"1.35"；添加 0 占位，如数字 1，使用"%03d"，则得到"001"的形式；对货币小数添加千分位，如 123456.789，使用"%,f"，则得到"123,456.789"，此处也可以进行精度控制，使用"%,.2f"，则得到"123,456.79"。

最后需要说明的是，arg_index$选项的使用是为了减少重复输入，如"我是张三，张三和李四是好朋友。"需要格式化，可以使用如下代码：

```
String.format("我是%s,%s和%s是好朋友。", "张三", "张三", "李四");
```

有了 arg_index$选项，就可以如下控制：

```
String.format("我是%1$s,%1$s和%2$s是好朋友。", "张三", "李四");
```

3.1.3 字符串和基本类型转换

前面介绍了基本类型之间的转换，在实际开发中，经常需要进行字符串和基本类型之间的转换，因为我们收集的信息基本都是以字符串形式出现的。但 Java 中字符串 String 是引用类型，而基本类型和引用类型无法简单地进行转换，需要使用字符串和基本类型的包装类提供的方法来进行转换。

字符串转换为基本类型的方式：各种基本类型的包装类都提供了 parseXXX 的方法将字符串解析为相应基本类型，如 Integer.parseInt("123")，就是把字符串"123"转换为整数类型 123。

基本类型转换为字符串的方式：①可以使用基本类型+""的方式进行；②使用 String 提供的 valueOf 方法，如 String.valueOf(123)，将得到 123 的字符串形式；③如果还要进行格式控制，则可以使用上面介绍的 format 方法。

3.1.4 字符串常用方法

在 Java 中，String 类型还提供了许多有用的方法，这里先介绍一些常用的方法。

charAt(int)：获取指定索引位置处的字符，常用于字符串循环处理中。

length()：返回字符串中的字符数。

toCharArray()：返回组成字符串的字符数组。

compareTo(String)：用于字符串比较大小，返回一个整数值，正数表示前者大于后者，0 表示相等，负数表示前者小于后者。前面我们已经提到，大小比较的关系运算只能作用于数值类型，是不能用于字符串比较的。

substring(int begin, int end)：提取字符串中指定范围[begin, end）的子串，注意区间是左闭右开，即 end 位置的字符是取不到的。如果是从 begin 位置取至尾部，则 end 参数可以省略。

indexOf()/lastIndexOf()：返回查找的字符或子串第一次出现的索引位置，indexOf 从前往后搜索，lastIndexOf 从后往前搜索。

下面通过一个简单示例介绍其应用：给定一个包含路径的文件名，获取其中的文件名部分，其代码如下：

【程序代码清单 3-1】C3001_StringDemo.java

```
1  public class C3001_StringDemo {
2      public static void main(String[] args) {
3          String s = "d:/temp/test.txt";
4          String name = s.substring(s.lastIndexOf('/') + 1);
5          System.out.println(name);
6      }
7  }
```

代码说明：由于 Windows 操作系统下的路径分割符"\"在 Java 中是特殊的转义字符，所以在 Java 中可以用"/"代替，当然也可以使用"\\"来表示。该例中我们通过 substring 方法和 lastIndexOf 方法组合解决了该问题。需要注意的是，前面已经提到 Java 中字符串具有恒定性，即字符串对象是不可变对象，因此大部分字符串的方法操作都将返回新的字符串对象，而原对象是不会修改的，如上代码中，substring 方法不会修改原字符串 s，只会返回新的子串。

除了上面列出的方法外，String 还提供了其他许多方法，在后面用到时再具体介绍。

3.2 数　　组

前面已经学习了变量的使用，知道变量的作用是存储数据。现在的问题是，如果我们有多个相同类型的数据需要保存，应该如何处理呢？难道需要使用多次变量定义？正确的答案是使用数组类型，这是 Java 提供的专门用于处理大量相同类型数据的简便方法。我们可以这样理解，定义普通变量是申请一块内存保存一个数据，而定义数组变量则是申请一片内存保存多个数据。

3.2.1 数组的定义

数组是引用类型，因此它是在堆上申请内存存储数据，然后在栈上保存堆地址。数组中的元素可以是 Java 中支持的任意类型，只要保证多个元素的类型是一致的就可以了。数组可以是多维的，因此数组声明时除了提供元素类型外还需要提供维数信息，而这是由方括号的数量来决定的，语法格式如下：

```
int[] a;     //或者 int a[];。Java 中方括号可在前也可在后，推荐使用在前的形式
int[][] b;   //两个方括号就是二维数组，以此类推
```

数组声明后也必须进行初始化才能使用，而创建数组对象需要使用 new 运算符，语法格式如下：

```
new 元素类型[第一维大小][第二维大小]…
```

如上声明，在初始化 a = new int[4]; 和 b = new int[3][4];数组对象后，还要初始化数组中的元素才能正常使用。而数组元素的初始化有三种形式：默认初始化、静态初始化和动态初始化。

1. 默认初始化

通过 new 方式创建数组对象后，系统会为数组元素准备默认值，根据元素类型提供计算机位级表示全为 0 的值，如 int 型默认值为 0，double 型默认值为 0，char 型默认值为'\u0000'，boolean 型默认值为 false，引用类型默认值为 null。

2. 静态初始化

当数组元素值确定并且数量不多时，可以在创建数组对象的同时逐一列出所有元素的初始值，代码如下：

```
int[] a = new int[]{7, 2, 8, 3, 6};
```

需要注意的是，这种情况下方括号内不能指定大小，系统会根据后面给定的初值自行推断。鉴于这种情况，Java 提供了以下简写形式：

```
int[] a = {7, 2, 8, 3, 6};
```

3. 动态初始化

当数组元素值初始时还不确定（如录入一组成绩）或者元素太多时，就要想办法使用循环的方式进行初始化，这在下一章我们再举例说明。

3.2.2 数组元素的访问

定义数组其实质就是定义了多个变量，而访问数组元素就是使用其中一个变量，因此需要使用数组名+元素位置索引进行访问。跟变量一样，数组元素也只有读和写两种方式，其语法格式为：数组名[位置索引]。需要特别注意的是，Java 中数组索引是从 0 开始的，即第一个元素的索引为 0，而不是 1；如有 5 个元素的数组，则最后一个元素的索引不是 5 而是 4，这是数组使用过程中经常容易出错的地方。在 Java 中，数组为我们提供了访问数组元素个数的常量，即通过数组名.length 的方式获取。具体示例我们在下一章给出。

3.2.3 多维数组

在 Java 中，多维数组其实就是数组的数组。如前我们声明 int[][] a，其意思是声明一个数组，其中数组元素又是一个整型数组。这与其他很多语言中的二维数组的意思不同，其中作为元素的每个数组的长度可以不同，即不要求等长，例如：

```
int[][] a = new int[3][4];
```

上述定义表示 a 有 3 个元素，每个元素是一个有 4 个整型元素的数组。我们也可以只指定第一维的大小，例如：

```
int[][] b = new int[3][];
```

这种方式表示 b 有 3 个元素，其中每个元素是一个数组，大小还不确定，在使用前可以动态初始化每个数组，这时每个数组的长度就可以动态指定，也就不用等长了。

本 章 小 结

本章介绍了编程过程中相当重要的两个数据类型——字符串和数组的定义，并简单介绍了其应用，读者必须熟练掌握其语法。由于这两种数据类型一般都会和循环结构结合使用，因此其具体使用示例请参见下一章的介绍。

习 题

1. Java 中要想把数字格式用十六进制显示，需使用的格式字符是_____。
2. 现有数字串 s 为 "123"，将其转换为整数的语法为_____。
3. 令字符串 s 为 "Java Programming"，则使用 s.substring(5, 8)得到的是（　　）。
   A. Prog　　　　　　　B. Pro　　　　　　　C. rog　　　　　　　D. rogr
4. 下面数组定义方式正确的是（　　）。
   A. int a[4];　　　　　　　　　　　　　　B. int[][] a = new int[][4];
   C. int[] a = new int[];　　　　　　　　D. int[][] a = new int[4][];

5. 设数组 a 由以下语句定义：int a=new int[10];，则数组的第一个元素的正确引用方法为（　　）。

  A. a[1]   B. a[0]   C. a[]   D. a

6. 下面语句（　　）定义了五个元素的数组。

  A. int[] a = {11,12,12,14,15};   B. int a[]=new int(5);

  C. int arr={11,12,14,15,13};   D. int[] arr;

7. 现有字符串 s 表示"bdabcdaadeab"，则 s.indexOf('a')为（　　）。

  A. 2   B. 6   C. 7   D.10

8. 列举 Java 中 String 的至少三种常用方法。

9. 上网收集资料，简述数组的优缺点。

10. 简述格式化字符串各个部分的含义。

11. 给定日期字符串，如"2018-12-31"，编程分别提取年、月、日的整数值。

12. 给定身份证号码，编程提取生日部分的数据。

第4章 程序控制结构

现实生活中，任何过程的执行都只有三种方式：顺序、分支和循环。对应的，程序的控制结构也就有三种：顺序结构、分支结构和循环结构。在前面的示例中，程序大都按代码出现的顺序依次执行，可像这种完全按顺序执行的程序是相当少见的。从本章开始，我们就将给大家介绍程序中应用相当广泛的分支结构和循环结构，以及跳转语句。

 学习目标

- ★ 熟练掌握分支结构的两种语法形式，并能在开发中灵活应用
- ★ 熟练掌握循环结构的三种语法形式，并能在开发中灵活应用
- ★ 熟练掌握跳出循环的两种语法，并能在开发中灵活应用
- ★ 巩固字符串和数组的语法，并熟练应用

4.1 分 支 结 构

分支结构主要运用于程序在某种条件下进行判断或选择的时候，如我们日常生活中的"明天早上如果不下雨，我就跑步，否则就睡懒觉"，在性格测试的时候，经常会有"如果你属龙会怎样，属猪会怎样，属牛会怎样等"。对于日常生活中的这些现象，对应到程序中就是使用分支结构来实现的。

Java 提供了两种分支结构：if-else 分支（判断）和 switch 分支（选择）。

4.1.1 if-else 分支

if-else 分支根据条件表达式的 boolean 结果来执行相应的语句，其语法如下：

```
if (boolean-expression){
statements;
}
else{
statements;
}
```

这里，boolean-expression 表示 boolean 类型的表达式，它可以是一个布尔变量、一个关系表达式，也可以是多个条件组合而成的条件表达式，甚至可以是一个布尔常量（必须注意的是，表达式的值为其他任意类型都是不合法的，而在使用判等符"=="时如果误用为赋值符"="，就会导致编译错误）。表达式的值为 true 时，将执行其后的语句 statements；否则执行 else 分支。如果语句只有一行代码，则 if 分支和 else 分支的大括号可以省略（建议初学者不要省略，以免出现不必要的错误）。另外，如果只处理为真的情况，则 else 分支可以缺省，即单分支结构。这两种情况的流程图如图 4-1 所示。

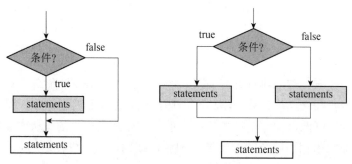

图 4-1 分支结构流程图

if 语句块和 else 语句块中的语句可以为任何合法的语句和语句块，如果再出现 if-else 分支语句就是分支嵌套，当程序中需要实现复杂逻辑时，这种情况经常出现。对于 else 分支中进行嵌套的情况，Java 提供如下语法进行简化：

```
if ( boolean-expression1 ){
statements1;
}else if (boolean-expression2 ){
statements2;
}
…
else{
statementsn;
}
```

这时，当布尔表达式 1 的值为 true 时，执行语句 statements1 后结束整个结构；否则，若布尔表达式 2 的值为 true，则执行语句 statements2 后结束，依次类推。如果所有条件都不满足，则执行最后一个 else 分支后结束，其流程图如图 4-2 所示。

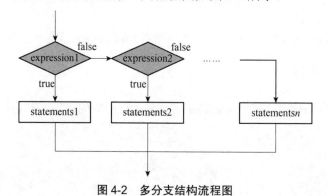

图 4-2 多分支结构流程图

下面用成绩转换的示例来演示这种情况：输入一个成绩（百分制，整数类型），输出其对应的五级计分的等级（A、B、C、D、E），其代码如下：

【程序代码清单 4-1】C4001_ScoreConverter.java

```java
import java.util.Scanner;

public class C4001_ScoreConverter {
    public static void main(String[] args) {
        int score = inputScore();
        String level = convert(score);
        System.out.printf("百分制成绩%d 对应的五级计分为：%s\n", score, level);

    }

    private static int inputScore() {
        System.out.println("请输入百分制成绩(整数)：");
        Scanner sc = new Scanner(System.in);
        int score = sc.nextInt();
        sc.close();
        return score;
    }

    private static String convert(int score) {
        String level = "A";
        if (score < 60){
            level = "E";
        }else if (score < 70){
            level = "D";
        }else if (score < 80){
            level = "C";
        }else if (score < 90){
            level = "B";
        }
        return level;
    }
}
```

代码说明：①本例的 convert 方法通过对成绩范围进行判断而采用了 if 的多分支结构，最后返回对应等级。请注意，本例并没有对非法成绩（[0,100]区间之外的成绩）进行检查，请读者自行添加。②从本例开始，我们将使用方法进行程序逻辑分解，以体现程序的本质"问题分解，逐步求精"。关于方法的具体介绍将在第 2 单元进行讲解，这里大家需要对方法加以理解：可以把方法看作预定义功能块，而方法的参数就是功能块的输入，返回值就是功能块的输出，如本例中的 convert 方法，使用它时我们传入一个百分制成绩（输入），而执行功能后返回对应等级（输出）。

程序中出现复杂逻辑（分支结构嵌套）的情况是影响程序阅读的一个重要原因，可以通过查找表技术取消分支来简化程序代码，提高程序的可读性。所谓查找表技术就是使用数组的方式，如对于本例，先预存各种等级，然后根据成绩十位上的数字轻松地进行判断。采用了查找表技术的 convert 方法代码如下：

```java
private static String convert(int score) {
    String[] levels = {"E","E","E","E","E","E","D","C","B","A","A"};
    return levels[score / 10];
}
```

代码说明：E 对应的十位数字有 0～5，所以存了 6 个；而 A 对应的还有 100 分这种情况，因此存了两个。

大家应该注意到，采用方法分解程序的方式来书写代码，除了逻辑清晰外，在修改代码时也相当方便。例如，本例中我们只需关注 convert 方法的实现即可，只要该方法的对外接口（输入参数和返回值）不变，其他地方的代码都不用修改。从方法使用者的角度来说，方法就是一个黑盒，大家需要好好理解和体会，并在实际编程过程中反复练习。

4.1.2 switch 分支

用 if-else 方式可以实现多分支，但容易出错。Java 提供了一种替代方式，即 switch 语句，也叫开关语句，它根据一个表达式的多个可能取值来选择要执行的代码段，其语法格式如下：

```
switch ( expression ){
   case constant-expression1:
       statements-1;
       break;
   case constant-expression2:
       statements-2;
       break;
   ...
   default:     //可选分支
       statements-n;
       break;
}
```

其中，控制表达式 expression 的类型可以是 byte、short、char、int 和后面介绍的枚举类型，JDK 1.7 后支持字符串类型，一定注意不支持 long 类型；而各个 case 标签后的常量表达式 constant-expression 的类型必须与控制表达式的类型相同，或者能够隐式转换为控制表达式的类型，一定注意必须是常量。

执行过程中，程序将表达式 expression 的值与常量表达式 constant-expression1、constant-expression2 等的值依次进行比较，如果相等则执行对应 case 标签下的语句 statements，然后执行 break 语句来结束 switch 语句。如果控制表达式的值与所有常量表达式的值均不匹配，则执行 default 标签后的程序段。default 部分是可选的。case 分支后的 break 语句可以缺省，但是会继续执行之后的 case 分支下的语句而不再判断，直到遇到 break 或 switch 语句块执行完才结束。成绩转换程序也可以使用 switch 分支来实现，以十位上的数字作为控制表达式，然后以 0~10 作为 case 分支，要注意的是 0~5 这 6 个分支和 9~10 这两个分支执行的逻辑是一样的，因此可以只列 case 标号语句，执行代码和 break 语句均缺省即可，读者可自行尝试。

下面以日期转换问题举例说明：输入月和日，输出其是该年的第几天，不考虑闰年情况。例如，输入 1 月 5 日，则输出是第 5 天；输入 3 月 1 日，则输出是第 60 天。解决这个问题的思路很简单，根据输入月进行分支处理，每个分支将该月之前的天数+日的天数就可以了，其代码如下：

【程序代码清单 4-2】C4002_DateConverter.java

```
1   import java.util.Scanner;
2
3   public class C4002_DateConverter {
4       public static void main(String[] args) {
5           System.out.println("请输入月、日(空格分隔)：");
6           Scanner sc = new Scanner(System.in);
7           int month = sc.nextInt();
8           int day = sc.nextInt();
9           int result = convert(month, day);
10          System.out.printf("%d月%d日是一年中的第%d天。", month, day, result);
```

```
11        sc.close();
12    }
13
14    private static int convert(int month, int day){
15        int days = 0;
16        switch (month) {
17            case 1:
18                days = 0 + day;
19                break;
20            case 2:
21                days = 31 + day;
22                break;
23            case 3:
24                days = 59 + day;
25                break;
26            case 4:
27                days = 90 + day;
28                break;
29            case 5:
30                days = 120 + day;
31                break;
32            case 6:
33                days = 151 + day;
34                break;
35            case 7:
36                days = 181 + day;
37                break;
38            case 8:
39                days = 212 + day;
40                break;
41            case 9:
42                days = 243 + day;
43                break;
44            case 10:
45                days = 273 + day;
46                break;
47            case 11:
48                days = 304 + day;
49                break;
50            case 12:
51                days = 334 + day;
52                break;
53        }
54        return days;
55    }
56 }
57
```

上述程序的 convert 方法逻辑很简单，但是代码太长，我们仍然可以使用前面介绍的查找表技术进行优化，即使用一个整数数组预存 month 月前的总天数，然后根据 month-1 的值直接访问即可，其 convert 方法改进后的代码如下：

```
1 private static int convert(int month, int day) {
2     int[] days = {0,31,59,90,120,151,181,212,243,273,304,334};
3     return days[month-1] + day;
4 }
```

4.2 循环结构

循环结构应用在一定条件下代码段的重复执行，如现实生活中"周而复始"、"循环往复"

等成语表达的意思，在程序中对应的实现就是使用循环结构。使用循环语句必须注意的一个问题就是死循环，即循环没有终止条件或终止条件永远无法达到。

Java 中提供了四种循环语句：while 语句、do-while 语句、for 语句和 for-each 迭代语句，本章将介绍前三种，for-each 迭代语句将在后面介绍。各种循环语句都包含了循环结构必需的组成：循环初始条件、循环结束条件、循环体、循环迭代，只是语法形式有所区别而已。为了使用方便，一般的原则是：循环次数确定使用 for 循环，循环次数不确定使用 while 循环。下面就分别介绍这三种循环。

4.2.1 while 循环

while 循环语句的语法如下：

```
循环初始条件;
while (循环条件boolean){
    statements;
    循环迭代;    //即如何进入下一次循环
}
```

其执行顺序为：

（1）循环初始化。

（2）计算循环条件的 boolean 结果。

（3）若结果为 true，则执行语句 statements，循环迭代后，转到第（2）步。

（4）否则，循环结束。

下面以十进制数转二进制数为例进行说明：输入一个十进制整数，输出其对应的二进制形式字符串。基本思路是模 2 取余，直到商为 0，最后应用 String 的拼接操作得到结果，其代码如下：

【程序代码清单 4-3】C4003_D2B.java

```
1   import java.util.Scanner;
2   
3   public class C4003_D2B {
4       public static void main(String[] args) {
5           int num = input();
6           String bin = d2b(num);
7           System.out.printf("%d 对应的二进制串为%s", num, bin);
8       }
9   
10      private static int input() {
11          Scanner sc = new Scanner(System.in);
12          return sc.nextInt();
13      }
14  
15      private static String d2b(int num){
16          String bin = "";
17          while(num != 0){
18              bin = num % 2 + bin;
19              num /= 2;
20          }
21          return bin.isEmpty() ? "0": bin;
22      }
23  }
```

代码说明：①请注意代码第 18 行，因为得到的余数要逆序拼接才行，所以后生成的在前面；②第 21 行代码的作用是确保 0 的二进制形式能正确输出，其中用到了 Java 提供的问号表达式及字符串提供的判断空字符串的方法；③请读者思考十进制数转八进制数如何实现？转十六进制数呢？如何设计一个十进制数转其他进制数的通用算法？

4.2.2 do-while 循环

do-while 循环语句的语法如下：

```
循环初始化；
do{
    statements;
    循环迭代；
}while（循环条件boolean）；   //注意尾部的分号不能少
```

从语法结构可以看出，do-while 循环和 while 循环很相似，其区别在于前者是先循环后判断，后者则相反，即前者至少会循环一次。从图 4-3 所示的流程图上可以更直观地看到二者的异同。

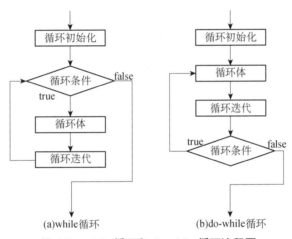

图 4-3 while 循环和 do-while 循环流程图

在程序代码清单 4-3 中，在后面用问号表达式保证了输入为 0 时能正确输出，原因就是使用 while 循环，当参数为 0 时不会进入循环处理，因此我们要自行处理参数为 0 的情况。考虑到这一点，改用 do-while 循环来完成，就可以不需要这一步操作了，其代码改写如下：

```
1  private static String d2b(int num) {
2      String bin = "";
3      do{
4          bin = num % 2 + bin;
5          num /= 2;
6      }while(num != 0);
7      return bin;
8  }
```

4.2.3 for 循环

for 循环是循环语句中最为简便的一种，最适合应用在循环次数确定的场合，其语法如下：

```
for (循环初始化；循环条件；循环迭代) {
    statements;
}
```

其中，循环初始化、循环条件和循环迭代都是完整的 Java 语句，而且都是可选的，之间用分号分隔（三个部分都可省，分号不能省）。for 循环的执行顺序为：

（1）执行初始化表达式。

（2）判断条件表达式的值，如为 false，循环结束。

（3）若条件为 true，执行 statements。

（4）修改循环变量的值（计算迭代表达式），转到第（2）步。

这里，循环初始化只被执行一次，它通常用于完成循环变量初始化等工作；循环条件判断后，不是向后执行循环迭代，而是向下执行循环体。

前面介绍了数组的定义和数组元素的访问，但并没有举例来说明。而在涉及数组问题处理的时候，最常使用的循环就是 for 循环，下面我们以查找最大值为例进行说明：给定一个包含 8 个正整数的数组，找到其中的最大值并输出。问题求解思路很简单，先假定最大值 max 为 0，然后采用顺序查找思想，依次用数组元素和 max 进行比较，不大于 max 则继续，否则修改 max 为当前元素，其代码如下：

【程序代码清单 4-4】C4004_MaxFinder.java

```
1  public class C4004_MaxFinder {
2      public static void main(String[] args) {
3          int[] data = {13, 5, 16, 9, 23, 18, 2, 19};
4          int max = find(data);
5          System.out.printf("数组中的最大值为：%d", max);
6      }
7  
8      private static int find(int[] data) {
9          int max = 0;
10         for(int i = 0; i < data.length; i++){
11             if (data[i] > max){
12                 max = data[i];
13             }
14         }
15         return max;
16     }
17 }
```

代码说明：①本例中数组采用的是静态初始化的方式；②数组元素的访问方式是数组名[位置索引]，其中索引从 0 开始；③熟记数组提供的访问元素个数的方式。

上面已经介绍了 Java 中的三种循环，这些结构在实际编程过程中使用相当广泛，需要大家熟练掌握。另外，循环结构中的循环体是一个语句块，因此也可以继续包含循环结构，即形成多重循环。下面以简单选择排序为例进行说明。选择排序是人们最常用的排序算法之一，如按身高进行排队（请想象我们实际排队的过程），其求解思路为（以降序为例）：选择排序可以简单理解为做多次查找最大值的过程，第 1 次找数组最大值，第 2 次找剩下元素的最大值，依次类推。而要查找的轮数为数组元素个数–1，因为剩 1 个元素时就不需要找了。我们用外层循环来控制这个轮数，然后用内循环查找指定范围的最大值，再把最大值放到轮数对应的位置即可，其实现代码如下：

【程序代码清单 4-5】 C4005_SelectSorter.java

```java
1   public class C4005_SelectSorter {
2       public static void main(String[] args) {
3           int[] data = {13, 5, 16, 9, 23, 18, 2, 19};
4           selectSort(data);
5           display(data);
6       }
7   
8       private static void selectSort(int[] data) {
9           for(int i = 0; i < data.length - 1; i++){
10              int maxIndex = i;
11              for(int j = i+1; j < data.length; j++){
12                  if (data[j] > data[maxIndex]){
13                      maxIndex = j;
14                  }
15              }
16              swap(data, i, maxIndex);
17          }
18      }
19  
20      private static void swap(int[] data, int i, int maxIndex) {
21          int tem = data[i];
22          data[i] = data[maxIndex];
23          data[maxIndex] = tem;
24      }
25  
26      private static void display(int[] data) {
27          for(int i = 0; i < data.length; i++){
28              System.out.printf("%4d", data[i]);
29          }
30      }
31  }
```

代码说明：①swap 方法是前面介绍的交换两个变量值的代码，这里传入的是两个索引位置，即交换两个位置上的元素，将该轮最大值放到相应位置；②display 方法是打印排好序的数组元素，其中用到了格式控制，每个元素占 4 列，不足时左边用空格填充；③selectSort 方法就是排序算法实现，为了减少交换次数，在内循环中查找的是最大值所在索引。

4.3　跳 转 语 句

在上述的控制结构中，有时候我们还需要在结构中改变程序的执行，如提前退出循环，这和 switch 语句的每个 case 分支都要跟上 break 语句道理一样。这就是 Java 中提供的跳转语句的作用，跳转语句可以改变程序的执行流程。

Java 提供了 break、continue、return 三种跳转语句，而 return 语句前面已经多次用到，其作用是结束所在方法，返回调用处（如有返回值则一同返回）。这里我们主要介绍前两种跳转语句。

4.3.1　break 语句

break 语句的作用是跳出所在语句块，在执行到 break 语句时，程序控制权将转移到该语句块的结束点（即右花括号处）。break 语句一般用于以下两种情况：

◆ 在 switch 结构中，break 语句用来结束 switch 语句块的执行；
◆ 在循环结构中，用于结束 break 语句所在的循环语句块。

第 1 种情况的应用前面已经介绍过，这里不再赘述。下面我们以质数判断为例介绍 break 语句的应用：质数的定义是只能被 1 和其本身整除的正整数，最小的质数是 2。根据定义，我们只需要从 2 到 $n-1$ 进行检查，如果能整除就不是质数，也就不需要再继续检查，这正好是 break 语句的语义，其实现代码如下：

【程序代码清单 4-6】C4006_Prime.java

```
1   public class C4006_Prime {
2       public static void main(String[] args) {
3           int n = 17;
4           boolean s = isPrime(n);
5           System.out.printf("%d %s a prime.", n, s ? "is":"is not");
6       }
7
8       private static boolean isPrime(int n) {
9           boolean flag = true;
10          for(int i = 2; i < n; i++){
11              if (n % i == 0){
12                  flag = false;
13                  break;
14              }
15          }
16          return flag;
17      }
18  }
```

代码说明：①这里没有由用户输入，读者可以自行修改；前面很多程序和本例一样，用户只能输入和判断一次，不能多次检查。现在学习了循环结构，请读者在 main 方法中添加循环处理来支持多次检查（如可以检查 10 次，或者一直检查到输入 -1 结束）。②isPrime 方法实现了质数判断的算法，其中 break 就是在遇到整除后结束循环检查，并返回其判断结果。需要说明的是，目前的算法效率不高，实际上我们根本不需要检查到 $n-1$ 结束，因为因子总是成对的，所以只需检查到 n 的平方根就可以了，请读者自行修改程序实现算法改进。

4.3.2 continue 语句

continue 语句的作用是结束循环结构中循环体在其之后的代码，并开始下一次循环。也就是说，break 语句能够结束整个循环语句块，而 continue 语句只能结束当前循环开始下一次。

下面我们举例进行说明：依次输入 10 个非负成绩，计算其总分并输出。每输入一个计算一次，如果输入成绩为负数则忽略不计，这种情况就可以采用 continue 语句来实现控制，其代码如下：

【程序代码清单 4-7】C4007_ContinueDemo.java

```
1   import java.util.Scanner;
2
3   public class C4007_ContinueDemo {
4       public static void main(String[] args) {
5           Scanner sc = new Scanner(System.in);
6           int count = 0;
7           int sum = 0;
8           while (count < 10){
9               int num = Integer.parseInt(sc.nextLine());
10              if (num < 0) continue;
11
12              sum += num;
13              count++;
```

```
14          }
15          System.out.printf("total:%d", sum);
16      }
17 }
```

代码说明：①本例中输入方法没有用 nextInt 方法（也可以用），而是用 nextLine 方法获取输入的整行，由于返回的是字符串形式，因此要用到之前介绍的字符串到基本类型的转换；②请注意含有跳转语句的分支结构，从语义上来说是双分支，但实现的时候只需用单分支处理即可，如本例。

关于 break 和 continue 需要强调的一点是，二者均只能在所处的语句块进行跳转。如果有嵌套，比如多重循环，则使用它们只能一层层往外跳，不能直接跳出。遇到这种情况，我们可以使用它们和标号语句结合来完成，这和其他语言中提供的 goto 语句类似（如 C 语言）。

break 和 continue 加标号的使用方式如下所示：

```
outer:
for(int i = 0; i < n; i++){
    for(int j = 0; j < n; j++){
        if (true)   break outer;
    }
}
```

```
outer:
for(int i = 0; i < n; i++){
    for(int j = 0; j < n; j++){
        if (true)   continue outer;
    }
}
```

加标号进行跳转，并不改变跳转语句的本质，即 break 加标号的意思是结束 outer 所代表的外层循环；continue 加标号的意思是结束 outer 循环层的当次循环，开始 outer 层的下一次循环。

4.4 递归调用

程序设计中有一种技巧被称为递归，即方法中直接或间接调用自身的方式，通过这种方式可以大大减少代码量。递归适用的场景通常是把一个大型复杂的问题层层转化为一个与原问题相似的规模较小的问题来求解，其应具备的条件是：

◆ 子问题与原问题的处理逻辑相同，子问题的求解有助于原问题的求解；
◆ 递归必须具备结束条件，即不能无限调用。

下面我们以斐波那契数列为例进行说明：斐波那契数列形如 1,1,2,3,5,8…，其规律是除前两项为 1 外，后面每项的值为前两项之和，其数学定义如下：

$$F_n = \begin{cases} 1 & n = 1, 2 \\ F_{n-1} + F_{n-2} & n > 2 \end{cases}$$

有了数学定义的递归公式，就可以编程来求该数列第 20 项的值了，其代码如下：
【程序代码清单 4-8】C4008_FibonacciSequence.java

```
1  public class C4008_FibonacciSequence {
2      public static void main(String[] args) {
3          System.out.printf("斐波那契数列的第 8 项为: %d", fs(8));
4      }
5
6      private static int fs(int n) {
7          if (n < 3) return 1;
8
```

```
 9            return fs(n - 1) + fs(n - 2);
10        }
11    }
```

代码说明：上面的 fs 方法就是递归调用，可以看到程序代码相当简洁。不过需要注意的是，递归用于描述算法很便捷，但由于递归会造成方法在栈上堆积，因此递归层次太多会造成堆栈溢出的错误。另外，对于斐波那契数列来说，这种求解方式还会造成大量重复计算（如计算第 8 项，需要计算第 7 项和第 6 项，而计算第 7 项又要计算第 6 项等），因而效率相当低。所以，我们可以用递归的思想来分析问题，然后再用循环等方式来非递归地求解，改进代码如下：

【程序代码清单 4-9】C4009_Fibonacci.java

```
 1   public class C4009_Fibonacci {
 2       public static void main(String[] args) {
 3           System.out.printf("斐波那契数列的第 8 项为：%d", fs2(8));
 4       }
 5
 6       //使用数组递推方式改进递归，缓存前 n 项
 7       private static int fs(int n) {
 8           int[] seq = new int[n];
 9           seq[0]=seq[1]=1;
10           for(int i = 2; i < n; i++){
11               seq[i] = seq[i-1] + seq[i-2];
12           }
13           return seq[n - 1];
14       }
15
16       //使用变量交替改进递归，不缓存前面项
17       private static int fs2(int n){
18           int a = 1, b = 1;
19           for(int i = 3; i <= n; i++){
20               int t = a;   //暂存前一项
21               a = b;       //前一项变后一项
22               b = t + b;   //后一项变二者之和
23           }
24           return b;
25       }
26   }
```

代码说明：①对于 fs 方法，我们利用数组对计算的每项进行存储，从而大大减少重复计算而提高程序效率，但内存使用效率低，可以把它理解为空间换时间。②对于 fs2 方法，我们还可以使用两个变量交替改变的方式来改进，不仅提高了程序的时间效率，而且空间使用效率也不损失。③我们可以将递归理解为逆向求解，而将改进的方式理解为以正向递推的方式求解。

4.5 综合应用

前面我们已经介绍了 Java 的各种基础语法，也演示了一些简单的程序，本节将对基础语法进行综合应用，完成二分查找算法、九宫算术、Excel 地址转换和约瑟夫环问题的求解。

4.5.1 二分查找算法

二分查找也叫折半查找，是效率较高的查找算法，但其要求数据按顺序结构进行存储，

并且序列要求有序。其查找过程为（假设为升序）：首先计算序列的中间位置，然后用中间位置的元素与待查找元素进行比较，相等则查找成功，返回其位置；如果前者大于后者，则修改查找范围为前半区；否则，修改查找范围为后半区。重复上述过程，直到查找成功，或者查找范围不存在退出，查找不成功返回-1。其实现代码如下：

【程序代码清单 4-10】C4010_BinarySearch.java

```java
public class C4010_BinarySearch {
    public static void main(String[] args) {
        int[] a = {21, 45, 61, 65, 72, 83, 85, 90, 95};
        int index = find(a, 60);
        System.out.printf("该元素的索引位置为：%d", index);
    }

    private static int find(int[] a, int value) {
        int index = -1;
        int left = 0, right = a.length - 1;
        while(left <= right){
            int mid = (left + right) >>> 1;     //无符号右移代替除2操作
            if (a[mid] == value){
                index = mid;
                break;
            }

            if (a[mid] > value)
                right = mid - 1;
            else
                left = mid + 1;
        }
        return index;
    }
}
```

代码说明：①程序中采用数组来存储查找序列，并按升序进行了排列，以满足二分查找的条件。②left 和 right 分别存储查找范围的左、右边界，如果左边界大于右边界则表示查找范围不存在，查找失败。③请注意 12 行计算中间位置的方法，我们没有使用左、右边界之和除 2 的方式（存在 bug），原因是左、右边界相加有可能导致算术溢出，得到负的索引而引起运行时错误。而 Java 提供的无符号右移可以达到除 2 的效果，并可以保证结果为正（高位始终补 0）。④二分查找常规解法中找不到则返回-1，如果我们稍做修改，就可以让程序返回更有意义的信息，如数据集中大于查找值的最小位置。在本例中，如果我们要查找 60 这个元素，常规情况下返回-1 作用不大，而如果能返回大于 60 的最小位置 2，则我们可以了解到及格率的信息（假如是一组成绩），而代码只需稍做修改，仅需第 23 行改为：

```java
return index != -1 ? index : left;
```

4.5.2 九宫算术

在金庸的武侠小说《射雕英雄传》中，瑛姑耗尽半生不能解决的一个难题，被聪慧的黄蓉用一句口诀"二四为肩，六八为足，三七当腰，中五为腹，戴九履一"就轻易解答了。这个问题就是历史上著名的九宫算术：三行三列的九个格子中填入 1~9 的数字，使得行、列、对角线上的数字之和等于 15。如果我们把三行三列扩充为五行五列、七行七列……（保证为奇数行奇数列即可），填入对应的 25 个、49 个数字等，使得行、列、对角线上的数字之和等于所有数字之和的五分之一、七分之一……那么即使黄蓉再聪明可能也无法得出口诀来解决这些问题了。但是，现在有了计算机的帮助，只要能够找出这些数字填入的规律，即使再多行、列，我们都可以轻松地解决。

九宫算术的填数规律如下：

◆ 中间一行，最后一列填入最大的数（如9）。
◆ 然后行加1、列加1（均采用模运算，以达到行、列越界翻转的效果），如果对应的格子还没有填数，则填入下一个数字（从大到小）；如果已经填入了数，则退回原处执行行不变、列减1的操作，再在对应的格子中填入下一个数字。
◆ 依次循环，直到所有数字都填入格子为止。

对这个问题，我们采用二维数组进行处理，其代码如下：

【程序代码清单4-11】C4011_NineGrid.java

```java
public class NineGrid {
    private static int[][] grid;
    public static void main(String[] args) {
        init();
        solve();
        display();
    }

    private static void init() {
        int n = 3;
        grid = new int[n][n];
    }

    private static void display() {
        for(int i = 0; i < grid.length; i++){
            for(int j = 0; j < grid[i].length; j++){
                System.out.printf("%3d", grid[i][j]);
            }
            System.out.println();
        }
    }

    private static void solve() {
        int n = grid.length;
        int r = n / 2, c = n - 1;
        for(int i = n*n; i >= 1; i--){
            grid[r][c] = i;      //填数
            r = (r+1) % n;       //行加1，模运算处理越界翻转
            c = (c+1) % n;       //列加1
            if (grid[r][c] != 0){
                r = (r+n-1) % n;     //退回原处，行不变
                c = (c+n-1-1) % n;   //退回原处，列减1
            }
        }
    }
}
```

代码说明：①本例中，采用 grid 这个二维数组进行存储和处理，并且为了减少参数传递，我们将 grid 定义在方法之外（在面向对象中，这种情况称为成员变量，后面再详细介绍），这样其作用范围就是整个类，所以每个方法都可以访问它。②在 display 方法中，我们演示了二维数组各维大小访问的方式，其理解方式就是数组的数组，因此 grid.length 得到的是第一维的大小，而 grid[i].length 得到的就是第二维的大小。③本例中模运算处理越界翻转的情况需要大家好好理解并学会应用，另外，对于第31行通过加周期的方式防止出现负索引的技巧，也请读者结合周期函数（如三角函数）好好理解。

4.5.3 Excel 地址转换

Excel 是最常用的办公软件,每个单元格都有唯一的地址表示,比如,第 12 行第 4 列表示为"D12",第 5 行第 255 列表示为"IU5",其中数字表示行号,而列号的规则可以理解为:以 A~Z 英文字母为数码而组成二十六进制形式,如前"IU"表示 I*26+U=255。事实上,Excel 提供了两种地址表示方法,还有一种表示法叫作 RC 格式地址,如第 12 行第 4 列表示为"R12C4",第 5 行第 255 列表示为"R5C255"。

现在的任务是编写程序,实现从 RC 地址格式到常规地址格式的转换,要求可以测试多次,直到输入-1 结束,输入一次 RC 地址,则转换为常规格式输出一次。解决该问题需要我们熟悉字符串的常用操作,首先需要分别取出行号和列号,然后对列号进行转换后,再与行号拼接输出,其代码如下:

【程序代码清单 4-12】C4012_AddressConverter.java

```java
import java.util.Scanner;

public class C4012_AddressConverter {
    public static void main(String[] args) {
        while (true) {
            String rc = input();
            if (rc.equals("-1")) break;
            int col = getColumn(rc);
            String com = convert(col);
            System.out.printf("形如%s的RC地址对应的常规形式为: %s\n",
                    rc, com+getRow(rc));
        }
    }

    private static String input() {
        Scanner sc = new Scanner(System.in);
        String rc = sc.nextLine();
        return rc.toUpperCase();
    }

    private static int getColumn(String rc) {
        int index = rc.indexOf('C');
        int col = Integer.parseInt(rc.substring(index+1));
        return col;
    }

    private static String getRow(String rc) {
        int index = rc.indexOf('C');
        return rc.substring(1, index);
    }

    private static String convert(int col) {
        String addr = "";
        String letters = "ABCDEFGHIJKLMNOPQRSTUVWXYZ";
        while (col >= 1) {
            col = col - 1;
            int index = col % 26;
            addr = letters.charAt(index) + addr;
            col /= 26;
        }
        return addr;
    }
}
```

代码说明：①注意第 7 行是前面提到过的，引用类型使用 equals 方法进行判等，不用使用"=="。②第 17 行使用的是字符串提供的转换为大写形式的方法，目的是方便后面的判断及方便用户输入。③convert 方法完成列号的转换，其思路和前面的十进制数转二进制数相似，只不过这里是二十六进制数而已。第 35 行的处理是序号到索引的转换，序号从 1 开始，而索引从 0 开始。

4.5.4 约瑟夫环

约瑟夫环是一个数学的应用问题：已知 n 个人（以编号 1,2,3,…,n 分别表示）围坐在一张圆桌周围，从编号为 k 的人开始报数，数到 m 的那个人出列；他的下一个人又从 1 开始报数，数到 m 的那个人又出列；以此规律重复下去，直到圆桌周围的人全部出列。此问题一般有两种方式：①求最后剩下人的编号；②求出队序列。这里我们求解第一种问题，假定从第 1 个人开始报数，m 和 n 可变，以数组的方式存储编号。

求解这个问题，需要解决如下问题：①数组大小初始化后不能改变，怎么表示人出列？②人们围成一圈循环报数如何进行？③循环条件如何表示？带着问题我们来看下面的实现代码：

【程序代码清单 4-13】C4013_JosephusCircle.java

```java
public class C4013_JosephusCircle {
    private static int[] kids;   //存储编号
    private static int m = 3;    //假定报到3离开
    public static void main(String[] args) {
        init();
        int winner = solve();
        System.out.printf("获胜者编号是：%d", winner);
    }

    private static void init() {
        int n = 17;
        kids = new int[n];
        for(int i = 0; i < n; i++)
            kids[i] = i + 1;
    }

    private static int solve() {
        int remainder = kids.length;    //存储剩余人数
        int index = -1;                 //索引初值为-1，游戏开始时再指定
        int count = 0;                  //计数器
        while(remainder > 1){
            //移动到下一个位置，模运算处理越界翻转
            index = (index + 1) % kids.length;
            //如果该位置的人已经出列，则往下移动
            if(kids[index] == 0) continue;
            count++;                    //报数
            if (count == m){
                kids[index] = 0;        //元素置为0来表示出列
                remainder--;            //剩余人数减少1
                count = 0;              //计数器归零
            }
        }
        return getWinner();
    }

    private static int getWinner() {
        int index = -1;    //用于存储获胜者的索引
        for(int i = 0; i < kids.length; i++){
            if (kids[i] != 0){
```

```
40              index = i;
41              break;
42          }
43      }
44      return index + 1;     //返回编号
45  }
46 }
```

代码说明：①kids 用于存储编号，定义在方法之外，方便使用。②solve 方法完成报数出列的过程。由于数组大小不能动态调整，因此不能使用删除等手段来表示出列，程序中以置元素值为 0 的方式来表示出列；采用 remainder 来存储剩余人数，以方便循环条件的表示；跟前面介绍的越界翻转处理一样，仍然采用模运算来处理围成一圈报数的问题；当移动到的位置上的人已经出列后，需要用 continue 的方式跳转，继续向下移动。③getWinner 方法用于处理结束后获取编号，其中要注意的是编号和索引的转换；第 41 行的跳转语句是因为获胜者只有最后一个，找到就不用继续了。

约瑟夫环问题还可以采用递归的方式求解，关键是如何得到递归公式。首先我们来看递归结束条件，如果只有两个人，则获胜的索引跟 m 的奇偶性相关，如 m 为 3，则获胜索引为 1；如 m 为 4，则获胜索引为 0，即 m 为偶数则为 0，否则为 1。接下来，来推导递归公式：以报到 3 出列为例，我们知道编号 3 的位置是第一个出列的，因此可以把 n 个人的问题变成 $n-1$ 个人的问题，即把 $n-1$ 个人重新编号（从原来编号 3 的位置后，从 1 开始重新编号），这样原来 $n-1$ 个人的获胜编号按新的编号就是 n 个人的获胜编号，其递归公式如下：

$$F_n = \begin{cases} m\%2 & n = 2 \\ (F_{n-1} + m)\%n & n > 2 \end{cases}$$

根据上述公式，其递归实现的代码如下：

【程序代码清单 4-14】C4014_Josephus.java

```
1  public class C4014_Josephus {
2      public static void main(String[] args) {
3          System.out.printf("获胜者编号是: %d", f(17, 3) + 1);
4      }
5
6      private static int f(int n, int m){
7          if (n == 2) return m % 2;
8
9          return (f(n-1, m)+m) % n;
10     }
11 }
```

代码说明：有了递归公式再进行代码实现是相当容易的（需要注意的仍然只是编号和索引的转换），而前面已经提到过递归的问题，因此最好再用递推的方式改为非递归版，其代码如下：

```
1  private static int fn(int n, int m){
2      int[] a = new int[n];
3      a[1] = m % 2;
4      for (int i = 2; i < n; i++) {
5          a[i] = (a[i-1] + m) % (i+1);
6      }
7      return a[n-1];
8  }
```

代码说明：请注意 n 个人问题的答案存储在 $n-1$ 索引处，而循环中 $i+1$ 才是 n 个人。

4.6 单元项目

4.6.1 项目概述

最后，我们以单元项目——扫雷游戏布雷逻辑实现作为本单元的结束。扫雷游戏是微软 Windows 操作系统附带的一个小游戏，是计算机早期小游戏的经典，其游戏画面如图 4-4 所示（左为 Windows XP 以前，右为 Windows 10）。其中数字表示单元格周围有几个雷；用红旗标记雷，否则点开单元格，如果是空白则递归展开，如果碰到雷则游戏结束；通过游戏计时来记录谁扫雷速度快。

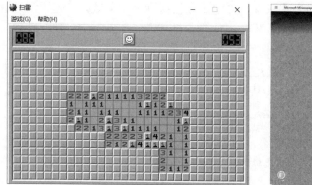 

图 4-4 经典扫雷游戏画面

读者如果不熟悉可以上网找下资源，安装一个玩玩。这里仅仅完成该游戏的布雷逻辑，然后在控制台模拟输出，关于 GUI 图形界面相关的实现读者可以在学习完后面的知识后自己尝试去完成。

4.6.2 设计与实现

扫雷游戏布雷逻辑实现设计：①数据结构选择字符二维数组来实现，以 "●" 符号表示地雷，空白字符表示周围没有雷，其他数字字符表示周围的雷数。②布雷就是把该位置赋值为 "●" 这个字符，其过程是：随机产生一个行号和列号，检查该位置是否已布了雷，是则重新产生位置，否就布雷；直到雷数达到上限，布雷过程结束。③计算每个单元格周围的雷数，如果单元格是雷则跳过。统计了周围雷数后，如果雷数非零，将对应数字字符赋给对应单元格即可。④在控制台输出。程序实现代码如下：

【程序代码清单 4-15】单元项目 UP1_SweepMine

```
1   import java.util.Random;
2
3   public class MineSweeper {
4       private static char[][] map;
5       private static int rows;
6       private static int cols;
7       private static int maxMines;
```

```java
    public static void main(String[] args) {
        init();
        layMines();
        countMines();
        display();
    }

    private static void init() {
        rows = 16;
        cols = 30;
        maxMines = 99;
        map = new char[rows][cols];
    }

    private static void layMines() {
        Random ran = new Random();
        int count = 0;
        while(count < maxMines){
            int r = ran.nextInt(rows);
            int c = ran.nextInt(cols);
            if (map[r][c] == '\u25cf') continue;

            map[r][c] = '\u25cf';     //\u25cf 是黑圆点对应的Unicode 编码
            count++;
        }
    }

    private static void countMines() {
        for(int r = 0; r < rows; r++){
            for(int c = 0; c < cols; c++){
                if (map[r][c] == '\u25cf') continue;

                int mines = count(r, c);
                if (mines != 0)
                    map[r][c] = (char)(0x30 + mines);
            }
        }
    }

    private static int count(int row, int col) {
        int count = 0;
        for(int r = row - 1; r <= row + 1; r++){
            for(int c = col - 1; c <= col + 1; c++){
                if (checkIndex(r, c) && map[r][c] == '\u25cf')
                    count++;
            }
        }
        return count;
    }

    private static boolean checkIndex(int r, int c) {
        return (r >= 0 && r < rows) && (c >= 0 && c < cols);
    }

    private static void display() {
        for(int r = 0; r < rows; r++){
            for(int c = 0; c < cols; c++){
                System.out.printf("%2c", map[r][c]);
            }
            System.out.println();
        }
    }
}
```

运行该程序，其输出结果如图 4-5 所示，即为布雷逻辑实现效果。

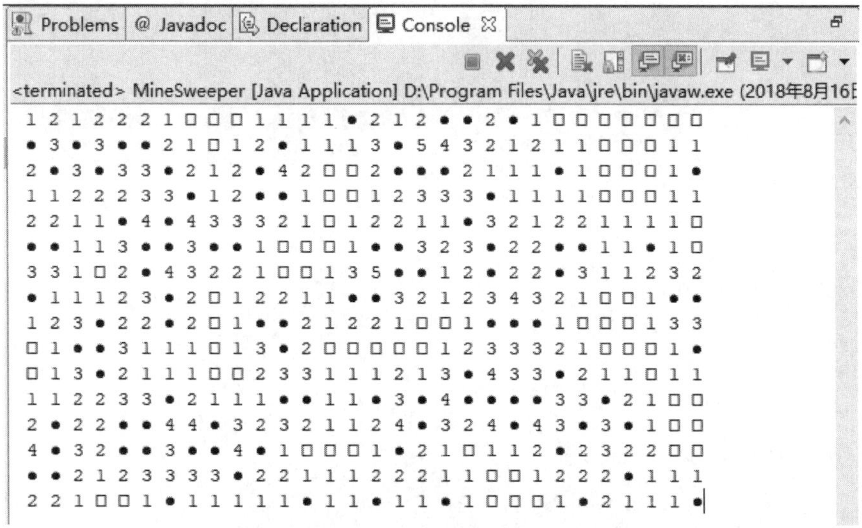

图 4-5 布雷逻辑实现效果

代码说明：①init 方法用于初始化，行列数、雷数根据游戏等级而不同，并据此初始化二维数组 map。②layMines 方法用于实现布雷逻辑，其算法思路很简单，通过检查位置是否已经用过来保证布雷逻辑的正确，但该算法效率较低，因为这种方式属于事后检查，如果位置已经用过则产生该位置的时间就浪费了。可以换一种思路来改进算法，将可以放置雷的位置集中管理，每次从可用位置中随机抽取一个用于布雷，然后将这个位置从可用位置中删除。这样我们不用再检查位置是否用过了，请读者仔细思考，尝试完成这种改进。③countMines 方法用于统计每个单元格周围的雷数，请注意第 43 行代码，map 中的元素类型是字符，不能直接将整数赋给它，而要强制转换；另外，数字字符和数字有区别，数字字符是表示数的字符的 ASCII 编码，而字符"0"的 ASCII 编码为 0x30。④count 方法用于统计对应单元格周围的雷数，请理解周围单元格和本身单元格间的行列数间的关系。⑤checkIndex 方法用于检验行、列号的合法性，用于处理角、边上单元格周围单元格的合法性。

本 章 小 结

本章介绍了程序中应用相当广泛的常见控制结构：分支和循环。Java 提供了两种分支结构，if-else 和 switch；提供了四种循环，我们介绍了 for、do-while、while 三种，而 for-each 迭代循环将在后面进行介绍。在控制结构中，还有用于改变执行流程的跳转语句：continue 和 break。

对每种控制结构都给出了相关示例，而这些示例都解决了一些常见的编程问题，需要大家熟练掌握并加以应用。示例中还包括了前面介绍的数组和字符串的应用，这两种数据类型是编程过程中使用相当频繁的，是程序员必须熟练掌握的技能。另外，在处理复杂逻辑的时候，控制结构还可以嵌套。

最后，本章还介绍了一种编程技巧：递归。对于递归思想及递归的应用场合大家必须理解和熟悉，它用于描述算法相当简洁，因此实现代码也相当清晰。不过递归存在不足，需要大家通过大量实践来掌握把递归改为非递归的技能。

截至目前，我们已经介绍完 Java 在实际编程过程中的所有基础语法，包括 Java 程序的组成、数据类型和变量、表达式运算和控制结构，以及数组和字符串。在编程求解具体问题时，就是对上述内容进行综合应用，而这部分内容基本上是任何编程语言都包括的部分，并不是 Java 所独有的。在下一章，我们将介绍 Java 更为重要的特性：面向对象。大家需要理解，面向对象是另外一种编程模式，但是其具体实现时仍然需要本章介绍的这些基础知识，所以我们必须通过实践熟练掌握这些基本技能。

习 题

1. 控制结构中，用于结束本次循环开始下一次循环的跳转语句是＿＿＿＿＿＿。
2. 在 switch 结构中，控制表达式的类型可以是整数、字符、＿＿＿和＿＿＿。
3. 查找 100 以内的所有质数，并按 5 个一行的方式打印出来。
4. 百度一下 BMI 的含义，试编写计算 BMI 值的程序。
5. 百度一下个税税率表，编程实现：输入税前工资，输出应税额，不考虑五险一金。
6. 编程实现：输入生日年份，输出其对应的生肖。提示：生肖以 12 为周期，从"狗"开始为 0，依次往下。
7. 编程实现：输入三角形 3 边的长度，输出其周长和面积（公式可百度查询），要求检验 3 边长是否合法，如果非法则输出"边长非法，无法构成三角形"。
8. 程序代码清单 4-2 中没有处理闰年问题，请添加这个处理。
9. 在程序代码清单 4-2 中，如果已知某天是某年的第多少天，请编程计算这一天是几月几号，仍需考虑闰年的情况。
10. 试打印九九乘法表。
11. 请实现十进制数转八进制数的功能。
12. 请实现十进制数转十六进制数的功能。
13. 请实现十进制数转二进制数、八进制数、十六进制数的通用功能。
14. 在程序代码清单 4-6 中，进行质数判断算法改进。提示：循环条件修改为平方根结束。
15. 输入两个正整数，编程计算其最大公约数和最小公倍数。
16. 编程查找水仙花数。水仙花数为一个 3 位整数，其各位数字的立方和等于其本身，如 153 是水仙花数，$1^3 + 5^3 + 3^3 = 153$。
17. 编程查找 10000 以内的完全数。完全数定义为：除其自身外的因子之和等于其自身，如 6 是完全数，$1 + 2 + 3 = 6$。
18. 将一个正整数分解质因数。如输入 90，打印出 90=2*3*3*5。
19. 根据单元项目中布雷逻辑算法改进的描述，编程实现改进。
20. 现有字符串 s，请分别统计英文字母、数字和其他字符的个数。
21. 输入三个整数 x,y,z，请把这三个数由小到大输出。
22. 编程求 sum=d+dd+ddd+⋯+$ddd...d$（d 为 1~9 的数字）。例如，3+33+333+3333（此时 d=3，n=4）。d 和 n 由用户输入，输出其和。
23. 有一种数叫回文数，正读和反读都一样，如 12321 便是一个回文数。编写一个程序，从命令行得到一个整数，判断该数是不是回文数。

24. 有一对兔子，从出生后第 3 个月起每个月都生一对兔子，小兔子长到第 3 个月后每个月又生一对兔子，假如兔子都不死，每个月的兔子总数为多少？

25. 父亲准备为小龙的四年大学生活一次性储蓄一笔钱，使用整存零取的方式，控制小龙每月月初取 1000 元这个月使用。假设银行整存零取的年息为 1.71%，请算出父亲至少需要存入多少钱才行。提示：逆推。

26. 百度一下杨辉三角的定义，并打印杨辉三角的前 10 行。

27. 给定 1,2,3,4,5 五个数字，编程打印从 5 个数中选择 3 个数的所有组合，如输出"1 2 3"、"1 2 4" 等。

28. 可以用如下数列近似计算圆周率 π：$\pi=4(1-1/3+1/5-1/7+\cdots)$，编程实现，并显示数列项为 10000,20000,100000 时的 π 值。

29. 编程实现：猜数字游戏，随机产生一个 0～100 间的整数，用户输入一个整数，如果相等则输出"猜中了"，并结束程序；如果猜的数小，则提示用户"猜的数小了"，用户重新输入；如果猜的数大，则提示用户"猜的数大了"，用户重新输入。

30. 字符串简单加密、解密实现：给定字符串，加密就是对其中出现的英文字母依次替换为后移 3 位的字母，其他字符不变，如遇到"a"，则替换为"d"。解密过程相反。请编写程序实现加密和解密功能，实现中需要考虑大小写问题。

31. 可以用如下数列近似计算 e：$e=1+1/1!+1/2!+1/3!+\ldots+1/n!$，编程实现，并显示当 n 为 10000，20000 时的 e 值。提示：观察 n 项和 $n-1$ 项的关系。

32. 现有一竞赛共 10 道题，要求选手必须全做，初始分为 10 分，选手做对题，则当前得分翻倍；如做错题，则扣掉题号的分值，如第 1 题错，则得分变为 9 分。如果有选手最后得分为 100 分，请编程输出其每道题的答题情况。

第 2 单元　Java 面向对象

物类之起，必有所始。
草木畴生，禽兽群焉，物各从其类也。

——荀子·《劝学篇》

 单元知识要点

面向对象思想特征及优点
Java 类定义语法
类和对象
继承和多态
抽象类和接口
内部类和枚举类型

 单元案例

简易计算器基础版
有理数类定义
成绩表实现
顺序表实现
排序的泛型实现

 单元项目

简易计算器 OO 版

第5章 面向对象思想及原则

前面单元介绍的编程是基于面向过程的思想,主要是通过设计算法来解决具体的问题。随着计算机技术的不断提高,计算机被用于解决越来越复杂的问题,软件越来越复杂,规模越来越庞大,面向过程的方式由于自身的局限性已经不足以应对这种情况。

面向对象(Object Oriented,OO)思想的应运而生可以说是历史的必然。在面向对象思想中,一切事物皆对象。我们可以通过面向对象的方式实现对现实世界的抽象与数字建模,将现实世界的事物抽象成对象,现实世界中的关系抽象成类、继承。面向对象是人类的思维方式,以人理解的方式更利于对复杂系统进行分析、设计与编程。同时,面向对象能有效提高编程的效率,通过封装技术、消息机制可以像搭积木一样快速开发出一个全新的系统,它将对象作为程序的基本单元,将实现和数据封装其中,以提高软件的重用性、灵活性和扩展性。

面向对象的思想已经涉及软件开发的各个方面,如面向对象分析(Object Oriented Analysis,OOA)、面向对象设计(Object Oriented Design,OOD)及这门课程要介绍的面向对象编程(Object Oriented Programming,OOP)。

 学习目标

★ 理解面向对象编程的思想
★ 理解面向对象的基本原则
★ 体验面向对象编程

5.1 面向对象思想特征

Coad/Yourdon 方法(即著名的 OOA/OOD 方法,最早的面向对象的分析和设计方法之一)的创始人 Coad 和 Yourdon 认为:面向对象=对象+类+继承+通信。如果一个软件系统是使用这 4 个概念来设计和实现的,就认为这个软件系统是面向对象的。

1. 对象

面向对象的方法以对象为中心和出发点。对象可以是现实生活中的一个物理对象,还可以是某一类概念实体的实例。比如,一辆汽车、一个人、一本书,乃至一种语言、一个图形、一种管理方式，都可以作为一个对象。

2. 类

类是一组具有相同数据结构和相同操作对象的模板，是对一系列具有相同性质的对象的抽象，它描述的不是单个对象而是对象全体的共同特征。如果说每一个学生是一个对象的话，所有的学生可以作为一个模板，"学生"这个概念就成为一个类。每个学生对象都是类的一个实例，可以使用类所提供的各种服务。

具体来说，以姓名、年龄、性别、专业等性质形成的模板就是学生类，而"小明，20岁，男，软件工程专业"就是一个具体的学生对象。从程序的角度来说，对象是需要申请内存、进行初始化后才存在的，执行这些操作所依托的标准就是类这个模板。因此类是先于对象而始终独立存在的，而对象自创建开始在其生命周期内存在。

3. 继承

继承是以现有类型定义为基础来创建新类型的技术。通过类之间的继承，派生类可以在享受基类所提供的各种服务的同时，对基类的功能进行扩充，而不对基类本身进行修改。这种重用技术大大提高了软件开发的生产率。

例如，学生基类已经存在，作为具有自身特征的大学生就可以从学生类中继承。它同学生一样，具有姓名、年龄、性别等特性，可以上课和考试。它还具有一般学生不一定具备的特征，比如辅修第二专业、企业实习、找工作等。

4. 消息通信

对象具有自治性和独立性，但对象与对象之间又不是彼此孤立的，它们通过消息进行通信，这些都和现实世界非常接近。要完成某项任务，就需要向相关对象发送消息（从程序的角度，发消息就是调用对象的相应函数），请求它们执行相应的操作，进而改变对象的状态或返回所需的结果。

总之，面向对象的本质就是抽象，其三大核心特征为封装、继承和多态：

- 封装（Encapsulation）：达到数据隐藏和实现隐藏的目的，其思想来源于黑盒，类的使用者只需要了解其公开的信息即可使用。另外，封装有利于形成类的独立性，更容易进行责权划分。
- 继承（Inheritance）：类与类之间的一种重要关系（"is a，是一个"的关系，另外一种重要关系是"has a，有一个"），是面向对象中实现代码复用的重要机制，也是类之间划分族群的机制，是多态实现的前提。
- 多态（Polymorphism）：编译时统一调用行为，运行时通过该机制执行不同代码来达到多样性。这是静态类型语言（如Java、C#等）通过类型后期绑定机制来实现的程序动态性。编译时可以确定方法在类型中存在，但具体对象不确定；运行时根据具体对象确定其实际类型，再调用相应方法。

可以说继承和多态是面向对象语言最本质的特征，是区别于非面向对象语言的标志。有了继承和多态，有了类之间的族群关系，就可以实现对象的可替换性，如圆（Circle）的对象应该也是形状（Shape）的一个对象，所以在Shape对象出现的地方圆对象应该都可以替换。

当我们采用面向对象方式进行思考和编程时，相较于结构化方式编程的好处是：程序将更易复用、更易扩展、更易维护。现在我们不从代码角度来理解它的好处，而是先来看一下中国的四大发明：火药、造纸术、指南针、活字印刷术。注意是活字印刷术，而不是雕版印刷术。我们看到前三种发明都是从无到有的创造，但第四种却是改进的活字印刷术，而不是从无到有的雕版印刷，为什么呢？大家可以很容易想到活字印刷术相比于雕版印刷的优势：①如果两篇文字有很多重复的字，雕版印刷只能一次次地刻，而活字印刷可以字模复用；②当一篇古诗竖排雕刻后，如果想改成横排，就只能重刻，而活字印刷只需要重排即可；③如果雕版刻好后被检查到有错字就悲剧了，又得重刻，而活字印刷只需要换字即可。从这些优势可以看出，活字印刷的好处就是面向对象思想的好处，活字印刷造就了文化的广泛传播，从而成为四大发明之一，这可以说是面向对象思想的胜利。

5.2 面向对象思想原则

在软件工程领域，有一条永恒不变的真理就是需求永远在变。因此让软件保持弹性来应对需求变化是相当重要的。而面向对象编程的目标是提高代码的复用性和程序的扩展性，其程序好坏的检验标准是易复用、易扩展、易维护。然而，目标是崇高的，要应对变化需要我们进行大量的实践和阅读优秀的代码。在面向对象实践过程中，"封装变化"、"低耦合，高内聚"、"面向抽象编程"是我们应该始终遵循的最本质的思想，而由其演化出来如下六个原则：

（1）开闭原则（Open-Close Principle，OCP）：开闭原则的定义是软件中的对象（类、模块、函数等）应该对于扩展是开放的，但是对于修改是关闭的。当需求发生改变时，需要调整代码以应对需求变化，这时我们应该尽量去扩展原来的代码，而不是去修改原来的代码，因为这样可能会引起更多的问题。这条原则看上去很容易理解，但实施过程中要遵守却很难，因为通常我们自己就是代码的实现者，想修改就修改，不会去理会这个原则。

举例来说，如果项目中已经定义好一个Product产品类，当需求发生改变（如需要产品提供折扣功能）时，好的做法不是修改Product类（为其增加打折的行为），而是应该通过继承的方式扩展Prodcut类，如定义DiscountProduct子类来实现折扣功能。

（2）单一职责原则（Single-Respoibility Principle，SRP）：单一职责原则的定义是，就一个类而言，应该仅有一个引起它变化的原因，也就是说一个类应该只负责一件事情。单一职责原则可以看作是低耦合、高内聚在面向对象原则上的引申，以提高内聚性来减少引起变化的原因。职责过多，可能引起它变化的原因就越多，这将导致职责依赖，相互之间就产生影响，从而大大损伤其内聚性和耦合度。在系统中，"牵一发而动全身"的设计将会是相当失败的。

因为职责单一，因而实现更加简单；因为职责单一，因而更加专注；因为职责单一，因而应用更加灵活。单一职责原则虽然简单、易于理解，但却有相当大的好处：

- 降低类的复杂度，一个类只负责一项职责，逻辑简单；
- 提高类的可读性和系统的维护性；
- 即使必须修改代码，也能将变化的影响降到最小，因为只会在这个类中做出修改。

（3）最少知识原则（Least Knowledge Principle，LKP）：也叫迪米特法则，其定义是一个对象应该对其他对象保持最小的了解。因为类与类之间的关系越密切，耦合度越大，当一个类发生改变时，对另一个类的影响也越大。

举例来说，某老师的计算机出现故障，他只需要将计算机拿到维修部就可以回去等通知了，具体由谁负责维修、怎么修这些问题他并不需要关心，他只需要直接跟维修部负责人沟通就可以了。这在现实生活中就是中介模式，专业的事由专业的人完成，其他的交给中介。

（4）里氏替换原则（Liskov-Substitution Principle，LSP）：其定义是所有引用基类对象的地方必须能够透明地使用其子类的对象。通俗地说就是子类可以去扩展父类的功能，但是不能改变父类原有的功能。LSP 原则实质是对继承进行限制，因为继承本身存在缺陷（破坏了封装性），对于这一点，后面章节还会进行有针对性的讲解。确保程序遵循里氏替换原则可以要求我们的程序建立抽象，通过抽象去建立规范，然后用实现去扩展细节，里氏替换原则和开闭原则往往是相互依存的。

（5）依赖倒置原则（Dependence Inversion Principle，DIP）：其定义是高层模块不应该依赖低层模块，二者都应该依赖其抽象；抽象不应该依赖细节；细节应该依赖抽象。简单地说就是尽量面向接口编程，让具体的实现类之间不要直接关联。

举例来说，"维修工用锤子修理东西"这个场景就让维修工和锤子直接关联，要换螺丝刀就会导致代码修改。如果我们改为"维修工用工具修理东西"，则通过引入工具这个高层抽象进行解耦，维修工就可以随意改动具体工具而不用修改代码了。

（6）接口隔离原则（Interface Segregation Principle，ISP）：其定义是客户端不应该依赖它不需要的接口；一个类对另一个类的依赖应该建立在最小的接口上。接口最小化，过于臃肿的接口依据功能可以将其拆分为多个接口。我们可以将 ISP 原则理解为 SRP 原则在接口定义层上的应用。类定义时要遵循 SRP 原则，接口定义时就更应该遵循单一原则，否则接口的修改对系统来说就是灾难。

以上就是六个基本的面向对象设计原则，它们就像面向对象程序设计中的金科玉律，遵守它们可以使我们的代码更加灵活，易于复用、扩展和维护。不同的设计模式对应不同的需求，而设计原则则代表永恒的灵魂，需要在实践中时时刻刻地遵守。就如 Arthur J.Riel 在其《OOD 启示录》中所说的："你并不必严格遵守这些原则，违背它们也不会被处以宗教刑罚。但你应当把这些原则看作警铃，若违背了其中的一条，那么警铃就会响起。"

5.3　OOP 引例

前面介绍了面向对象的特征和基本原则，下面将以简易计算器的实现为例，通过简单重构的方式来理解面向对象编程的好处。当然这会涉及很多后面介绍的知识，目前我们只是通过这个例子让大家直观地体验一下 OOP，具体的细节大家可以在学习了后面的章节后再回过头来理解。

具体问题描述：完成支持加、减、乘、除四种运算的计算器，操作数和运算符由用户输入，在控制台下输出运算结果；程序可以多次计算，直到用户输入运算符为-1 时退出程序。这个程序本身很简单，掌握本书第 1 单元的知识后可以很快完成。功能实现涉及的知识点包括：控制台输入/输出、字符串与基本类型的转换、算术运算及控制结构的应用等。采用面向过程的方式实现第 1 版，代码如下：

【程序代码清单 5-1】C5001_CalculatorV1.java

```
1   import java.util.Scanner;
2
3   public class C5001_CalculatorV1 {
4       public static void main(String[] args) {
5           Scanner sc = new Scanner(System.in);
```

```java
6       while(true){
7           System.out.print("请输入要进行的运算: ");
8           String opr = sc.nextLine();
9           if (opr.equals("-1")) {
10              System.out.println("bye!");
11              break;
12          }
13
14          System.out.print("请输入第一个操作数: ");
15          int x = Integer.parseInt(sc.nextLine());
16          System.out.print("请输入第二个操作数: ");
17          int y = Integer.parseInt(sc.nextLine());
18
19          int result = calc(x, y, opr);
20          System.out.printf("%s %s %s = %d\n", x, opr, y, result);
21      }
22      sc.close();
23  }
24
25  private static int calc(int x, int y, String opr){
26      int result = 0;
27      switch (opr) {
28          case "+":
29              result = x + y;
30              break;
31          case "-":
32              result = x - y;
33              break;
34          case "*":
35              result = x * y;
36              break;
37          case "/":
38              result = x / y;
39              break;
40      }
41      return result;
42  }
43 }
```

其运行效果如图 5-1 所示。

```
请输入要进行的运算: +
请输入第一个操作数: 5
请输入第二个操作数: 6
5 + 6 = 11
请输入要进行的运算: -1
bye!
```

图 5-1 运行效果

从运行效果可以看出我们已经完成了要求的功能，用到的语法也没超出第 1 单元介绍的内容，应该不难理解。在这一版中采用抽取 calc 方法的方式进行分解，main 方法主要完成输入/输出功能，calc 方法完成业务计算功能。从面向过程角度来看，这已经进行了抽象。但 Java 是完全面向对象的语言，其最小组织单元是类而不是方法，因此采用一个 Entry 类完成界面显示和业务计算是不方便复用的。比如，我们现在要开发一个 GUI 版的计算器，其业务计算和第 1 版应该是一样的，但我们要复用只能复用整个 Entry 类，界面显示这块内容根本不需要，因此存在冗余。另外，根据前面介绍的 SRP 原则，Entry 类也应该进行拆分，达到界面和业务的分离。基于以上分析进行重构，我们有了第 2 版，其 Entry 类代码如下：

【程序代码清单 5-2】 C5002_CalculatorV2.java

```java
1  import java.util.Scanner;
2
3  public class C5002_CalculatorV2 {
4      public static void main(String[] args) {
5          Scanner sc = new Scanner(System.in);
6          while(true){
7              ...
8
9              int result = Operator.calc(x, y, opr);
10             System.out.printf("%s %s %s = %d\n", x, opr, y, result);
11         }
12         sc.close();
13     }
14 }
15
16 class Operator{
17     public static int calc(int x, int y, String opr){
18         ...
19     }
20 }
```

代码说明：与第 1 版相比，仅仅是将 Entry 类的 calc 方法移到下面的 Operator 类中（然后仅将权限修改为 public，其他都没有改动），因此我们不能直接调用它，而需要通过 Operator 类来调用。

这个版本的 Operator 类只是简单地封装了计算功能，还没有体现类真正的含义：封装相关数据和行为的数据结构。我们知道二元运算应该包含两个操作数，这应该成为 Operator 类的数据属性，具体修改如下：

【程序代码清单 5-3】 C5003_CalculatorV3.java

```java
1  import java.util.Scanner;
2
3  public class C5003_CalculatorV3 {
4      public static void main(String[] args) {
5          Scanner sc = new Scanner(System.in);
6          while(true){
7              ...
8
9              System.out.print("请输入第一个操作数：");
10             String x = sc.nextLine();
11             System.out.print("请输入第二个操作数：");
12             String y = sc.nextLine();
13
14             OperatorV2 op = new OperatorV2(x, y);
15             int result = op.calc(opr);
16             System.out.printf("%s %s %s = %d\n", x, opr, y, result);
17         }
18         sc.close();
19     }
20 }
21
22 class OperatorV2{
23     private String left;
24     private String right;
25
26     public OperatorV2(String left, String right){//构造方法
27         this.left = left;
28         this.right = right;
29     }
30
31     public int getLeft(){
```

```
32          return Integer.parseInt(left);
33      }
34
35      public int getRight(){
36          return Integer.parseInt(right);
37      }
38
39      public int calc(String opr){
40          int result = 0;
41          int x = getLeft(), y = getRight();
42          switch (opr) {
43              case "+":
44                  result = x + y;
45                  break;
46              case "-":
47                  result = x - y;
48                  break;
49              case "*":
50                  result = x * y;
51                  break;
52              case "/":
53                  result = x / y;
54                  break;
55          }
56          return result;
57      }
58  }
```

代码说明：改进版的 OperatorV2 类增加了 left 和 right 两个属性来保存两个操作数，并增加了构造方法对其初始化；两个属性的类型我们选择了字符串类型，将字符串向基本类型的转换操作封装进两个 get 方法，从而减轻客户端使用时的负担。calc 方法删除了 static 修饰，并且参数变为只接收运算符字符串（操作数由对象构造时初始化）。main 函数也相应做了修改，如 x, y 类型修改为 String；calc 方法改由 OperatorV2 对象调用。

重构后，这个版本在复用性上已经不错。但如果需求再发生变化，需要增加一种运算，如幂运算，我们该怎么办？分析目前的 OperatorV2 类的 calc 方法，它完成了四种运算，我们给 switch 增加一个 case 分支应该能满足要求，但这样做的缺点有三：①如果继续增加运算，就会不停地增加 case 分支；②修改代码有可能引入新的 bug，重新测试会增加软件成本；③敏感性问题，如果上述代码是薪酬计算，我们将无法避免程序员修改其他分支的计算公式。如前所述，这也是我们应该遵循 OCP 原则的原因，类应该只对扩展开放，而对修改关闭。

另外，如果需要修改运算的类型，如从 int 变为 double，则上面的代码就需要对操作数类型全部修改，根据封装变化的原则，应该继续抽象操作数这个概念，以应对上述变化。

针对上述存在的问题，需要更加高级的面向对象知识予以重构才能解决。希望读者带着这些问题进行后面面向对象高级知识的学习，积累一定的面向对象编程经验。在本单元结束时，我们将以该计算器的 OO 实现作为本单元的综合项目，完整实现更具弹性、更加灵活的一个面向对象计算器，并解决上述问题。

本 章 小 结

本章介绍了面向对象思想的概念，阐述了面向对象思想的本质是抽象，其重要特征是封装、继承和多态。随后介绍了面向对象编程实践过程中应该遵循的基本原则，并结合简易计算器的逐步重构让大家体验面向对象编程的好处。

从本章开始，读者必须时刻从面向对象的角度去思考程序的实现，怎样封装变化，怎样降低程序的耦合度等，逐步培养面向对象的思想和习惯。对于本章出现的一些面向对象语法不用太在意，后续章节会逐步介绍。

习　题

1. 简述面向对象思想的基本特征。
2. 简述面向对象思想的基本原则。
3. 上网收集资料，简述开关原则的定义及优点。
4. 上网收集资料，简述里氏替换原则的定义及优点。
5. 上网收集资料，简述最少知识原则的定义及优点。
6. 上网收集资料，简述依赖倒置原则的定义及优点。
7. 上网收集资料，理解"低耦合、高内聚"的基本原则。

第6章 类定义语法

Java中类（class）是体现面向对象思想的基本单元，是封装相关数据和操作的数据结构，是一种自定义的复合数据类型。类定义由类定义声明头和类定义体（由左右花括号界定范围）两部分组成：类定义声明头声明类的名字及其修饰属性，类定义体中的成员包括存储数据的成员变量和执行操作功能的成员方法。类定义体中的成员还可以区分为两大类：对象的成员和类的成员。

Java在数值类型中只能表示整数和小数两种，而对其他的数学意义上的类型没有给予支持，如有理数、复数等，这在相应场合会出现不精确或不方便的问题。本章将以自定义有理数类为例，介绍Java中类定义的各种语法。

学习目标

★ 熟练掌握数据相关成员的定义
★ 熟练掌握成员方法的组成和定义
★ 理解类和对象，掌握类成员定义

6.1 成员访问控制

前面已经提到 Java 没有提供有理数类型，因此只能用小数类型进行模拟，但由于小数是近似值，结果表达会出现不精确的问题。比如表达式 1/2+1/3+1/6 的结果应该是精确的 1，而用 double 类型进行运算得到的是 0.9999999999999999，读者可以自行编程进行验证。有了类这种自定义类型的机制，我们就可以自己扩展有理数类来解决上述问题。

有理数也叫分数，因此它的数据成员自然包括分子和分母，而它既然是数就应该提供加、减、乘、除的操作，在此基础上我们就可以开始进行有理数类的定义了。但继续之前，先要解决比较重要的访问权限问题。由于类要达到实现封装的黑盒效果，因此对其成员要进行访问控制。Java提供了四种修饰符来表示访问权限：

◆ private：私有权限，只能在类定义自身范围内使用。
◆ public：公开权限，可以被所有类访问。

- protected：受保护权限，可以被类本身、其子类访问，或者被与类定义同在一个包中的其他类访问。
- 默认权限：也叫 package 访问权限，无修饰符，可以被类自身或与类同包的其他类访问。

有了这四种权限，就可以按照需要来设计成员的可访问性了，需要对外界隐藏的就使用 private，需要公开接口的就使用 public，而要限制使用范围的就可以考虑 protected 或默认权限。需要注意的是，类本身的访问权限只有两种：public 或默认权限。原因应该很好理解，自定义类型本身就是因为需要使用而定义的，当然权限要么是公开，要么就是同一个包中，不可能是私有权限。

6.2 数据相关成员

6.2.1 成员变量

第 1 单元已经提过定义变量就是申请内存来保存数据，因此类定义中用来保存对象数据的就是成员变量，其声明语法和局部变量区别不大，必须包括数据类型与变量名，但增加了可选的修饰，如访问权限等，其声明格式如下：

```
[权限修饰符]　[特性修饰符] 数据类型 变量名;
```

权限修饰符就是前面介绍的访问控制，而特性修饰符描述的是该变量的一些特殊作用。Java 中支持 static、final、transient、volatile 四个修饰符，其含义分别为：static 为静态的，表示所有对象共享的类成员；final 表示常量，不能修改；transient 表示暂时性变量，与对象序列化技术相关；volatile 表示不稳定，与多线程并发控制相关。对这四种修饰符读者先暂时了解，后面遇到时再做详细介绍。

对于有理数类，我们前面已经分析它应该包含分子和分母两个成员变量，而为了实现数据隐藏，访问权限应该设计为 private，其代码如下：

【程序代码清单 6-1】

```
1  public class Rational {
2      private int numerator;      //分子
3      private int denominator;    //分母
4  }
```

我们知道 Java 中的局部变量必须初始化后才能使用，而成员变量怎么初始化呢？首先，Java 对成员变量提供默认初始化，根据类型不同均初始化为其对应的"0"型的值，具体来说就是数值类型初始化为 0，字符类型初始化为"\0"，布尔类型初始化为 false，引用类型初始化为 null。其次，成员变量也可以和局部变量一样，在声明的时候直接初始化。最后，Java 还提供了一种特殊机制初始化成员变量：构造方法。

6.2.2 构造方法

构造方法是一种特殊的成员方法，其作用是初始化成员变量，而它的特殊之处在于：

- 构造方法的方法名必须与类名相同。
- 构造方法不能显式声明返回值部分，即使声明为 void 也不行。原因是构造方法一般不能显式调用，而是在初始化对象时由系统调用，对象构造完成后会返回对象引用，这不能被修改，因此 Java 中的构造方法不能显式声明返回值。

另外，需要注意的是，Java 中的所有类都有构造方法，如果没有显式定义，则系统会提供一个默认无参构造方法，其中执行成员变量的默认初始化。但如果已经定义了，系统则不再提供默认构造方法。有理数类中的构造方法定义如下：

【程序代码清单 6-2】

```
1  public class Rational {
2      private int numerator;       //分子
3      private int denominator;     //分母
4
5      public Rational(int x, int y){   //构造方法
6          numerator = x;
7          denominator = y;
8      }
9  }
```

前面已经介绍过，类是模板，具体执行功能的是对象。在 Java 中，根据类模板创建对象时，需要使用 new 操作符，其执行过程如下：

- 申请堆内存；
- 调用相应构造方法初始化对象成员变量；
- 返回堆地址（也就是对象引用）。

有理数类中提供的是包含两个参数的构造方法，当在测试类的 main 方法中创建对象时，需要提供分子和分母的实际值来构造有理数对象，其代码如下：

【程序代码清单 6-3】测试代码

```
1  public class Test {
2      public static void main(String[] args) {
3          Rational r = new Rational(1, 3);
4      }
5  }
```

定义了成员变量，并提供构造方法对其进行初始化后，应该开始使用成员变量。但为了数据隐藏，成员变量被指定为 private，外界是不能访问的。如 Test 类中，如果希望输出有理数对象 r 的分母，怎么办？

6.2.3　get/set 访问器

Java 中通过提供 get/set 访问器的方式来支持对成员变量的读/写访问，两个访问器都是可选的，根据需要提供，如只提供了 get 访问器，则成员变量为只读。实质上访问器就是一种方法，提供对成员变量的受控访问。因为外界不能直接访问成员变量，而必须通过这两个方法，且方法中可以添加任何控制逻辑来维持对象数据的合法性，如有理数类中，可以通过 set 访问器保证分母不能为 0。

Java 中推荐以 "get/set+成员变量名（首字母大写）" 的方式为 get/set 访问器命名，其具体定义如下：

【程序代码清单 6-4】

```
1   public class Rational {
2       private int numerator;        //分子
3       private int denominator;      //分母
4
5       public Rational(int x, int y){  //构造方法
6           setNumerator(x);
7           setDenominator(y);   //使用set访问器初始化，避免代码重复
8       }
9
10      public int getNumerator() {
11          return numerator;
12      }
13
14      public void setNumerator(int numerator) {
15          this.numerator = numerator;
16      }
17
18      public int getDenominator() {
19          return denominator;
20      }
21
22      public void setDenominator(int denominator) {
23          if (denominator != 0)
24              this.denominator = denominator;
25      }
26  }
```

可以看到，分母的 set 方法增加了控制逻辑，保证分母不能为 0。而构造方法初始化对象时，也应该保证分母不能为 0，为了避免代码重复，在提供了 set 方法后，推荐构造方法中使用 set 方法进行初始化，上面代码已经体现了这种修改。

读者应该注意到上述代码中使用了 Java 提供的一个关键字 this，它表示一个特殊引用，指向当前对象。面向对象中的对象间的通信被称为发消息，具体执行时应该包括消息接收方、方法名、实际参数，而当前对象就是指消息接收方。如 main 函数中执行 r.setDenominator(10) 语句时，将调用上述代码的 22~25 行，这时 this 就表示当前对象 r，执行完成后对象 r 的分母被修改为 10。

另外，此处必须使用 this 关键字的原因是：参数和成员变量名称相同，由于其作用范围不同，在 Java 中是允许的，而 Java 解析时遵循最近原则，即直接书写 denominator 时被认为是参数，而要访问成员变量就得使用 this 关键字来区分。因此访问成员变量时，如果没有冲突，就没必要使用 this 来引用，如 get 方法中就没有使用。

至此，我们已经介绍了跟数据成员相关的三种成员：成员变量、构造方法、get/set 访问器，其作用都很明确和单一，实现也相当简单，读者只要多加实践就能轻松掌握。

6.3 方法定义

6.3.1 方法构成

类中另一种成员就是封装实现细节的成员方法，前面的构造方法、get/set 访问器都属于方法，只是它们有特殊作用而已。Java 中方法定义的语法格式如下：

```
[访问权限]  [特性修饰符] 返回值类型 方法名（参数列表）[异常列表]{
    方法体；
}
```

其中访问权限仍然为前面介绍的访问控制符，缺省表示 package 权限。

特性修饰符可选，static 表示类的方法；final 表示最终版方法，后面在继承和多态中介绍；abstract 表示抽象方法，后面详细介绍；native 表示由其他语言实现（主要指 C 语言）；synchronized 表示同步方法，与多线程相关。

异常列表可选，表示使用该方法可能抛出的异常。在 Java 中，方法中遇到异常可以使用 try-catch 语句块进行处理，也可以通过 throw 抛出异常由调用方进行处理。关于异常的详细介绍，有兴趣的读者可自行搜索网络资源学习，本书在用到异常处理时将进行解释，但不会专门介绍。

参数列表中列出方法需要的外部输入数据的类型，参数间以逗号间隔，一般在方法定义中我们称其为形参。Java 中的参数传递方式只支持传值，即传参时执行的是值拷贝，不会互相影响。当然如果参数是引用类型，传递的是引用的拷贝（可以理解为两把钥匙），对象空间是一样的，则修改对象会反映到被调用者。

返回值类型表示的是方法执行完成后的输出内容，如果没有输出则用 void 关键字表示。作为方法对外接口的说明，参数列表和返回值类型是相当重要的部分，读者必须仔细理解：如果把方法当作一个黑盒，那参数就是外部输入，而返回值类型就是输出。下面来考虑为有理数类添加方法，首先有理数已经可以创建，接下来的需求应该是显示有理数，因此我们可以在有理数类中提供一个 getInfo 方法来返回有理数对象的分数形式字符串，其代码如下：

【程序代码清单 6-5】

```
1  public String getInfo(){
2      return String.format("%d/%d", numerator, denominator);
3  }
```

该方法相当简单，使用字符串提供的 format 格式化方法（和之前用过的 printf 方法用法基本一样）返回分数形式的字符串，请读者将其添加到之前类定义代码的构造方法之后（第 9 行之后）。然后，在 main 函数中做简单测试，代码如下：

【程序代码清单 6-6】测试代码

```
1  public class Test {
2      public static void main(String[] args) {
3          Rational r = new Rational(1, 3);
4          System.out.println(r.getInfo());
5          r = new Rational(2, 4);
6          System.out.println(r.getInfo());
7          r = new Rational(2, 1);
8          System.out.println(r.getInfo());
9          r = new Rational(1, -3);
10         System.out.println(r.getInfo());
11     }
12 }
```

其运行效果如下：

```
1/3
2/4
2/1
1/-3
```

通过几组数据测试，分数形式的显示没有问题，但存在与我们常识不相符的地方：没有化简，整数不用显示分母，负号应该显示在分子上。接下来我们将处理这些问题。

首先，数学意义上的化简就是分子、分母同时除以最大公约数，因此我们为有理数类提供求最大公约数的方法 gcd，其算法思路采用欧几里得的辗转相除法。设有正整数 a，b，当 a mod b = 0 时，最大公约数为 b；否则用 b 替换 a，a mod b 的余数替换 b，重复该过程直到计算出最大公约数，其代码如下：

【程序代码清单 6-7】

```
private int gcd(int a, int b){
    int r;
    while((r = a % b) != 0){
        a = b;
        b = r;
    }
    return b;
}
```

请将上述代码添加到 getInfo 方法之后。得到最大公约数，就可以执行化简操作，但应该在什么地方进行呢？从实际值的角度，化不化简其值都是不变的，也就是说化简是显示时人的需要，因此我们可以再提供一个 simplify 方法完成化简功能，然后在 getInfo 方法返回字符串前调用 simplify 方法就可以了。另外，在 simplify 方法中还将解决负号显示问题，其代码如下：

【程序代码清单 6-8】

```
public String getInfo(){
    simplify();
    if (denominator == 1)
        return String.valueOf(numerator);
    return String.format("%d/%d", numerator, denominator);
}

private void simplify(){
    int gcd = gcd(Math.abs(numerator), Math.abs(denominator));
    numerator /= gcd;
    denominator /= gcd;
    if (denominator < 0){
        numerator *= -1;
        denominator *= -1;
    }
}
```

simplify 方法中调用 gcd 方法时，因为 gcd 要求是正整数，因此传递分子、分母时使用了 Java 提供的 Math 数学函数类中的 abs 求绝对值方法。Math 类中提供了大量除基本数学运算外的数学函数，读者可自行尝试练习。

在 getInfo 方法中，我们还处理了整数情况，使用了字符串提供的基本类型转换为字符串的方法 valueOf，与其对应的是字符串转换为基本类型的操作。前面已经介绍过基本类型包装类提供的 parseXXX 方法，请读者对照和复习。

有理数类还应该提供加、减、乘、除运算的功能，需要用到有理数的相应数学公式，其核心就是通分化简，具体公式读者可上网查询，这里先提供加法的实现代码，其他运算请读者先自行练习，本章结束时会提供有理数的完整代码供读者对照。

对于加法实现，首先应该考虑返回值类型：有理数+有理数应该得到有理数，所以其返回值类型就是 Rational 本身。实现代码如下：

【程序代码清单 6-9】

```
1  public Rational add(Rational right){
2      int x = this.numerator * right.denominator +
3           this.denominator * right.numerator;
4      int y = this.denominator * right.denominator;
5      return new Rational(x, y);
6  }
```

读者应该注意到 add 方法的参数只有一个，感觉上二元运算应该有两个参数才合理，而从实现上我们应该看到又使用了之前介绍过的 this（当前对象），而它表示消息接收的对象，我们的调用方式应该是：x.add（y），也就是 this 表示的是 x，即另外一个操作数。这里还要强调一个问题：在 Java 中非静态方法即对象的方法中，隐式包含了 this 这个参数，所以 add 方法的确有两个参数，只是其中的 this 未显式声明而已。在 add 方法调用时，实参 y 去初始化 right 这个形参，而 x 这个消息接收方去初始化 this 这个形参，请读者仔细理解这个过程，这对确切掌握 this 这个关键字的意思有很大的帮助。

目前为止，有理数类已经解决了之前提出的 1/2+1/3+1/6 得到精确结果的问题，其测试代码如下：

【程序代码清单 6-10】测试代码

```
1  public class Test {
2      public static void main(String[] args) {
3          Rational x = new Rational(1, 2);
4          Rational y = new Rational(1, 3);
5          Rational z = new Rational(1, 6);
6          Rational result = x.add(y).add(z);
7          System.out.printf("1/2+1/3+1/6=%s", result.getInfo());
8      }
9  }
```

其输出结果为：1/2+1/3+1/6=1。

6.3.2 方法重载

前面介绍面向对象的特征时介绍过多态，在 Java 中多态有两种表现：一种被称为编译时多态，一种被称为运行时多态。后一种即面向对象中的多态，而前一种就是这里介绍的方法重载：同一个类中，同名方法，参数列表不同的现象。参数列表不同表现为以下三种情况：

- ◆ 参数类型不同；
- ◆ 参数个数不同；
- ◆ 参数类型的顺序不同。

例如，test（int x）和 test（String x）形成重载；test（int x）和 test（int x, int y）也形成重载；test（int x, String y）和 test（String y, int x）也是重载现象。

方法重载常用于定义功能相似，仅在参数上有所区别的多个同名方法，这在 API 库设计中应用很广泛。比如，前面用到的控制台输出方法 println 就有 10 种重载形式，输出各种类型的数据。重载的好处是减少方法名称的数量，给用户提供多种选择。

构造方法虽然是特殊方法，但也可以形成重载，方便用户以多种方式创建对象。前面的有理数类只提供了包含两个参数的构造方法，这在用户创建整数这种特殊有理数时不是很方便，必须多传一个 1 来表示分母。有了方法重载，就可以给有理数类再提供一个只包含一个参数的构造方法，用户创建整数时就可以只传一个参数。

另外，要注意的是，正是因为功能相似才让方法名相同，这时我们要思考避免代码重复，遵守编程过程中的"干法则"（Don't Repeat Yourself，DRY）。一般情况下对多个同名方法，我们应该主要完成核心的一个，然后对其他方法通过方法调用来复用代码的方式完成。有理数中构造方法重载代码如下：

【程序代码清单6-11】

```
public Rational(int x){
    this(x, 1);    //构造方法复用方式
}

public Rational(int x, int y){  //构造方法
    setNumerator(x);
    setDenominator(y);  //使用set访问器初始化，避免代码重复
}
```

读者应该已经注意到，Java中构造方法互相调用又要使用this这个关键字，而不能直接使用构造方法名进行调用。

前面测试有理数加法时，三个数相加只能用连加的方式完成，通过方法重载可以提供一个完成三个数相加的add方法，以方便用户使用，其代码如下：

【程序代码清单6-12】

```
public Rational add(Rational right){
    int x = this.numerator * right.denominator +
this.denominator * right.numerator;
    int y = this.denominator * right.denominator;
    return new Rational(x, y);
}

public Rational add(Rational y, Rational z){
    return this.add(y).add(z);
}
```

关于方法重载最后要注意一点：返回值类型不是区分方法重载的标志，若只有返回值类型不同，则不能构成方法重载，这会出现编译错误（重复定义）。

6.3.3 可变参数

在实际应用中，可能遇到参数个数不确定的情况，这时可以通过设定参数为数组的方式来解决。在Java中，对这种情况提供了另外一种解决方案：可变参数，其语法形式为"类型…参数名"，在方法实现体中变参其实就是对应类型的数组类型的参数，而调用时传递实参既可以传一个数组也可以传一个序列。前面使用过的printf和字符串的格式化方法都使用了这种语法。

以有理数加法为例，我们提供了两个数相加、3个数相加。如果用户要求更多个数相加，则我们不可能无限制地提供重载形式的加法，而应该使用可变参数的语法来应对变化。具体实现中将删除3个数的加法，而增加可变参数的加法，其代码如下：

【程序代码清单6-13】

```
public Rational add(Rational right){
    int x = this.numerator * right.denominator +
                this.denominator * right.numerator;
```

```
4        int y = this.denominator * right.denominator;
5        return new Rational(x, y);
6    }
7
8    public Rational add(Rational y, Rational... args){
9        Rational sum = this.add(y);
10       for(int i = 0; i < args.length; i++)
11           sum = sum.add(args[i]);
12       return sum;
13   }
```

【程序代码清单6-14】测试代码

```
1   public class Test {
2       public static void main(String[] args) {
3           Rational x = new Rational(1, 2);
4           Rational y = new Rational(1, 3);
5           Rational z = new Rational(1, 6);
6           System.out.println(x.add(y).getInfo());
7           System.out.println(x.add(y, z).getInfo());
8           System.out.println(x.add(y, z, y, z).getInfo());
9       }
10  }
```

读者可自行运行测试，3个或5个数相加都可以正确运行。关于可变参数，应该注意以下问题：

◆ 可变参数在方法体中就是相应类型的数组，如代码args的使用；
◆ 给可变参数传参时，可以是数组或序列，也可以传0个参数；
◆ 可变参数只能作为参数列表的最后一个参数。

上述代码中的两个add方法也形成了重载，对于测试代码第6行的调用，两个方法都与其匹配（可变参数可以传0个参数），但实际调用的是第1个数add方法，原因是Java在做方法匹配时优先考虑精确匹配，除非第1个add方法不存在，才会调用第2个add方法。

6.4 类 成 员

前面已经介绍过类定义文件中可以包含两大类成员：对象的成员和类的成员，之前介绍的成员都是对象的成员。在介绍如何定义类成员前，首先要理解、区分类和对象这两个概念。

6.4.1 类和对象

在面向对象语义中，类是现实世界中所有同类对象的抽象和概况，为同类对象规范通用的状态和行为；而对象是满足类规范的具体实物，是真正执行功能的主体，所以对象必须先存在（Java中使用new运算符创建），然后才能执行相应的行为。类和对象具体区分如下：

◆ 类是创建对象的模板，类是存在于人脑中的概念，没有对应的存在；
◆ 对象由类模板创建，共享通用的属性和方法，是具体的存在；
◆ 可以理解类是静态概念，而对象是动态概念；
◆ 面向对象编程就是根据类创建各种对象，然后各种对象相互作用完成程序功能。

前面我们已经看到，当使用new运算符创建好对象后，就可以通过对象来访问其成员，其形式为"对象名.成员名"。类虽然是模板，但类也可以包括自己的状态和行为（可以理解为所有对象共享的信息和行为），其调用语法为"类名.成员名"。

6.4.2 类成员定义

类的成员需要通过关键字 static 进行修饰，也可以分为静态成员变量和静态成员方法。对象的成员需要使用对象进行调用，而静态成员可以直接由类名调用（虽然静态成员也可以通过对象调用，但这种方式不推荐）。因此从调用形式上看，类的成员调用更加方便，因为不用创建对象。

在数据成员设计时，这个问题必须认真分析，其关键点就看这个数据是所有对象共享的信息，还是各个对象独有的信息。举例来说，对于某个学校的学生信息管理系统，学生类中的学校名称就应该是所有学生共享的信息，应该设计为类的成员，而不能设计为对象的成员，其原因有二：①浪费内存，因为数据成员需要占用内存；②维护不方便，维护量大，而且容易造成不一致。

静态数据成员也需要进行初始化，除与对象成员相同的默认初始化和声明初始化外，Java 中没有静态构造方法的说法，而是提供静态初始化块的方式进行，其语法格式很简单：static{…}。

仍然以有理数为例，如果我们希望统计创建的有理数对象的个数信息，这个数据就应该是所有对象共享的信息，应该设计为静态成员，而统计信息的修改可以在对象构造方法中进行，每创建一个对象就加 1。其实现的代码片段如下：

【程序代码清单 6-15】

```
1  public static int count;
2
3  static{
4      count = 0;   //演示静态初始化块,这里可以采用声明初始化
5  }
6
7  public Rational(int x, int y){   //构造方法
8      setNumerator(x);
9      setDenominator(y);   //使用set访问器初始化,避免代码重复
10     count++;
11 }
```

在上面的测试代码中，最后添加一行：

```
System.out.println(Rational.count);
```

运行结束，可以看到将会打印 10 个有理数对象，具体有哪 10 个有理数对象，请读者自行分析。

对于成员方法设计，主要看该方法是否只会访问静态成员，如果是，就可以设为静态，否则不行。原因是静态方法是不能访问对象成员的，这可以从两方面进行解释：①前面说过对象的方法有隐式参数 this，因而可以访问当前对象的成员；而静态方法是类的方法，没有隐式参数 this，因此不能访问对象成员。②类是模板，因此类是先于对象存在的，类的方法不能访问可能还不存在的对象的成员；但反过来，对象的成员可以访问静态成员。

另外还有一种情况，类定义中的工具方法（很多地方都可以使用），为了调用方便可以设计为静态的（不用创建对象），比如有理数类的 gcd 方法，之前我们把它设计为私有的对象方法，其实求最大公约数在其他场合可能也有用，因此可以把它公开并且设计为静态的，

这样外界使用起来才自然（不能为了求两个数的最大公约数，非要创建一个有理数对象）。

目前为止，Java 类定义中的语法已经介绍完了，而有理数类的功能也基本实现（下一章还会对其代码进行修改），目前完整代码如下：

【程序代码清单 6-16】C6001_Rational.java

```java
public class C6001_Rational {
    private int numerator;      //分子
    private int denominator;    //分母

    public static int count;

    static{
        count = 0; //演示静态初始化块，这里可以采用声明初始化
    }

    public C6001_Rational(int x, int y){   //构造方法
        setNumerator(x);
        setDenominator(y);   //使用 set 访问器初始化，避免代码重复
        count++;
    }

    public C6001_Rational(int x){
        this(x, 1);    //构造方法复用方式
    }

    public String getInfo(){
        simplify();
        if (denominator == 1)
            return String.valueOf(numerator);
        return String.format("%d/%d", numerator, denominator);
    }

    public static int gcd(int a, int b){
        int r;
        while((r = a % b) != 0){
            a = b;
            b = r;
        }
        return b;
    }

    public C6001_Rational add(C6001_Rational right){
        int x = this.numerator * right.denominator +
                    this.denominator * right.numerator;
        int y = this.denominator * right.denominator;
        return new C6001_Rational(x, y);
    }

    public C6001_Rational add(C6001_Rational y,
C6001_Rational... args){
        C6001_Rational sum = this.add(y);
        for(int i = 0; i < args.length; i++)
            sum = sum.add(args[i]);
        return sum;
    }

    //减法变为加法，加其负数即可复用加法代码
    public C6001_Rational sub(C6001_Rational right){
        C6001_Rational y = new C6001_Rational(-right.numerator, right.denominator);
        return this.add(y);
    }

    public C6001_Rational mul(C6001_Rational right){
        int x = this.numerator * right.numerator;
        int y = this.denominator * right.denominator;
```

```
61          return new C6001_Rational(x, y);
62      }
63
64      //除法可变为乘法,乘其倒数即可复用乘法代码
65      public C6001_Rational div(C6001_Rational right){
66          C6001_Rational y = new C6001_Rational(right.denominator, right.numerator);
67          return this.mul(y);
68      }
69
70      private void simplify(){
71          int gcd = gcd(Math.abs(numerator), Math.abs(denominator));
72          numerator /= gcd;
73          denominator /= gcd;
74          if (denominator < 0){
75              numerator *= -1;
76              denominator *= -1;
77          }
78      }
79
80      public int getNumerator() {
81          return numerator;
82      }
83
84      public void setNumerator(int numerator) {
85          this.numerator = numerator;
86      }
87
88      public int getDenominator() {
89          return denominator;
90      }
91
92      public void setDenominator(int denominator) {
93          if (denominator != 0)
94              this.denominator = denominator;
95      }
96  }
97
98
```

请读者对照练习,熟练掌握类定义的基本语法。另外,请读者理解代码中减法和除法的实现思路,时刻记住"干法则",尽量复用代码。

本 章 小 结

本章以自定义有理数类为例,循序渐进地介绍了类定义中对象成员的定义:成员变量、构造方法、get/set 访问器、方法定义、类成员定义等内容,介绍了方法重载、可变参数、静态初始化块、new 操作符等语法现象,还反复强调了对 this 引用的理解。希望读者通过有理数类进行扩展,多加练习,熟练掌握各种类定义语法。

习 题

1. 关于构造方法中不正确的是（   ）。
   A. 构造方法是类的一种特殊方法,其方法名必须与类同名
   B. 构造方法的返回值类型只能是 void

C. 构造方法的主要作用是完成对类的对象的初始化工作

D. 一般在创建新对象时，系统会自动调用构造方法

2. 为了区分类中重载的同名方法，要求（　　）。

  A. 参数的类型或个数不同　　　　　　B. 使用不同的参数名

  C. 修改访问权限　　　　　　　　　　D. 方法返回值数据类型不同

3. 简述 Java 的访问控制机制。

4. 简述构造方法的作用和特点。

5. 简述 new 操作符的执行过程。

6. 简述方法重载的含义及要求。

7. 简述类和对象的区别与联系。

8. 定义一个学生类，属性包括：姓名、性别、年龄、联系电话等；方法包括：构造方法（完成各属性的初始化）、取得年龄的方法、取得联系电话的方法（以"xx 的电话为 xx"形式作为返回值）。

9. 定义一个复数类，包括实部和虚部两个属性，以及设置虚部、实部的构造方法，复数求和方法、复数求差方法、复数求积方法、显示复数方法。

10. 定义一个矩形类，包括左上角坐标和大小信息，提供构造方法、计算周长和面积的方法。

11. 定义一个圆形类，包括圆心坐标和半径信息，提供构造方法、计算周长和面积的方法。

12. 定义一个日期类，包括年月日信息，提供构造方法、格式化显示日期的方法、获得是当年的第几天的方法、距离公元 1 年 1 月 1 日有多少天的方法、获得是星期几的方法、判断闰年的静态方法。

13. 定义钱类，包括元、角、分信息，提供构造方法、钱加减方法、钱翻倍方法、钱比较大小的方法、格式化显示钱的方法。

14. 定义一个数组辅助类，提供静态方法：求和方法、求最小值方法、求最大值方法、求平均值方法、排序方法。

15. 改写第 1 单元的约瑟夫环案例，定义约瑟夫环类，包括人数和倍数的信息，提供求解最后一个获胜者编号的方法及求解出列顺序的方法。

第 7 章 面向对象高级概念

面向对象思想的三大特征是封装、继承和多态。前面介绍的单个类定义主要体现的是封装思想,基于对象编程的范畴,并不能体现面向对象编程的优势,面向过程语言也能做到(比如 C 语言通过结构体也可以实现封装)。最能体现面向对象优势的核心特征是继承和多态,它们是用来表达多个类之间关系的语法。有了继承和多态,才能达到易复用、易扩展和易维护的目的。

抽象类和接口是达到更高层次抽象的技术,提升程序的通用性和扩展性;泛型编程是针对数据类型进行抽象的一种技术,用于实现类型无关的逻辑从而达到代码复用的目的;内部类和枚举类型是 Java 提供的特殊语法形式。

学习目标

- ★ 熟练掌握继承和多态语法,理解多态实现机制
- ★ 理解抽象类和接口的意义
- ★ 理解泛型的意义
- ★ 掌握内部类和枚举语法

7.1 继承和多态

7.1.1 继承

类之间的主要关系包括继承、组合、依赖等,继承关系表达的是类之间"是一种"的关系,反映现实世界中的族群关系,其重要意义是实现代码的复用。例如,我们有如下的 Student 类和 Teacher 类定义:

【程序代码清单 7-1】

```
1  public class Student{
2      private String number;
3      private String name;
4      private boolean sex;
5      public void work(){...}
```

```
6   }
7
8   public class Teacher{
9       private String number;
10      private String name;
11      private boolean sex;
12      public void work(){...}
13  }
```

从上述代码可以看出，Student 类和 Teacher 类几乎是重复的，这也符合现实意义，因为学生和教师都是人，包含很多相同的信息是很自然的，而且在行为上也是很相似的。面向对象的继承机制就是用来处理这种情况的，可以通过提取公共部分形成 Person 类来达到代码复用。利用这种机制，改写代码如下：

【程序代码清单 7-2】

```
1   public class Person{
2       private String number;
3       private String name;
4       private boolean sex;
5       public void work(){...}
6   }
7
8   public class Student extends Person{
9
10  }
11
12  public class Teacher extends Person{
13
14  }
```

如上述代码所示，Java 中通过 extends 关键字来表达子类从父类中进行扩展，其作用跟"见某处"差不多，就是公共部分的代码见父类的意思。也就是上述两种实现从代码层面上来说几乎一样，仅仅是通过从父类 Person 扩展来达到代码复用的目的。子类可以继承父类的成员，也可以再定义自己特有的成员，从而形成更加特殊和具体的类。

Java 中的继承只支持单继承，即 extends 关键字后只能出现一个类名。单继承使得继承关系更加清晰，耦合性更低，可以降低代码复杂度和提高代码可读性。但现实世界中还是存在多重继承现象的，如人都有父亲和母亲，沙发床具有沙发和床的特点等。Java 通过使用接口（interface）机制来模拟实现多重继承，即允许一个类可以有多个父接口。

子类可以继承父类中除构造方法外的所有成员，即使是私有成员也可以继承，但由于权限不能直接使用，而 Java 这样做的目的是方便子类和父类之间的转换。在上一章我们已经介绍过构造方法的作用是初始化对象的成员变量，为了责权划分更加明确，Java 中子类不能继承父类的构造方法，通俗来讲就是自己的事自己做，只有自己才知道自己怎么初始化。下面通过代码来演示父类和子类的构造过程：

【程序代码清单 7-3】

```
1   public class Person {
2       private String number;
3       private String name;
4       private boolean sex;
5
6       public Person(String number, String name, boolean sex){
7           this.number = number;
8           this.name = name;
9           this.sex = sex;
```

```
10       }
11   }
12
13   class Student extends Person{
14       private String major;
15
16       public Student(String number, String name, boolean sex, String major) {
17           super(number, name, sex);
18           this.major = major;
19       }
20   }
21
```

上述代码中出现了 super 关键字，表示当前对象的父对象，其作用有二：一是通过它访问父类构造方法；二是通过它访问父类成员。

当使用 new 操作符初始化学生对象时，会调用学生类构造方法，而进入学生类构造方法后首先会通过 super 调用父类构造方法来初始化父类对象,然后再初始化学生类自己的 major 成员。Java 中规定对象构造过程是自顶向下的，即首先构造最上层的父类对象，然后逐级往下，最后初始化子类对象。对于本例，正确的顺序应该是首先创建 Object 对象，因为 Java 中规定所有对象的最高父类是 Object 类，如果类定义时没有显式 extends 某个父类，则默认 extends Object 类。

需要强调的是，子类构造方法中调用父类构造方法的语句必须出现在第一行（为了确保自顶向下的构造顺序）或不出现（默认调用父类无参构造方法，父类如果没有无参构造方法则会出现编译错误。为了避免这种错误，建议父类中始终提供无参构造方法）。Person 类推荐写法如下：

【程序代码清单 7-4】

```
1    public class Person {
2        private String number;
3        private String name;
4        private boolean sex;
5
6        public Person(){}    //父类建议提供无参构造方法
7
8        public Person(String number, String name, boolean sex){
9            this.number = number;
10           this.name = name;
11           this.sex = sex;
12       }
13   }
```

7.1.2 对象的类型转换

我们知道如果定义学生对象如"Student stu = new Student（"0101","张三",false,"软件工程"）;"，则 stu 的类型就是 Student 类。现在的问题是，stu 是不是 Person 的对象呢？从现实生活中来看，这应该是再正常不过的，因为 stu 是学生，stu 也肯定是人。在 Java 中这被称为隐式类型转换，即子类对象可以隐式转换为父类对象。但反过来，人不一定是学生。父类对象转换为子类对象时有可能不成功，因此 Java 中要求必须进行显式类型转换，是否转换成功由程序员负责，代码如下：

```
Person per = new Student("0101", "张三", false, "软件工程");
    Student stu = (Student)per;
```

通过"学生是人，人不一定是学生"这一常识，我们可以轻松掌握"子类对象可以隐式转换为父类对象，父类对象不能隐式转换为子类对象"的规则。前面提过子类可以继承父类除构造方法外的所有成员，其目的就是方便进行类型转换，只有让子类对象中包含完整的父类对象才可以轻松完成转换。

在显式转换过程中，需要区分两个重要概念：编译时类型（变量声明时类型）和运行时类型（程序运行时实际分配的类型），如上代码中 per 对象的编译时类型为 Person 类，而运行时类型为 Student 类。父类对象虽然可以显式转换到子类对象，但如果父类对象的运行时类型与子类对象不匹配，则会出现运行时错误。为此，Java 中提供了 instanceof 运算符，用于检查对象的运行时类型，在显式转换时建议先进行检查，代码如下：

```
Person per = new Student("0101", "张三", false, "软件工程");
if (per instanceof Student)
        Student stu = (Student)per;
```

7.1.3 多态

当对象的编译时类型（父类）和运行时类型（子类）不一致时，由于子类继承自父类，通过对象调用成员方法在编译时肯定是指向父类的方法，但运行时到底指向父类还是子类呢？答案是子类。这种方法调用在运行时根据对象的具体类型确定的行为，就是面向对象中的运行时多态。正是有了多态，我们才可以通过让子类重写（override）父类的方法，从而动态改变程序运行效果，极大提高程序的灵活性和可扩展性。

将一个方法调用和一个方法体链接到一起就称为绑定（binding），根据绑定时机可以分为两种：编译时绑定，也可称为静态绑定，如 C 语言中就是采用这种机制；运行时绑定，也可称为动态绑定，Java 中运行时多态的实现基础就是这种技术。有了动态绑定，我们才能把绑定推迟到运行时，等对象具体类型确定后再执行链接。

1. 方法重写

前面的例子中，Person 类提供了 work 方法，即人都具有工作的行为；但不同的人具有不同的工作方式，如学生的工作是学习，教师的工作是教书育人等。有了多态，我们就可以在编译时通过 Person 类的 work 方法来统一调用形式（因为子类对象肯定都有 work 方法），在运行时则根据对象的具体类型来决定调用哪个子类对象的 work 方法，从而展现不同子类对象的不同表现形式，具体示例如下：

【程序代码清单 7-5】C7001_TestPerson.java

```
1   class Person {
2       private String number;
3       private String name;
4       private boolean sex;
5
6       public Person(){}    //父类建议提供无参构造方法
7
8       public Person(String number, String name, boolean sex){
9           this.number = number;
10          this.name = name;
11          this.sex = sex;
12      }
13
14      public void work(){
15          System.out.println("人都有工作");
```

```
16        }
17  }
18
19  class Student extends Person{
20      private String major;
21
22      public Student(String number, String name, boolean sex, String major) {
23          super(number, name, sex);
24          this.major = major;
25      }
26
27      public void work(){
28          System.out.println("学生的工作是学习");
29      }
30  }
31
32  class Teacher extends Person{
33      public Teacher(String number, String name, boolean sex) {
34          super(number, name, sex);
35      }
36
37      public void work(){
38          System.out.println("教师的工作是教书育人");
39      }
40  }
41
42  public class C7001_TestPerson{
43      public static void main(String[] args){
44          Person[] ps = new Person[3];
45          ps[0] = new Person();
46          ps[1] = new Student("0101", "张三", true, "信息工程");
47          ps[2] = new Teacher("001", "李四", true);
48          for(Person p : ps){
49              p.work();
50          }
51      }
52  }
53
```

其运行结果如下：

```
人都有工作
学生的工作是学习
教师的工作是教书育人
```

上述代码中，由于 Student 类和 Teacher 类都重写了 Person 类的 work 方法，而我们声明的是 Person 类（编译时类型）的数组，三个对象的运行时类型分别是 Person 类、Student 类和 Teacher 类，最终运行结果显示的却是根据运行时类型调用相应的 work 方法，达到了多态的效果。这里需要强调的是，多态只出现在对象的编译时类型和运行时类型不一致的时候，因此数组的第一个对象实际上并不是运行时多态，而是编译时就已经确定的行为。

2. 重写规则

子类重写父类方法时，要遵守以下规则：

◆ 方法签名必须一致，即方法名和参数列表必须相同。
◆ 子类方法返回值类型可以与父类方法的类型相同，也可以是父类方法返回值类型的子类。
◆ 子类方法不能抛出新类型的异常，可以是父类异常类型的子类。关于 Java 的异常处理机制请参阅网络资源。

- 子类方法的访问权限必须高于或等于父类方法的访问权限，如果父类方法权限为public，则子类只能是public；如果父类方法权限是protected，则子类可以是protected或pubic；如果父类方法权限是private，由于子类不能访问这类方法，因此也就不能重写。当子类定义了和父类private方法相同的方法时会被认为是子类自己的新方法，而不会认为是对父类方法的重写，也就不能实现多态。
- 最后一点需要注意的是，如果父类中有些方法是对所有同类对象的通用实现，则父类是不希望子类重写该类方法的。Java中通过final关键字对这类方法进行修饰，就可以阻止子类进行重写。

子类重写父类方法时必须遵循上述原则（可以记忆为"一同两小一大"），如果出现偏差，编译器并不会报错，只会将该方法解析为子类的新方法。如果本意是通过重写来达到多态，就不会有效果。为此Java提供了注解@Override的方式，可以对子类重写父类方法时执行强制检查，如果违反上述原则，将编译报错，其具体用法举例如下：

【程序代码清单7-6】

```
1   class Person {
2       ...
3
4       public void work(){
5           System.out.println("人都有工作");
6       }
7   }
8
9   class Student extends Person{
10      ...
11
12      @Override
13      public void wrok(){    //方法签名不一致，编译报错
14          System.out.println("学生的工作是学习");
15      }
16  }
17
18  class Teacher extends Person{
19      ...
20
21      @Override
22      private void work(){    //权限低于父类，编译报错
23          System.out.println("教师的工作是教书育人");
24      }
25  }
```

子类重写父类方法更常见的场景是：父类完成部分工作，子类完成部分工作，两者合作完成功能。目前的问题是子类方法重写时，该方法遵循上述原则的第一条，即方法签名相同，因此它会隐藏父类方法。在子类方法的方法体中，如果需要调用父类的同名方法，需要使用前面介绍的super关键字来调用父类方法。

3. 补充：增强for循环

上面的测试代码中，我们用到了Java提供的增强for循环，对实现了可迭代接口的集合性质的对象进行简单for循环的简化（对数组也支持），即从头到尾依次循环这种情况，其语法格式如下：

```
for (元素类型type  元素变量value : 集合性质对象obj) {
    引用value的语句;
}
```

虽然增强 for 循环简化了循环，但要注意与 for 循环的区别：
- 循环变量是元素值而不是索引；
- 增强 for 循环内不能修改元素值，只能遍历；
- 只能从头到尾依次循环，其他循环方式不行。

7.1.4 Object 类

Object 类是 Java 所有类型的最高父类，每个类都是 Object 类的直接或间接子类。在 Java 中如果没有显式 extends 其他类型，则默认 extends Object 类，如前面定义的 Person 类，其直接父类就是 Object 类。由于 Object 类是 Java 类层次结构中的最高父类，它提供了所有对象通用的状态和行为，如对象间的判等操作、对象字符串信息等，另外还提供了和多线程相关的几个方法。其中比较常用的方法有：equals 方法、toString 方法（经常被重写）、getClass 方法（final 方法，不能重写）、clone 方法（权限为 protected）。下面对这几个常用方法进行介绍。

1. equals 方法

Object 类提供的 equals 方法，其默认实现是比较当前对象的引用是否与参数指向同一个对象，相当于 "==" 运算符。但现实世界中，这种同一性比较使用较少，更常见的应该是相等性比较，即看两个对象是否有相同的内容，比如两个学生对象的学号是否相同，两个有理数对象的分子和分母是否相同等。由于 equals 方法可以重写，因此我们完全可以修改 Object 的实现，从而达到实际业务需求的判断要求。下面继续对上一章的 Rational 类进行完善，重写 equals 方法，实现有理数相减为 0 则有理数相等的逻辑规则，其代码如下：

【程序代码清单 7-7】

```
1   public class Rational {
2       private int numerator;       //分子
3       private int denominator;     //分母
4
5       ...
6
7       @Override
8       public boolean equals(Object obj) {
9           if (this == obj) return true;   //引用相同，同一对象肯定相等
10          if (obj == null) return false;  //存在和不存在比较，肯定不等
11          //不同类型的对象，肯定不等
12          if (getClass() != obj.getClass()) return false;
13          Rational other = (Rational) obj;
14          Rational result = other.sub(this);
15          return result.numerator == 0;   //有理数相减为 0 则相等
16      }
17
18      ...
19  }
```

从上述代码可以看到，我们重写 equals 方法时，建议对参数进行检查后再做比较，其中规则如下：
- 如果当前对象和参数的引用相同，则是同一对象，不用比较肯定相等，如第 9 行代码。
- 如果传入的参数为空，则存在的当前对象与不存在的对象比较肯定不等，如第 10 行代码。
- 如果当前对象的类型和参数的类型不一致，不用比较肯定不等，如第 12 行代码，其中用到了 Object 类的 getClass 方法，其作用是获取对象的运行时类型。该方法为

final 方法，子类不允许修改，所以不能篡改对象的运行时类型来欺骗编译器。

在实现相等逻辑时，我们应该注意到，如果按分子和分母相同则有理数相等的规则，就不能处理"1/2"和"2/4"这种情况，与数学意义不符，因此应该采用有理数相减为 0 表示相等的规则，或者有理数相除为 1 也可以。接下来，可以通过测试重写前和重写后有理数比较的结果来理解 equals 方法重写的必要性。

【程序代码清单 7-8】

```
1   public class Test {
2       public static void main (String[] args) {
3           Rational x = new Rational (1, 2);
4           Rational y = new Rational (1, 2);
5           Rational z = new Rational (2, 4);
6           System.out.println (x.equals (x));      //输出 true
7           System.out.println (x.equals (y));      //重写前 false，重写后 true
8           System.out.println (x.equals (z));      //重写前 false，重写后 true
9           System.out.println (x == y);            //重写前 false，重写后 false
10      }
11  }
```

从测试代码可以看出，默认实现的 equals 方法和"=="运算符作用一样，为同一性比较，均不符合数学意义上的判等，因此我们自定义类型时经常都要重写 equals 来完成自己的判等规则，特别是要使用 Java 集合框架中的类型（集合性质的组合类型，后面介绍）来管理对象的类型，则必须实现 equals 方法，因为这些组合类型中的实现很多时候都要使用 equals 进行判等操作。自定义类型重写 Object 的 equals 方法，然后利用多态的性质，在运行时实现自定义的判等规则。需要强调的是，对于引用类型最好不使用"=="运算符，因为它永远是比较对象的引用是否相同，比如字符串的判等比较等。引用类型的判等请坚持使用 equals 方法。

Java 的 Object 类还提供了一个 hashCode 方法，其返回根据对象地址计算的散列值（int 类型），表示对象的唯一性比较（相当于身份证明）。当重写 equals 方法时，Java 建议同时重写 hashCode 方法，原因是维持对象比较的一致性问题。比如 Rational 类重写了 equals 方法，当有理数相减为 0 时两个对象相等，但没有重写 hashCode 方法，则两个对象的唯一性标志不相等。而按常识，对象相等则唯一性标志也应该相同。重写 hashCode 时，需要应用散列算法来实现对象标志的均匀性，其算法本身比较复杂，可以通过如下规则来实现：

◆ 重写 equals 方法时用到的成员变量是基本类型，可以选取一个质数参与计算后，再加上该成员变量对等的整数值即可。
◆ 如果用到的成员变量为引用类型，则直接利用该变量的 hashCode 方法计算。

在 Rational 中，可以通过如下代码实现 hashCode 方法的重写：

【程序代码清单 7-9】

```
1   public class Rational {
2       ...
3
4       @Override
5       public int hashCode() {
6           final int prime = 31;
7           int result = 1;
8           result = prime * result + denominator;
9           result = prime * result + numerator;
10          return result;
11      }
12
13      @Override
14      public boolean equals (Object obj) {
```

```
15        ...
16    }
17 }
```

2. toString 方法

Object 类提供的 toString 方法返回对象的信息字符串，其默认实现如下：

【程序代码清单 7-10】

```
1 public String toString() {
2     return getClass().getName() + "@" + Integer.toHexString(hashCode());
3 }
4
```

可以看到返回对象运行时类型的类名+@符号+对象哈希码的十六进制字符串，而这个实现对于大多数类型来说也不合适，可以通过重写来返回对象的状态信息。仍然以 Rational 为例，前面我们在类中定义了一个 getInfo 方法，其作用就是返回对象的信息字符串，现在有了重写机制，就不需要这个方法了，可以直接使用统一的 toString 方法，当然内部实现和 getInfo 完全一样，简单地将 getInfo 的方法名修改为 toString 就可以了。改动后的完整代码如下：

【程序代码清单 7-11】C7002_Rational.java

```
1  public class C7002_Rational {
2      ...
3
4      @Override
5      public int hashCode() {
6          final int prime = 31;
7          int result = 1;
8          result = prime * result + denominator;
9          result = prime * result + numerator;
10         return result;
11     }
12
13     @Override
14     public boolean equals(Object obj) {
15         if (this == obj) return true;   //引用相同，同一对象肯定相等
16         if (obj == null) return false;  //存在和不存在比较，肯定不等
17         //不同类型的对象，肯定不等
18         if (getClass() != obj.getClass()) return false;
19         C7002_Rational other = (C7002_Rational) obj;
20         C7002_Rational result = other.sub(this);
21         return result.numerator == 0;   //有理数相减为0则相等
22     }
23
24     @Override
25     public String toString(){
26         simplify();
27         if (denominator == 1)
28             return String.valueOf(numerator);
29         return String.format("%d/%d", numerator, denominator);
30     }
31
32     ...
33 }
```

重写了 toString 方法后，在需要对象状态信息字符串的地方既可以显式调用 toString 方法，也可以直接使用对象名，因为系统默认会在对象上调用该方法，具体测试如下：

【程序代码清单 7-12】

```
1 public class Test {
2     public static void main(String[] args) {
```

```
3        Rational x = new Rational(2, 4);
4        System.out.println(x);   //重写前输出"Rational@43f",重写后输出"1/2"
5        System.out.println(x.toString());  //同上
6    }
7 }
```

从测试结果可以看出第 4 行和第 5 行的调用完全一样,其中重写前输出的哈希码的十六进制串不一定与读者运行结果相同。

3. clone 方法

Object 类提供的 clone 方法是用于对象复制操作的,其默认实现是将对象所占的内存空间进行拷贝。前面已经知道,Java 是使用 new 运算符进行对象创建的,而现在有了 clone 方法我们也可以得到新对象,二者的区别是 clone 方法申请新内存后,不用再调用相应类型的构造方法,而是直接执行内存拷贝来得到与原对象相同的新对象,因此使用 clone 方法的效率更高,在需要大量创建对象时应该选择 clone 方法。但需要注意的是,clone 方法的访问权限被设置为 protected,因此在对象上我们无法直接调用它,Java 中规定子类必须通过实现 Cloneable 接口(关于接口和接口实现的内容下一节我们会介绍,目前只需掌握 clone 复制操作如何实现)的方式才能完成。

接下来,以之前的 Person 类(请自行在 Person 类中添加对应字段的 get/set 访问器)为例来详细讨论 Java 复制相关的各种操作。第一种情况是最简单的赋值运算,代码如下:

【程序代码清单 7-13】

```
1  public class Test{
2      public static void main(String[] args){
3          Person p = new Person("001", "tom", true);
4          Person p1 = p;
5          p.setSex(false);
6          System.out.println(p);
7          System.out.println(p1);
8          System.out.println(p.isSex());
9          System.out.println(p1.isSex());
10     }
11 }
```

其运行结果如下:

```
Person@15db9742
Person@15db9742
false
false
```

从运行结果可以看到,p 和 p1 的哈希码完全相同,即它们实际上是同一个对象,即赋值运算只是将对象的引用进行复制。如第 5 行代码,我们通过 p 引用修改了对象的性别,由于 p 和 p1 都是指向同一个对象,可以看到通过 p1 访问性别时,该成员就已经变成了修改后的值,即验证了 p 和 p1 都是对同一个对象的引用。

通过赋值运算只能进行引用复制,而刚才讲的 clone 方法属于我们要介绍的第二种复制操作即对象复制。通过如下代码来演示 clone 方法如何使用,并测试其效果:

【程序代码清单 7-14】

```
1  class Person implements Cloneable{
2      ...
3
4      @Override
```

```
5      public Person clone() throws CloneNotSupportedException{
6          return (Person)super.clone();
7      }
8
9      //get/set 方法略
10 }
11
12 public class Test{
13     public static void main(String[] args) throws CloneNotSupportedException{
14         Person p = new Person("001", "tom", true);
15         Person p1 = p.clone();
16         p.setSex(false);
17         System.out.println(p);
18         System.out.println(p1);
19         System.out.println(p.isSex());
20         System.out.println(p1.isSex());
21     }
22 }
23
24
```

其运行结果如下：

```
Person@15db9742
Person@6d06d69c
false
true
```

从测试结果可以看到两个对象的哈希码不同，clone 的确实现了对象的克隆，而且通过 p 修改性别，也没有改变 p1 的性别。可以看到 Person 类通过 implements 关键字实现了 Cloneable 接口，而重写 clone 方法时我们扩大了其访问权限（默认是 protected），并修改了返回值类型（默认是 Object 类）。这都符合前面介绍的重写规则，而通过这种修改可以方便外界的调用。在实现时我们只是简单地调用了 Object 的默认实现而已。

如果对象的成员变量类型只是 Java 的基本类型，上述的简单实现已经可以满足对象拷贝的需求。但如果对象的成员变量的类型是引用类型，则目前也只能实现对引用类型对象的引用复制，仍然会出现第一种情况中的问题，所以目前的实现方式被称为对象的浅拷贝，可以通过图 7-1 来加深理解。

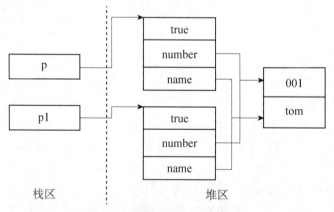

图 7-1 浅拷贝内存分配示意图

从图中可以看出，两个 String 类型的变量 number 和 name 在浅拷贝方式下字符串对象仍然只有一个，而成员变量保存的仅仅是对象引用而已，因此两个 Person 对象还不是完全独立的两个对象。要实现完全独立，就需要采用对象的深拷贝才能做到，即对引用类型的变量也要实现 clone 操作，其内存分配示意如图 7-2 所示。

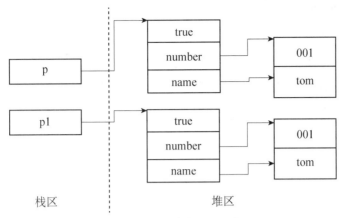

图 7-2 深拷贝内存分配示意图

由于 Java 中字符串对象是不可变对象，因此用字符串类型来演示深拷贝不能说明问题，下面我们将新定义 Address 类来表示地址信息，并在 Person 类中添加 Address 类型的成员变量，以此来演示对象深拷贝。Address 类代码如下：

【程序代码清单 7-15】C7003_Address.java

```
1  public class C7003_Address implements Cloneable{
2      private String city;
3      private String post;
4  
5      public C7003_Address(String city, String post){
6          setCity(city);
7          setPost(post);
8      }
9  
10     @Override
11     public C7003_Address clone() throws CloneNotSupportedException{
12         return (C7003_Address)super.clone();
13     }
14  
15     public String getCity() {
16         return city;
17     }
18  
19     public void setCity(String city) {
20         this.city = city;
21     }
22  
23     public String getPost() {
24         return post;
25     }
26  
27     public void setPost(String post) {
28         this.post = post;
29     }
30  }
```

Address 类提供了城市 city 和邮编 post 两个状态信息，提供了对应的包含两个参数的构造方法及 get/set 访问器，并实现了 Cloneable 接口。有了 Address 类的定义，我们将 Person 类修改如下：

【程序代码清单 7-16】

```
1  class PersonV2 implements Cloneable{
2      ...
3      private C7003_Address address;
4  
```

```
5       ...
6
7       @Override
8       public PersonV2 clone() throws CloneNotSupportedException{
9           PersonV2 newObj = (PersonV2)super.clone();
10          //不执行下一行代码则为对象的浅拷贝,执行则为深拷贝
11          newObj.setAddress(address.clone());
12          return newObj;
13      }
14
15      public C7003_Address getAddress() {
16          return address;
17      }
18
19      public void setAddress(C7003_Address address) {
20          this.address = address;
21      }
22      ...
23  }
```

准备好 Address 和 Person 后,我们可以对其进行测试。如果注释掉第 11 行则执行浅拷贝,修改 Person 对象的 Address 对象的城市属性时,将会影响克隆对象对应的属性;加入第 11 行则执行深拷贝,原对象和克隆对象完全独立,修改将会被隔离,不会互相影响,其测试代码如下:

【程序代码清单 7-17】C7004_TestClone.java

```
1   public class C7004_TestClone {
2       public static void main(String[] args) throws
3                                       CloneNotSupportedException{
4           PersonV2 p = new PersonV2 ("001", "tom", true);
5           C7003_Address add = new C7003_Address ("成都", "610000");
6           p.setAddress(add);
7
8           PersonV2 p1 = p.clone(); //执行深拷贝代码
9           p1.getAddress().setCity("西安");
10          System.out.println(p.getAddress().getCity());   //输出成都
11          System.out.println(p1.getAddress().getCity());  //输出西安
12      }
13  }
```

对于对象的浅拷贝和深拷贝的理解,我们要熟悉对象内存的逻辑分配,本例中的内存逻辑分配示意如图 7-3 所示。

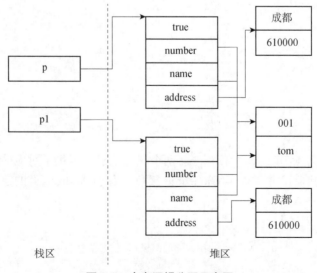

图 7-3 内存逻辑分配示意图

7.2 抽象类和接口

在前面介绍面向对象原则的时候，我们提到过"面向抽象"或"面向接口"编程的概念，那么到底什么是抽象类和接口呢？

7.2.1 抽象类

类是现实世界同类对象的抽象和概况，是 Java 中创建对象的模板。通过继承机制，我们还可以为类建立层次关系，即形成一族类。处于上层的类（父类）为下层类（子类）提供公共的、通用的状态和行为，从而达到代码复用和统一调用接口的作用。在父类实现通用行为时，存在三种情况：

- ◆ 该行为对外的调用接口已经确定，具体实现也已经确定，子类继承后无须任何修改即可以使用。在 Java 中这种方法我们一般限定为 final，如 Object 类中的 getClass 方法。
- ◆ 该行为对外的调用接口确定，具体实现只能完成部分或提供默认实现，子类继承后需要修改才能使用，如 Java 中对象创建的规则，父类构造方法完成自身成员变量的初始化，子类构造方法在父类基础上继续完成特有的成员变量，二者共同完成子类对象的创建。
- ◆ 该行为对外的调用接口确定，但具体实现无法完成，只能推迟到子类中实现，而且也必须由子类重写。

第三种情况中，为了确保子类进行重写，在 Java 中通过对父类的该方法使用 abstract 关键字进行修饰来保证。通过该关键字修饰的方法称为抽象方法，其作用只是为子类提供通用接口，子类继承后必须实现才能使用。抽象方法只有方法头部声明，没有具体实现的方法体，声明完后直接以分号结束，其语法如下：

```
访问权限 abstract 返回值类型 方法名（参数列表）;
public abstract int calc();
```

由于抽象方法属于未完成的方法，必须由子类继承后重写来实现，因此其访问权限不能为 private。另外，提供抽象方法的目的是由子类重写从而实现运行时多态，而多态是基于对象的，因此抽象方法不能声明为 static。Java 中规定包含抽象方法的类型，也必须添加 abstract 关键字进行类型修饰，这就是抽象类。Java 中规定抽象方法只能出现在抽象类中，但抽象类中可以不包含抽象方法。

由于抽象类中包含没有实现的抽象方法，因此可以把抽象类理解为半成品，当然对应的非抽象类即为成品。现实世界中，我们应该知道半成品是不能直接拿来使用的，因而 Java 中规定抽象类不能创建实例对象。而半成品可以经过多次加工直到完全完成，因而子类继承抽象类后，要么实现抽象方法，要么自己也用 abstract 修饰后继续往下传递。

在第 5 章引例的最终版中我们已经用到了抽象类和抽象方法的概念。在该例中，二元运算符 Operator 本身就是一个抽象概念，我们可以确定它应该包括两个操作数，可以确定其具有计算的功能接口，但当运算未确定前 Operator 类本身无法完成具体的计算。因此我们将 calc 方法设计为抽象方法，从而 Operator 类也就只能设计为抽象类了。接下来，在加、减、乘、除四个子类中，由于运算确定，因而继承的 calc 抽象方法就可以具体实现，然后才可以使用。从该例的 createOperator 方法中，我们可以看到抽象类虽然不能创建对象，但可以定义抽象类的引用，其动态指向具体子类对象，从而实现运行时多态。

最后需要说明的是，抽象类除了可以包含抽象方法的声明外，其他语法与普通类没有区别，即其他非抽象成员都可以定义在抽象类中。只是由于抽象类不能实例化，因此抽象类中的构造方法建议使用 protected 权限，允许子类使用而阻止无关的类调用。

7.2.2 接口

1. 接口定义与作用

接口在面向对象语义中泛指对外提供的方法或函数，在 Java 中使用 interface 关键字来定义接口。接口的目的是提供通用行为的抽象，其中的方法不能有具体实现，即接口中只能包含抽象方法，其定义语法如下：

```
[public 或缺省] interface InterfaceName[extends 父接口列表]{
    type name = value;
    ...
    void method();
    ...
}
```

接口中定义数据成员时，默认为 public static final 且不能修改，即接口中只能定义静态常量；接口中方法的修饰符默认为 public abstract 且不能修改，即接口中的方法只能是抽象方法；接口也可以继承其他多个接口（父接口间用逗号分隔），这与类继承不同，Java 类继承只支持单继承，因而直接父类只能有一个。当一个抽象类中只包含通用行为的抽象方法时，可以将其定义为接口，以方便继承。

2. 接口实现

从接口的定义可以看出，接口只规定了对外的行为形式（只有方法头部声明），不涉及任何实现细节。前面我们可以把抽象类理解为半成品，而接口连半成品都不算，只能理解为一种契约或协议。所以接口完全是为了实现继承和多态才定义的。实现接口，就表示其遵守契约中规定的所有行为，外界可以放心地通过这些行为进行通信。Java 中实现接口通过 implements 关键字来表示，下面我们通过具体实例来理解接口的定义和实现：现实世界中存在很多可以飞行的物体，比如鸟、飞机等，当规范飞行行为时，就可以定义接口 Flyable 来表示具备飞行功能的契约，然后再定义鸟类和飞机类来实现该接口，其具体实现代码如下：

【程序代码清单 7-18】C7005_TestInterface.java

```
1   interface Flyable{
2       void fly();
3   }
4
5   class Bird implements Flyable{
6       @Override
7       public void fly() {
8           System.out.println("鸟实现飞行");
9       }
10  }
11
12  class Airplane implements Flyable{
```

```
13        @Override
14        public void fly() {
15            System.out.println("飞机实现飞行");
16        }
17    }
18
19    public class C7005_TestInterface {
20        public static void main(String[] args){
21            Flyable ifly = new Bird();
22            ifly.fly();
23            ifly = new Airplane();
24            ifly.fly();
25        }
26    }
```

接口是契约，因此实现接口必须实现其中所有方法，虽然上例中的 Flyable 接口只有一个方法。接口与抽象类一样，不能创建对象，但可以创建接口的引用，动态指向具体子类对象来达到多态的目的。前面介绍 Object 类的 clone 方法时，实现对象复制要求该对象实现 Cloneable 接口，请结合本节所介绍的接口加深理解。

理解了接口定义及实现后，我们再来扩展前面的有理数类 Rational。从数学意义上来说，有理数是可以比较大小的，当然也可以进行排序。Java 中对数组进行排序，可以使用 java.util 包中提供的 Arrays 类：封装了数组通用操作的工具类，如折半查找、数组拷贝、数组填充及数组排序等。其使用如下：

【程序代码清单 7-19】

```
1     import java.util.Arrays;
2
3     public class Test {
4         public static void main(String[] args) {
5             int[] a = {4, 10, 5, 11, 13, 2, 8, 6};
6             Arrays.sort(a);
7             for(int x : a){
8                 System.out.printf("%d ", x);
9             }
10        }
11    }
```

运行上面的程序，可以看到数组元素的确按升序进行了排列。如果要对一个有理数数组进行排序，也采用上述相似的代码，则运行时得到如下错误：

```
Exception in thread "main" java.lang.ClassCastException: Rational cannot be cast to java.lang.Comparable
```

从错误信息中，可以看到 Rational 无法被转换为 Comparable(Java 中提供的可比较接口)。原因很简单，数组排序肯定需要进行大小比较，而对前面整型数组元素其本身就支持关系运算因而没有问题，但 Rational 是自定义类型，并不支持关系运算，因此 sort 方法无法确定有理数的大小关系，也就无法完成排序。那怎样才能让 sort 帮我们完成有理数排序呢？从错误提示及我们目前掌握的知识知道，如果让 Rational 实现 Comparable 接口，就可以解决有理数对象转换为 Comparable 接口引用的问题（子类可以隐式转换为父类或父接口），并且通过实现 Comparable 接口，也就解决了有理数大小比较的问题，Arrays 的 sort 方法对数组进行排序时，要求数组元素实现 Comparable 接口中的 compareTo 方法（该接口也只有这一个方法）。对有理数类按这个需求进行扩展，其代码如下：

【程序代码清单 7-20】

```
1   public class Rational implements Comparable<Rational>{
2       ...
3
4       @Override
5       public int compareTo(Rational r) {
6           Rational result = this.sub(r);     //通过减法运算进行大小比较
7           return result.numerator;           //分子的符号反映大小关系
8       }
9
10      ...
11  }
```

compareTo 方法的返回值为整数类型，返回正数表示前者大于后者，返回 0 表示相等，返回负数表示前者小于后者。由于有理数类已经提供了减法运算，其运算结果也是有理数，因此其分子部分的符号就正好反映了 this 和 r 间比较的结果。对有理数（使用的 C7002_Rational 类）数组进行排序测试的代码如下：

【程序代码清单 7-21】C7006_TestRational.java

```
1   import java.util.Arrays;
2   ...
3   public class C7006_TestRational {
4       public static void main(String[] args){
5           Rational[] a = {new Rational(1, 3), new Rational(3, 4),
6               new Rational(1, 2), new Rational(2, 3)};
7           Arrays.sort(a);
8           for(Rational x : a){
9               System.out.printf("%s ", x);
10          }
11      }
12  }
```

运行该程序，之前的运行时错误已经解决，并且有理数也按升序排列好了。Arrays 的 sort 方法默认是按升序进行排列的，请读者思考，怎样修改代码来完成降序排列呢？7.2 节结束处将给出参考答案。

7.2.3 抽象类和接口的区别

1. 语法层面上的区别

（1）抽象类可以包括有具体实现的普通方法，而接口中只能有抽象方法；

（2）抽象类中可以定义成员变量，而接口中只能定义静态常量；

（3）接口中不能含有静态代码块及静态方法，而抽象类可以有静态代码块和静态方法；

（4）一个类只能继承一个抽象类，而一个类却可以实现多个接口。

2. 设计层面上的区别

（1）抽象类是对一类事物的抽象，即对类抽象，而接口是对行为的抽象。抽象类是对类整体进行抽象，包括属性、行为，但是接口却是对类局部（行为）进行抽象。如前面的例子，飞机和鸟是不同类的事物，但是它们都有一个共性，就是都会飞。那么在设计时，可以将飞机设计为一个类 Airplane，将鸟设计为一个类 Bird，但是不能将飞行这个特性也设计为类，因此它只是一个行为特性，并不是对一类事物的抽象描述。此时可以将飞行设计为一个接口 Flyable，包含方法 fly()，然后 Airplane 和 Bird 分别根据自己的需要实现 Flyable 接口。至于有不同种类的飞机，比如战斗机、民用飞机等，直接继承 Airplane 即可；对于鸟也是类似的，不同种类的鸟直接继承 Bird 类即可。从中可以看出，继承可以理解为"是不是"的关系，而接口实现则是"有没有"的关系。如果一个类继承了某个抽象类，则子类必定是抽象类的种类，而接口实现则是有没有、具备不具备的关系，比如鸟是否能飞（或者是否具备飞行这个特点），能飞行则可以实现这个接口，不能飞行就无法实现这个接口。

（2）设计层面不同，抽象类作为很多子类的父类，它是一种模板式设计。而接口是一种行为规范，它是一种辐射式设计。二者有什么区别？最简单的例子，大家都用过 PPT 里面的模板，如果用模板 A 设计了 PPT B 和 PPT C，则 PPT B 和 PPT C 公共的部分就是模板 A 了。如果它们的公共部分需要改动，则只需要改动模板 A 就可以了，不需要重新对 PPT B 和 PPT C 进行改动。而辐射式设计，比如某个电梯装了某种报警器，一旦要更新报警器，就必须全部更新。也就是说对于抽象类，如果需要添加新的方法，可以直接在抽象类中添加具体的实现，子类可以不进行变更；而对于接口则不行，如果接口进行了变更，则所有实现这个接口的类都必须进行相应的改动。

（3）由于 Java 只支持单继承，而现实世界的确存在多重继承的现象，为了在 Java 中模拟多重继承，也需要考虑抽象类和接口如何取舍的问题。在 Java 中实现多线程编程时，就提供了实体类 Thread 和接口 Runnable。我们既可以通过继承 Thread 的方式，也可以通过实现 Runnable 接口的方式来实现多线程。当子类除了要实现多线程，还要从其他类继承时，就不能采用 Thread 类，而只能使用实现 Runnable 接口的方式了。

下面再举一个例子来加深理解：现实世界中有多种类型的门，也有多种类型的报警器，开始时可以分别定义两个抽象类 Door 和 Alarm 来实现，并分别从这两个类扩展其他子类。但当系统需求演变时，如果出现了报警门的概念，由于 Java 单继承的限制，我们就得重构代码：维持门 Door 类，而将报警抽象为一种功能，即将报警器 Alarm 类修改为接口，以体现"有没有报警功能"的关系，其代码框架如下：

【程序代码清单 7-22】C7007_Door.java

```
1   public abstract class C7007_Door {
2       private String material;         //门的材质
3       ...    //门类中其他的实现，如构造方法等
4       public abstract void open();
5       public abstract void close();
6   }
7
8   interface Alarm{
9       void alert();
10  }
11
12  class AlarmDoor extends Door implements Alarm{
13      @Override
14      public void alert() {
15          ...
16      }
17
18      @Override
19      public void open() {
20          ...
21      }
22
23      @Override
24      public void close() {
25          ...
26      }
27  }
```

从上述代码可以看到，有了抽象类 Door 和接口 Alarm，就可以实现报警门这种具备多重概念的类型：继承 Door，实现 Alarm。这是 Java 模拟多重继承的一种方法，在实现时尽量通过继承类来实现代码复用，通过接口来实现多态。下一节我们将介绍另一种模拟多重继承的方法。

前面有理数降序排序的问题参考答案：①输出时从尾到头进行遍历即可；②有理数类 compareTo 方法实现中，将返回的分子取负即可；③compareTo 方法实现中，用 r 去减 this 即可。

7.3 内 部 类

前面介绍面向对象思想时，我们提到过"高内聚，低耦合"这个本质原则，也介绍过"迪米特法则"，即最少知识原则。这两个原则都要求我们尽量提高类内部成员的相关性，尽量不暴露与外界不相关的信息。在实际编程中，的确存在一些类的定义仅仅是为某特殊类服务的，其他地方几乎不用的情况。而 Java 提供的内部类就可以解决这种问题。另外，使用内部类也可以间接解决多重继承的问题：除定义位置不同外，内部类和普通类区别不大，也可以继承类或实现接口，因而可以通过父类和内部类共同来模拟多重继承。

从概念上可以看出，内部类应该是定义在内部的类：定义在一个类的内部，则该内部类属于外部类的成员，分为成员内部类和静态内部类；如果定义在方法内部，则是局部成员，分为局部内部类和匿名内部类。

7.3.1 顶层类成员

有了内部类的概念后，一般称外部类为顶层类。内部类定义在顶层类的内部而成为其成员，因而内部类成员是可以无缝访问外部类的所有成员的，包括静态或对象的成员，以及私有成员。

由于定义在顶层类中，内部类的访问权限可以为 Java 中提供的四种权限，而顶层类只能是 public 和默认权限。但从内部类的意义上来说，不建议使用 public 权限修饰内部类，如果外界会用到内部类，那它也就没有必要定义在内部了。

下面将简单实现一个成绩顺序表，为了不暴露数据实现细节，将顺序表中的节点类型定义为内部类，然后提供追加和查找两个方法进行演示，其代码如下：

【程序代码清单 7-23】C7008_ScoreList.java

```
1   public class C7008_ScoreList {
2       private class Node{
3           private String name;
4           private int score;
5   
6           public Node(String name, int score){
7               this.name = name;     //当前内部类对象引用
8               this.score = score;
9           }
10      }
11  
12      private Node[] nodes;
13      private int last = 0;     //最后可用的插入位置，与有效元素大小一致
```

```
14
15      public ScoreList(int capacity){
16          nodes = new Node[capacity];
17      }
18
19      public void append(String name, int score){
20          if (last == nodes.length) return;   //顺序表已满
21
22          nodes[last] = new Node(name, score); //创建内部类对象
23          last++;
24      }
25
26      public int findWith(String name){
27          int score = 0;
28          for(int i = 0; i < last; i++){
29              if (nodes[i].name.equals(name))
30                  score = nodes[i].score;
31          }
32          return score;
33      }
34  }
```

上述代码中，通过定义内部类 Node 来封装姓名和成绩信息，并将其访问权限设置为 private，从而达到对外界隐藏数据实现细节的目的。在内部类的构造方法实现中用到了 this 引用，它代表的是当前内部类对象的引用。非静态内部类对象是依附于顶层类对象的，因此内部类对象中也含有当前顶层类对象的引用，如果要得到这个引用，可以用"顶层类名.this"的形式进行访问。这也是内部类可以无缝访问顶层类对象成员的原因。当顶层类和内部类出现同名成员变量时，在内部类中，就只能通过这种形式才能访问顶层类中的同名变量。在有了内部类定义后，在顶层类中使用时可以看到它和普通类差别不大，仍然需要创建对象，通过对象访问其成员。二者主要区别如下：

- 因为在顶层类中使用，因而内部类不需要提供 get/set 访问器。
- Java 语法规定，非静态内部类中不能定义静态成员。
- 成员内部类编译后生成单独的字节码文件，其文件名形式为"外部类名$内部类名.class"。

成员内部类作为顶层类的成员，因而也可以用 static 来修饰，这种情况称为静态内部类。其和非静态内部类的最大区别就是它并不依附于顶层类对象存在，即其不含顶层类对象引用（当然就不能访问顶层类对象成员），因此我们更习惯称之为嵌套内部类（仅仅和顶层类形成嵌套关系而已）。静态内部类编译后也形成单独的字节码文件，命名规则和非静态内部类一样。以下面的测试代码为例来演示二者在对象创建过程中的区别：

【程序代码清单 7-24】C7009_TestInnerClass.java

```
1   public class C7009_TestInnerClass {
2       public static void main(String[] args){
3           Outer.Inner inn = new Outer.Inner();    //嵌套关系
4           //必须先有顶层类对象
5           Outer.Inner2 inn2 = new Outer().new Inner2();
6       }
7   }
8
9   class Outer{
10      static class Inner{}
11
12      class Inner2{}
13  }
```

上述代码编译后除了 Test 外,将形成另外三个字节码文件:Outer.class、Outer$Inner.class 和 Outer$Inner2.class。

7.3.2 局部内部类

与局部变量一样,定义在方法或语句块之内的内部类就是局部内部类,它也不能有访问权限修饰,也不能使用 static 修饰。由于局部内部类生命周期为局部,因此一般用于只使用一次的情形。而这种情况下,其名称已经不重要,因而更常见的是使用匿名形式,即匿名内部类,主要用来继承抽象类或实现接口。匿名内部类编译后也形成单独的字节码文件,其名字形式为"外部类名$序号.class",其中序号从 1 开始。

在 Java GUI 程序的事件机制中经常使用这种语法来实现事件监听接口,后面介绍 Java Swing 技术时会看到这方面的例子。下面以两个线程交替打印为例来模拟多线程,并演示匿名内部类的定义和用法,其代码如下:

【程序代码清单 7-25】C7010_TestAnonymous.java

```java
public class C7010_TestAnonymous {
    public static void main(String[] args) throws InterruptedException{
        int b = 1;
        go();
        while(true){
            System.out.printf("b = %d\n", b++);
            Thread.sleep(1000);
        }
    }

    private static void go(){
        final int a = 100;
        Thread th = new Thread(new Runnable() {
            @Override
            public void run() {
                while(true){
                    System.out.printf("a = %d\n", a);
                    try {
                        Thread.sleep(1000);
                    } catch (InterruptedException e) {
                        e.printStackTrace();
                    }
                }
            }
        });
        th.start();
    }
}
```

其中 15~25 行代码就是匿名内部类的定义体,其实现了 Runnable 接口中唯一的 run 方法(该方法要实现的就是线程中要执行的任务)。然后通过该内部类对象创建 Thread 对象,并调用 start() 线程启动方法。实现时还用到了静态 sleep 方法(当前线程暂停指定时间),关于多线程的更多信息请读者参考网络资源。由于 sleep 方法有可能抛出 InterruptedException 异常,我们在两处调用的地方分别采用了两种方式进行处理:main 方法中通过继续向上抛出异常的方式进行处理;run 方法中通过 try-catch 机制来捕获和处理异常。其中 try 语句块用来组织有可能出现异常的代码,catch 语句块在异常出现时被触发,捕获相应类型的异常并处理。该机制还可以包含 finally 语句块,用来完成无论异常是否出现都会进行的处理,关于异常处理的更多信息请参阅网络资源。

读者应该注意到，在 go 方法中的 a 被修饰为 final 常量，如果去掉该修饰，在 JDK 1.6 版本之前将不能通过编译，原因是 Java 要求局部内部类使用其所处语句块内的变量时必须为 final 常量，其目的是维持生命周期的一致性和数据的一致性。如本例中，a 是局部作用域，go 方法结束 a 就会被回收，而线程 th 如果并没有结束，则 a 的使用就会出问题；而通过 final 修饰后，Java 会自己复制局部 a 的值给内部类，使得两处 a 独立。由于 final 常量不能修改，也就保证了数据一致性。在新版本的 JDK 中，可以不用添加 final 修饰，Java 已经对局部内部类使用上层局部变量这种情况做了默认 final 处理。

7.3.3　内部类与多重继承

现实世界中存在多重继承的例子，比如儿子继承了父亲和母亲的基因，前面也介绍了可以通过类和接口组合的方式模拟多重继承。但是，如果出于需要必须定义两个父类，则只能通过内部类的方式进行模拟了。下面以"沙发床"为例进行说明，代码如下：

【程序代码清单 7-26】C7011_TestCouch.java

```
1   class Bed{
2       public void sleep(){
3           System.out.println("can sleep.");
4       }
5   }
6
7   class Sofa{
8       public void sit(){
9           System.out.println("can sit.");
10      }
11  }
12
13  class Couch extends Bed{
14      private class MySofa extends Sofa{
15
16      }
17
18      public void sit(){
19          Sofa a = new MySofa();
20          a.sit();
21      }
22  }
23
24  public class C7011_TestCouch {
25      public static void main(String[] args){
26          Couch couch = new Couch();
27          couch.sleep();
28          couch.sit();
29      }
30  }
```

从上述代码可以看到，已经定义了实体类 Bed 和 Sofa，而沙发床 Couch 类要想复用这两个类的代码，由于 Java 单继承的限制，直接继承两个类是不允许的。因此可以通过内部类的方式，Couch 直接继承 Bed，然后再定义内部类来继承 Sofa，最后 Couch 提供的 sit 方法就可以通过 MySofa 对象来复用代码了。顶层类加内部类组合进行多重继承模拟时，更主要的是实现代码复用，而在多态的处理时就不是很方便，如本例 Couch 的确是 Bed 类的子类，但与 Sofa 类之间就不存在子类关系，因而也不能通过 Sofa 实现多态。

7.4 枚举类型

在 C 语言或 Java JDK 1.5 之前，我们可以通过常量定义的方式来表示多个状态值，如表示一年的四个季节可进行如下定义：

【程序代码清单 7-27】

```
1  class Season{
2      public final static int SPRING = 0;
3      public final static int SUMMER = 1;
4      public final static int AUTUMN = 2;
5      public final static int WINTER = 3;
6  }
```

上述方式存在如下不足：①如果存在多个常量值，如都是 2，则无法区分，容易混淆；②常量值关联的是 int 类型，无法通过类型检查来保证常量的取值正确；③代码可读性不好。

Java 在 JDK 1.5 之后，提供枚举类型来达到上述语法作用并避免其不足，书写也更加方便。所有枚举类型的实质就是定义一组命名常量，当我们遇到 3 个及以上状态值的情况，请坚持使用枚举类型来完成。上面一年四季用枚举类型来表达代码如下：

【程序代码清单 7-28】C7012_Season.java

```
1  enum C7012_Season{
2      SPRING,SUMMER,AUTUMN,WINTER;
3  }
```

7.4.1 枚举的定义

枚举类型的完整定义格式如下：

```
[访问权限] enum 枚举类型名称 [implements 接口列表]{
    枚举常量元素列表[;]     //以逗号分隔
    [扩展内容]
}
```

枚举类型是一种特殊类 class，语法上采用关键字 enum 来与 class 和 interface 进行区分。由于 Java 中所有枚举类型都隐式继承了 java.lang.Enum 类，而 Java 具有单继承限制，所以枚举类型只能实现接口，不能再继承其他类型。

多个枚举常量（即枚举元）定义以逗号分隔，结尾处以分号结束。当后面没有其他扩展内容时，分号可以省略。每个枚举常量都根据其位置关联了序号，默认从 0 开始。有了枚举常量，我们可以通过"枚举类型名称.枚举元素名称"的形式进行调用，如上例可以用"Season s = Season.SUMMER;"定义一个枚举类型的变量。

枚举类型也是 class，因而也可以扩展其他成员，如变量和方法。但要注意的是，枚举类型的构造方法只能使用 private 访问权限，原因是除定义的枚举常量列表外，外界不能创建其他的枚举对象。

7.4.2 枚举的实现原理

在没有枚举类型前，可以通过定义不变对象的方式定义一组常量来表达，与前面的类

Season 相似。Java JDK 1.5 后提供的枚举类型，实际上是一种语法糖，即通过 Enum 定义的枚举类型，会由编译器帮我们自动转换为一个不变类。从编译后生成的字节码文件来看，如上例生成"Season.class"，仍然是.class 文件；通过反编译，可以看到编译器生成的 Season 类的代码如下：

【程序代码清单 7-29】

```
1    //反编译 Season.class
2    final class Season extends Enum{
3        //前面定义的 4 种枚举实例
4        public static final Season SPRING;
5        public static final Season SUMMER;
6        public static final Season AUTUMN;
7        public static final Season WINTER;
8        private static final Season $VALUES[];    //编译器增加的数组
9    
10       //私有构造函数，只能内部调用
11       private Season(String s, int i){
12           super(s, i);
13       }
14   
15       static {
16           //实例化枚举实例
17           SPRING = new Season("SPRING", 0);
18           SUMMER = new Season("SUMMER", 1);
19           AUTUMN = new Season("AUTUMN", 2);
20           WINTER = new Season("WINTER", 3);
21           $VALUES = (new Season[] {SPRING, SUMMER, AUTUMN, WINTER});
22       }
23   
24       //编译器添加的静态的 values 方法
25       public static Season[] values(){
26           return (Season[])$VALUES.clone();
27       }
28   
29       //编译器添加的静态的 valueOf 方法，调用了 Enum 类的 valueOf 方法
30       public static Season valueOf(String s){
31           return (Season)Enum.valueOf(Season.class, s);
32       }
33   }
```

需要注意的是，上述代码是通过字节码翻译过来的，其本身无法通过 javac 编译器编译（源代码级 javac 禁止从 java.lang.Enum 继承）。从反编译的代码可以看出，编译器确实帮我们生成了一个 Season 类（注意该类是 final 类型的，将无法被继承）并继承自 java.lang.Enum 类（Java 提供的枚举抽象类）。编译器还生成了 4 个 Season 类型的实例对象分别对应枚举中定义的 4 个季节，这充分说明了前面使用关键字 Enum 定义的 Season 类型中的每种枚举常量也是实实在在的 Season 实例对象。编译器还为我们生成了两个静态方法，分别是 values 和 valueOf，稍后讲解其用法。现在我们应该明白，使用关键字 Enum 定义的枚举类型相当简洁，而编译器帮我们做了很多事。下面深入了解一下 java.lang.Enum 类及 values 和 valueOf 的用途。

Java 中的 Enum 是所有自定义枚举类型的抽象基类，它实现了 Comparable 可比较接口，默认以枚举元的序号进行比较。它提供了几个通用方法：name 返回枚举元名称字符串，这和它重写后的 toString 方法一样；ordinal 返回枚举元的序号；静态方法 valueOf（类型，枚举元名称串）的作用是完成字符串和枚举类型间的转换，前面编译器也帮我们生成了一个 valueOf 方法，但只需要枚举元名称串作为参数，其内部实现就是通过调用 Enum 的 valueOf

方法。前面编译器提供的 values 方法在 Enum 中并没有对应的方法,该方法的作用是方便我们对枚举元进行遍历。我们在下一节将看到上述方法的应用。

7.4.3 枚举的使用

枚举类型定义好后,可以和其他引用类型一样使用。对于前面定义的季节枚举,可以简单应用如下:

【程序代码清单 7-30】

```java
import java.util.Scanner;

public class Test {
    public static void main(String[] args){
        Scanner sc = new Scanner(System.in);
        System.out.print("请输入季节的英文:");
        String info = sc.nextLine().toUpperCase();
        Season season = Season.valueOf(info);
        String desc = getDesc(season);
        System.out.println(desc);
        sc.close();
    }

    private static String getDesc(Season season) {
        String desc = "";
        switch(season){
            case SPRING:
                desc = "春暖花开";
                break;
            case SUMMER:
                desc = "夏日炎炎";
                break;
            case AUTUMN:
                desc = "秋高气爽";
                break;
            case WINTER:
                desc = "雪花飘飘";
                break;
        }
        return desc;
    }
}
```

从上述代码中可以看到:①getDesc 方法接收的参数类型为 Season 枚举,当调用该方法时就可以做到类型检查,如果不是 Season 枚举的实参将出现编译错误;②枚举类型变量可以用在 switch 语句的控制表达式中,而 case 分支中出现的就是枚举常量,注意 Java 中 case 分支的枚举常量可以不用枚举类型的名称来引用;③该例中还用到了 valueOf 方法,该方法在实现字符串和枚举类型转换时,一定要注意字符串必须和枚举常量的名称完全一致,包括大小写(我们已经通过字符串的 toUpperCase 方法解决了大小写问题),否则将会出现如下运行时错误(比如冬季输入成 winner):

```
请输入季节的英文:winner
Exception in thread "main" java.lang.IllegalArgumentException: No enum constant Season.WINNER
    at java.lang.Enum.valueOf(Unknown Source)
    at Season.valueOf(Season.java:1)
    at Test.main(Test.java:8)
```

程序中的这种运行时错误不应该展现给最终用户,因而应该采用 Java 的异常机制

try-catch 进行处理，修改后的代码如下：

【程序代码清单 7-31】

```
public static void main(String[] args){
    Scanner sc = new Scanner(System.in);
    try {
        System.out.print("请输入季节的英文：");
        String info = sc.nextLine().toUpperCase();
        Season season = Season.valueOf(info);
        String desc = getDesc(season);
        System.out.println(desc);
    } catch (Exception e) {
        System.out.println("请正确拼写季节的英文！");
    }
    sc.close();
}
```

下面再举一个例子来演示枚举类型扩展其他成员：我们知道方向可以分为上、下、左、右，可以通过定义 Direction 枚举来简单实现。但如果我们希望使用东、南、西、北的方式进行描述呢？难道再定义一个枚举来解决？

前面已经提到，枚举类型还可以跟类一样添加其他成员，因而本例可以通过如下方式实现：

【程序代码清单 7-32】C7013_TestDirection.java

```
enum Direction {
    LEFT("WEST"), UP("NORTH"), RIGHT("EAST"), DOWN("SOUTH");

    private String desc;

    private Direction(String desc){
        this.desc = desc;
    }

    public String getDesc(){
        return desc;
    }
}
public class C7013_TestDirection {
    public static void main(String[] args){
        for(Direction dir : Direction.values()){
            System.out.printf("%d: %s, %s\n", dir.ordinal(),
                    dir.name(), dir.getDesc());
        }
    }
}
```

输出结果如下：

```
0: LEFT, WEST
1: UP, NORTH
2: RIGHT, EAST
3: DOWN, SOUTH
```

在 Direction 枚举中我们添加了 desc 变量及对应的 get 方法，并提供了构造方法。需要注意的是，枚举类型添加的构造方法必须为私有权限，防止外界创建新的枚举元对象。测试代码中，我们使用了 values 静态方法来遍历所有枚举元，输出时分别显示了枚举元的序号、枚举元名称及自定义的描述。

综上，枚举类型是 Java 提供、表达多个状态值的一种相当简洁的方式，我们应该掌握并予以应用。当简洁方式不能满足应用需要时,还可以像类一样自由添加其他成员来实现需求。

7.5 泛型编程

泛型是 Java JDK 1.5 后引入的一种编程技术,其基本思想是将类型进行参数化,定义时使用类型形参,使用时再确定类型实参,可以通过方法中的形参和实参进行类比理解。泛型编程的优点为:①代码复用,当操作逻辑完全一致,仅仅是操作的对象类型不同时,可以通过泛型来复用代码;②编译时进行类型检查,在没有泛型技术前,我们只有通过 Object 类型来模拟任何对象,这时对象间的类型转换就要由程序员来保证正确性,而编译器无法进行类型检查,因此容易产生运行时错误。

Java 的集合类在 JDK 1.5 后广泛采用了泛型技术,但为了保持向下兼容性,之前的对应版本也可以使用。我们通过下面的例子来体验泛型编程:

【程序代码清单 7-33】非泛型版

```
1  import java.util.ArrayList;
2
3  public class Test {
4      public static void main(String[] args){
5          ArrayList list = new ArrayList();
6          list.add("10");
7          list.add(10);     //错误添加整数
8          String x = (String)list.get(0);    //强制类型转换
9          String y = (String)list.get(1);    //运行时错误
10     }
11 }
```

【程序代码清单 7-34】泛型版

```
1  import java.util.ArrayList;
2
3  public class Test {
4      public static void main(String[] args){
5          ArrayList<String> list = new ArrayList<String>();
6          list.add("10");
7          list.add(10);     //编译时错误
8          String x = list.get(0);     //不再需要强制转换
9          String y = list.get(1);
10     }
11 }
```

通过观察两个版本的代码,可以看到非泛型时需要做强制转换,而且不能保证运行时转换正确;而泛型技术可以在编译时进行类型检查,提前发现错误,并且有了类型检查的保证,后面使用时也就不需要强制转换了。当然从代码中可以看到,泛型技术的语法要素是使用一对 "<>" 来表示的。

7.5.1 泛型类型

我们可以使用 Java 提供的泛型集合类,也可以根据需要自定义泛型类或接口。其定义语言与普通类型的区别就是在类型名称后使用 "<T>" 来表示类型参数,其中 "T" 可以是合法的标志名,一般用 T 表示类型,用 K 表示键值对的键类型,用 V 表示键值对的值类型,用 E 表示集合元素类型等。需要注意的是,Java 中规定类型参数实例化时,只能使用引用类型,如<String>等。如果要创建基本类型的泛型实例,必须使用其对应的包装类型,如 int 类型要声明为 Integer。

下面通过模仿 Java 集合类中的 ArrayList 类,自定义一个顺序表 MyList 类来演示泛型类的定义:顺序表是数据结构中相当常用的一种结构,可以按元素位置进行随机访问,可以进行插入和删除等操作,其容量可以动态增长。而这些基本操作逻辑和元素类型基本不相关,因而我们可以采用泛型技术来达到功能复用的目的。在 MyList 类中,我们将提供以下方法:insert 方法,指定位置插入元素;append 方法,在尾部插入元素;romove 方法,删除指定位置元素并返回该值;get/set 方法,获取或设置指定位置的元素;indexOf 方法,查找指定元素第一次出现的位置。该顺序表也将支持动态扩容的功能。其具体实现代码如下:

【程序代码清单 7-35】C7014_MyList.java

```java
public class C7014_MyList<E> {
    private Object[] data;    //Object 元素数组,Java 不支持泛型数组的创建
    private int capacity;     //顺序表初识容量
    private int size;         //顺序表有效元素大小

    public MyList(){
        capacity = 10;
        size = 0;
        data = new Object[capacity];
    }

    public int size(){
        return size;
    }

    public void append(E element){
        insert(size, element);    //尾部追加就是最后位置插入
    }

    public void insert(int index, E element){
        checkIndex(index, true);
        expand();
        System.arraycopy(data, index, data, index+1, size - index);
        data[index] = element;
        size++;
    }

    public int indexOf(E element){
        int index = -1;
        for(int i = 0; i < size; i++){
            if (element.equals(data[i])){
                index = i;
                break;
            }
        }
        return index;
    }

    public E remove(int index){
        E old = get(index);
        System.arraycopy(data, index+1, data, index, size - index - 1);
        data[--size] = null;
        return old;
    }
```

```
47    public E get(int index){
48        checkIndex(index, false);
49        return (E)data[index];
50    }
51
52    public void set(int index, E element){
53        checkIndex(index, false);
54        data[index] = element;
55    }
56
57    private void expand(){
58        if (size < capacity) return;
59
60        capacity *= 2;
61        Object[] tem = new Object[capacity];
62        System.arraycopy(data, 0, tem, 0, size);
63        data = tem;
64    }
65
66    private void checkIndex(int index, boolean isAdd){
67        int end = isAdd ? size : size - 1; //添加时的合法索引上界要增1
68        if (index < 0 || index > end)
69            throw new IndexOutOfBoundsException(String.format("索引非法:%d", index));
70    }
71 }
72
```

从上述代码可以看出，Java中泛型技术实现时，内部使用的元素数组仍然是Object类型的数组，原因是Java不支持泛型数组的创建。正是这个原因，我们可以看到代码中存在强制转换的操作，因此Java中的泛型只是提供了代码复用和编译时类型检查，而在实现内部完成了类型转换，与C++等语言提供的泛型并不一样。

上述顺序表的实现涉及数据结构的知识，如果读者对这方面的知识不熟悉，请参阅网络资源了解。另外，在实现数组拷贝时，用到了System类提供的静态方法：arraycopy方法，它的5个参数依次解释为源数组、从源数组复制的开始位置、目标数组、复制到目标数组的开始位置、复制元素的个数，如第62行代码表示从data数组的第1个元素开始，复制size个（即data数组的所有元素）元素到目标数组对应位置（也从第1个位置开始）。

最后，在checkIndex方法实现中，当索引非法时，我们使用了抛出异常的处理方式。根据Java编译器对异常处理的要求不同，Java中的异常分为两类：非检查异常和检查异常。对非检查异常，javac编译器在编译时，不会提示和发现这样的异常，不要求在程序中处理这些异常。所以如果愿意，可以编写代码（使用try…catch…finally）处理这样的异常，也可以不处理。对于这些异常，我们应该修正代码，而不是通过异常处理器处理。常见的这类异常如除零错误ArithmeticException、错误的强制类型转换ClassCastException、索引越界IndexOutOfBoundsException、使用了空对象NullPointerException、参数不合法IllegalArgumentException等。

对检查异常，javac编译器强制要求程序员为这样的异常做预备处理工作（使用try…catch…finally或者throws）。在方法中要么用try-catch语句捕获它并处理，要么用throws子句声明抛出它（前面介绍方法定义时提到的异常列表），否则编译不会通过。这样的异常一般是由程序的运行环境导致的，如SQLException、IOException、ClassNotFoundException等。

7.5.2 类型擦除

前面已经提到泛型技术可以通过编译时的类型检查来提高代码的安全性，但Java中的

泛型参数只在编译时有效,而运行时将执行类型擦除,也就是说类型参数在编译后会被清除掉。来看如下示例代码:

```
public class Demo {
    public void test (ArrayList<String> list){}

    public void test (ArrayList<Integer> list){}
}
```

上述代码看似是之前介绍过的同名方法重载,但该代码是无法通过编译的,原因就是编译后Java执行了类型擦除,造成这两个方法的参数是一样的(均为ArrayList),从而出现重复定义方法的错误。Java这样处理的主要原因是为了与JDK1.5之前的代码兼容。类型擦除的处理过程为:泛型类型定义中的尖括号及其中的类型参数被去掉,而类定义体中的类型参数被替换成类型上限(下一节介绍类型限制),如前面的MyList<E>执行擦除后变为MyList,而实现代码中的E被替换为Object。

正是因为类型擦除,Java的泛型使用时就有了很多限制:

- 可以声明类型参数的引用,但不能直接创建对象,即"T a = new T();"这样的语句不能通过编译。
- 可以声明泛型数组,但不能创建泛型数组,即"T[] a = new T[10];"这样的语句不能通过编译。
- 泛型类并没有自己独有的Class类对象。比如,并不存在List<String>.class或List<Integer>.class,而只有List.class。
- 泛型类的静态成员中不能使用类型参数,原因是静态成员是和类进行关联的,编译后只有泛型的原生类型,因此类型参数在静态成员中根本就无效。

7.5.3 类型限制

有了泛型技术后,泛型类之间的关系变得比较复杂,先看如下例子:

【程序代码清单7-36】

```
1  import java.util.ArrayList;
2  public class Test {
3      public static void main(String[] args){
4          ArrayList<Integer> list = new ArrayList<Integer>();
5          list.add(1);
6          list.add(8);
7          display(list);
8  
9          ArrayList<String> list2 = new ArrayList<String>();
10         list2.add("a");
11         list2.add("c");
12         display(list2);
13     }
14  
15     private static void display(ArrayList<Object> items){
16         for(int i = 0; i < items.size(); i++)
17             System.out.print(items.get(i) + " ");
18         System.out.println();
19     }
20 }
```

我们的想法是通过定义display方法来打印各种元素类型的顺序表,感觉上这样定义应该可以，毕竟 Integer 和 String 都是 Object 的子类。可惜的是上述代码无法通过编译，list、list2 和 display 方法的参数类型不匹配。这跟前面介绍类型擦除时有点矛盾，因为类型擦除后，list、list2 及 items 的类型应该都是 ArrayList，就不应该出现不匹配的错误。要解释这种情况，可以再举一个例子来说明：假设有 Animal 类及其子类 Lion 和 Sheep，并在 Animal 父类中定义吃食物的方法 eat。然后我们也对其进行集合操作，提供 feed 方法，其代码如下：

【程序代码清单 7-37】

```
1   import java.util.ArrayList;
2
3   public class Test {
4       public static void main(String[] args){
5           ArrayList<Lion> list = new ArrayList<Lion>();
6           ...      //添加狮子对象
7           feed(list);
8
9           ArrayList<Sheep> list2 = new ArrayList<Sheep>();
10          ...      //添加绵羊对象
11          feed(list2);
12      }
13
14      private static void feed(ArrayList<Animal> items){
15          for(Animal m : items)
16              m.eat();
17      }
18  }
```

上述代码和前面的例子很相似，一样不能通过编译。现在我们来看 feed 方法的实现，其中用到了 Animal 的 eat 方法。如果类型擦除后，Animal 就会修改为 Object，当然 eat 方法调用就会出现错误。这就是这两个例子都无法通过编译的原因。如上情形我们的确经常碰到，也符合现实世界的需求，Java 通过提供类型通配符"?"的方式来解决上述问题，而且通配符还可以设置上、下限，其用法如下：

◆ <?>：表示任意类型，可以理解为 Object，但不能用 Object 代替；
◆ <? extends 父类或接口>：表示父类或接口及其子类，即设置上限；
◆ <? super 子类>：表示子类及其父类，即设置下限，这种情形很少用。

对上面两个例子，可以使用通配符进行修改：

```
display(ArrayList<Object> items)修改为 display(ArrayList<?> items)
feed(ArrayList<Animal> items)修改为 feed(ArrayList<? extends Animal> items)
```

修改后，上述两个例子都可以正确运行，达到我们的需求。前面介绍继承时，普通类之间的父子关系很容易理解，对于使用了通配符的泛型类之间的关系可以理解如下：①相同类型参数的泛型类的关系取决于泛型类自身的继承体系结构。如 Java 中 List<String>接口是 Collection<String>接口的子类型，ArrayList<String>是 List<String>接口的子类型，即"List<String> list = new ArrayList<String>();"的定义方式是正确的。②当泛型类的类型参数中使用了通配符时，其子类型可以在两个维度上分别展开。如对 Collection<? extends Number>来说，其子类型可以在 Collection 维度上展开，即 List<? extends Number>是其子类；也可以在 Number 层次上展开，即 Collection<Double>和 Collection<Integer>等。如上例中，将 feed 方法的参数声明为 ArrayList<? extends Animal>后，list 和 list2 就是其子类对象，因而编译正确。

7.5.4 泛型方法

Java 的泛型技术中，类型参数还可以用来修饰方法，要求出现在方法修饰符和返回值类型之间，这种方法就是泛型方法，其语法格式如下：

```
[访问权限]  [方法修饰]  [类型参数] 返回值类型 方法名（[参数列表]）  [异常列表]{
    方法体
}
```

前面我们自定义过 MyList 泛型顺序表，而集合性质的数据应该可以进行排序。在对其进行测试时，可以定义 sort 这个通用方法，但由于集合中的元素类型未知，我们无法通过比较来确定元素间的顺序。为了解决这个问题，可以将 sort 方法定义为泛型方法，并结合前面介绍的类型通配符来完成，其具体测试代码如下：

【程序代码清单 7-38】C7015_TestMyList.java

```
1   public class C7015_ TestMyList {
2       public static void main(String[] args){
3           C7014_MyList<Integer> list = new C7014_MyList<Integer>();
4           list.append(8);
5           list.append(3);
6           list.append(7);
7           list.append(2);
8           sort(list);
9           for(int i = 0; i < list.size(); i++)
10              System.out.printf("%d ", list.get(i));
11      }
12
13      //采用冒泡排序算法
14      private static <E extends Comparable<E>> void sort(
15  C7014_MyList<E> items){
16          for(int i = 0; i < items.size() - 1; i++){
17              for(int j = 0; j < items.size() - i - 1; j++){
18                  if (items.get(j).compareTo(items.get(j + 1)) > 0)
19                      swap(items, j);
20              }
21          }
22      }
23
24      //交换 j 和 j+1 位置上的元素
25      private static <E extends Comparable<E>> void swap(
26  C7014_MyList<E> items, int j) {
27          E tem = items.get(j);
28          items.set(j, items.get(j+1));
29          items.set(j+1, tem);
30      }
31  }
```

该例中 sort 和 swap 方法都应用了泛化参数，并使用了类型上限，即要求集合中的元素必须实现 Comparable 接口来确定如何比较大小。排序实现时采用了比较经典的入门排序算法：冒泡排序，如要进一步了解其排序思想可参阅网络相关资源。另外，需要说明的是：①前面提到类型参数不能作用于静态成员，但静态方法中可以使用类型参数来限定为泛型方法；②泛型方法达到的作用很多时候可以通过通配符的方式来解决，而通配符方式更简洁，因此建议尽量采用通配符的方式。

7.6 类的组织：包

7.6.1 包的概念与意义

与操作系统中文件夹的作用相似，Java 为了进行类的组织和管理提供了包这个语法概念，其关键字为 package。前面的示例程序中，由于比较简单，自定义的类的数量很少，因而没有使用包来进行组织。随着项目规模的增大，将逻辑相关的类组织成一个包就变得相当有意义，其好处如下：

- ◆ 按逻辑功能进行组织，便于查找。
- ◆ 引入包后，除全局作用域、类作用域、局部作用域外，增加了包作用域，让访问控制机制更加完善。Java 中的默认访问权限就是包作用域。
- ◆ 有了包作用域后，可以解决类名冲突的问题，不同包中的类名不会冲突。

Java 平台中的类和接口就是按功能进行包组织的，如前面示例中使用过的 java.util 等，以及默认导入的 java.lang。还有很多其他的包，简单列举如下：java.io，组织文件读/写相关功能的类；java.net，组织网络编程相关的类；java.math，组织 Java 中数学相关扩展的类，其中提供有 Java 中已经实现的大整数类 BigInteger。要使用这些包中提供的类或接口，只需像前面示例一样引入即可。下面以计算 1000 的阶乘为例，通过演示 BigInteger 的使用来加深对 import 语句的理解：

【程序代码清单 7-39】C7016_TestBigInteger.java

```
1   import java.math.BigInteger;
2
3   public class C7016_TestBigInteger {
4       public static void main(String[] args){
5           BigInteger product = new BigInteger("1");
6           for(int i = 2; i <= 1000; i++){
7               BigInteger factor = new BigInteger(String.valueOf(i));
8               product = product.multiply(factor);
9           }
10          System.out.println(product);
11      }
12  }
```

Java 包同样可以嵌套，通过"."分隔符进行区分。而 Java 包在存储时的确会转换为文件夹的方式进行组织，只是将"."分隔符替换为相应操作系统的路径分隔符而已。如 ArrayList 类，其在 Windows 操作系统下的路径为相对路径+"java\util\"，在 Linux 操作系统下为 "java/util/"。除了平台中定义的包外，我们也可以自定义包来管理自定义类。

7.6.2 包的定义与使用

Java 中的包定义语法格式如下：

```
package name[.name1[.name2…]];
```

Java 要求包定义语句必须出现在类定义文件的最前面（不包括注释语句），包名的命名习惯为全小写，为了避免包名冲突，Java 建议包名以公司域名反写作为其前缀。前面定义类时，没有定义包，则存储在默认位置，在 Eclipse 中默认存放于项目文件夹下的 src 文件夹中。如果定义了包名，则在 src 文件夹下根据包名层次建立相应的文件夹和子文件夹，如有"package ui;"定义，则在 src 下创建 ui 子文件夹。

包的成员指的是定义在包中的类、接口或枚举类型，只有 public 权限的成员可以被外界使用。从外界访问 public 成员的方式有以下两种：

◆ 引入包成员或整个包，然后用类型名称引用；
◆ 使用全限定名称引用，即包名+成员名称。

第 1 种方式就是前面示例中的 import 方式，引入一个类型则在包名后跟类型名称即可；如果引入一个包中的多个类型，则可以使用通配符"*"来表示，形式如下：

```
import java.util.ArrayList;    //引入一个类型
import java.util.*;            //引入多个类型
```

引入相应类型后，就可以直接用类型名称来引用，使用简便，减少键盘输入。当我们没有通过 import 方式引入时，可以使用第 2 种方式来访问相应的类型，即"包名.类名"这种全限定名称方式，当然这种方式比较烦琐，我们更应该使用第 1 种方式。只有出现如下情况时必须使用第 2 种方式：虽然通过包名可以避免类型命名冲突，但当含有同名类型的包都需要导入时，就只能使用全限定名称方式来区别同名类型。关于包的自定义和使用，将在单元项目实现时予以展示。

7.6.3 静态导入

Java 除了默认导入类型这种方式外，还提供了一种静态导入方式，可以通过它导入类型的静态成员，其作用仍然是方便使用，减少键盘输入。静态导入后，就可以直接使用静态成员名称来访问了。静态导入语法格式如下：

```
import static 包名.类型名.静态成员名;
import static 包名.类型名.*;;         //导入多个静态成员
```

例如，应用中如果要多次使用 java.lang.Math 类中提供的静态成员，可以使用"import static java.lang.Math.*;"的方式，然后就可以使用其中定义的静态常量 PI 或 cos、sin 等三角函数了，如"double r = cos（PI * angle）"。

静态导入如果使用得当，可以使程序变得简洁；但过多使用会适得其反，使程序变得难以理解和维护。因此，使用静态导入的原则是：静态成员的名称足以表达其所在包则可以使用，如上 Math 中的静态成员，否则最好不要使用。

7.7 单元项目

7.7.1 项目概述

前面介绍面向对象思想时，曾以简易计算器为例进行了一定程度的重构，体验了面向对象编程的好处。但还存在一些问题没有解决，现在学习了继承和多态、抽象类和接口、包的定义等高级概念后，我们来重新思考简易计算器的实现。对该项目的需求重新定义如下：通过面向对象方式,实现一个控制台版本的简易计算器,初始支持加、减、乘、除四种运算,考虑扩展幂运算;操作数可以支持多种类型,如整数、小数、有理数等。程序可以支持多次运算,当运算符输入"q"时退出。为了使程序方便扩展,我们将使用配置文件技术来实现程序的灵活性。

7.7.2 设计与实现

首先创建项目 UP02_OOCalculator,然后添加 Entry 这个包含 main 函数的入口类,接下来添加一个包:calc.business,用这个包来组织与计算功能相关的所有类型,如操作数、运算符等。

1. 配置功能设计与实现

配置文件技术的应用相当广泛,几乎所有的软件都会以配置文件的方式来达到动态调整软件的目的,如游戏中的快捷键设置等。这种方式最大的好处是不用修改源代码,也即不需要重新编译就能改变软件的表现或行为。Java 的 java.util 包中提供的 Properties 工具类就是专门用来支持配置文件技术的:它使用一种键值对的形式来保存属性集,可以从专门的".properties"扩展名的文件中加载或保存属性(该文件中每行保存一个属性的键名称和对应的值,中间以"="分隔),通过 getProperty 和 setProperty 方式来读/写属性值。本例中我们先在项目中添加一个"calc.properties"的文件,然后按如下内容进行编辑:

```
initOperand=calc.business.IntOperand
+=calc.business.AddOperator
-=calc.business.SubOperator
*=calc.business.MulOperator
/=calc.business.DivOperator
```

其中内容说明如下:①initOperand 属性表示程序启动时的操作数类型,目前设置的是后面会介绍的整数操作数。如果今后要修改为其他类型,只需要修改这里即可。②"+、-、*、/"四种运算属性表示运算符对应的项目中的运算类,如果扩展了其他运算,需要在这里增加相应条目。

有了配置文件后,在项目的 calc.business 包中添加一个类文件 Config,该类的作用是封装与配置相关的功能,其他需要的地方只需使用它提供的公开接口即可,其代码如下:

【程序代码清单 7-40】Config.java

```
1   package calc.business;
2
3   import java.io.FileInputStream;
4   import java.util.Properties;
5
6   public class Config {
7       private static Properties prop;
8
9       static{
10          try {
11              prop = new Properties();
12              prop.load(new FileInputStream("calc.properties"));
13          } catch (Exception e) {}
14      }
15
16      public static String getInitOperand(){
17          return prop.getProperty("initOperand");
18      }
19
20      public static String getOperatorClass(String op){
21          return prop.getProperty(op);
```

load 方法加载时使用了文件输入流，关于 Java 的文件处理将在后面章节介绍，这里只要会使用即可。

2. 操作数设计与实现

为了解决操作数扩展问题，我们抽象出 Operand 抽象父类，包含"值"成员及与其相关的 get/set 方法、构造方法，并将"+、-、*、/"四种运算设计成四个抽象方法，还包含将来准备扩展运算的示例方法。请在项目的 calc.business 包中添加一个类文件 Operand，其代码如下：

【程序代码清单 7-41】Operand.java

```
1  package calc.business;
2
3  public abstract class Operand {
4      private String value;
5
6      public abstract Operand add(Operand opr);
7      public abstract Operand sub(Operand opr);
8      public abstract Operand mul(Operand opr);
9      public abstract Operand div(Operand opr);
10
11     protected Operand(){}    //继承需要
12
13     protected Operand(String value){
14         this.value = value;
15     }
16
17     public Operand pow(Operand opr){
18         throw new UnsupportedOperationException("目前不支持该运算");
19     }
20
21     public String getValue() {
22         return value;
23     }
24
25     public void setValue(String value) {
26         this.value = value;
27     }
28 }
```

其中，为了通用性我们将 value 类型设置为 String，并提供了两个 protected 权限的构造方法，无参构造方法是为方便子类调用而增加的。关于抽象的运算方法，其接受同类对象作为参数，然后与自身执行运算后将运算结果返回调用者，运算实现时操作数只是参与运算，但保持其本身不变。另外，如果今后要扩展运算功能，则可以在 Operand 类中添加如 pow 的运算方法，其内部抛出 UnsupportedOperationException 异常。之所以如此设计，而没有像基本运算那样定义为抽象方法，目的是方便扩展并保持与原有代码的兼容性。

接下来在项目的 calc.business 包中添加一个类文件 IntOperand，表示具体的整数操作数类型，它将继承于 Operand 类，并完成四个抽象方法的实现，其代码如下：

【程序代码清单 7-42】IntOperand.java

```
1  package calc.business;
2
3  public class IntOperand extends Operand{
4      public IntOperand(String value){
```

```
5        super(value);
6    }
7
8    private IntOperand(int value){
9        setValue(String.valueOf(value));
10   }
11
12   @Override
13   public Operand add(Operand opr) {
14       int left = Integer.parseInt(this.getValue());
15       int right = Integer.parseInt(opr.getValue());
16       int result = left + right;
17       return new IntOperand(result);
18   }
19
20   @Override
21   public Operand sub(Operand opr) {
22       int left = Integer.parseInt(this.getValue());
23       int right = Integer.parseInt(opr.getValue());
24       int result = left - right;
25       return new IntOperand(result);
26   }
27
28   @Override
29   public Operand mul(Operand opr) {
30       int left = Integer.parseInt(this.getValue());
31       int right = Integer.parseInt(opr.getValue());
32       int result = left * right;
33       return new IntOperand(result);
34   }
35
36   @Override
37   public Operand div(Operand opr) {
38       int left = Integer.parseInt(this.getValue());
39       int right = Integer.parseInt(opr.getValue());
40       if (right == 0) return new IntOperand("除数不能为0！");
41
42       int result = left / right;
43       return new IntOperand(result);
44   }
45 }
```

IntOperand 类也提供了两个构造方法：一个权限为公开，通过调用父类同参构造方法实现；另一个为私有权限，内部通过整数来创建对象，默认会调用父类无参构造方法。四种运算的实现很简单，只是除法运算中对除数为 0 的情况做了特殊处理。

有了 IntOperand 类的实现后，应该可以很轻松地扩展出如 DoubleOperand 类、RationalOperand 类等操作数类型。为了集中管理操作数对象的创建，我们将使用简单工厂的设计模式，专门创建 OperandFactory 类来统一负责创建操作数。但在具体实现时，我们将遇到困难：到底有哪些操作数类型，今后还会出现什么未知的类型？如果使用 switch 分支结构来处理，今后有新增的类型时，就得通过添加 case 分支的方式修改。为了解决这个问题，可以使用 Java 中提供的类型反射技术，我们先来看代码。请在项目的 calc.business 包中添加一个类文件 OperandFactory，并添加如下代码：

【程序代码清单 7-43】OperandFactory.java

```
1  package calc.business;
2
3  import java.lang.reflect.Constructor;
4
5  public class OperandFactory {
6      public static Operand create(String value){
```

```
7            Operand opr = null;
8            String name = Config.getInitOperand();
9            try {
10               Class<?> cls = Class.forName(name);
11               Constructor<?> ctor = cls.getConstructor(String.class);
12               opr = (Operand)ctor.newInstance(value);
13           } catch (Exception e) {}
14           return opr;
15       }
16   }
```

Java 的反射机制原理是：运行时动态加载类，并可以获取该类的所有属性和方法信息，当然也可以执行这些方法。这里只简单介绍我们用到的功能，更多关于反射的技术请读者参阅网络资源。

上述 create 方法中，我们先通过配置文件获得操作数类型的类名，然后通过 forName 方法从字节码文件中加载该类型对象 cls（即使是未知的类型，只要增加相应的字节码文件就可以动态加载），接下来通过 cls 的 getConstructor 方法并指定构造方法的参数类型来获取该类对应的构造方法对象 ctor，最后通过 ctor 的 newInstance 方法创建操作数对象并返回。如果要使用类中提供的无参构造方法，则可以直接使用 cls 中的 newInstance 方法创建对象。

3. 运算符设计与实现

第 5 章的 OOP 引例中，我们已经定义过 Operator 运算符类，并分析过其存在的问题。现在仍然通过继承和多态来设计运算族类，方便今后动态扩展。将运算符 Operator 设计为抽象类，包含两个操作数及对应的 get/set 方法，含两个参数的构造方法，并提供 exec 计算的抽象方法。请在项目的 calc.business 包中添加一个类文件 Operator，并添加如下代码：

【程序代码清单 7-44】Operator.java

```
1    package calc.business;
2    
3    public abstract class Operator {
4        private Operand left;
5        private Operand right;
6    
7        public abstract String exec();
8    
9        protected Operator(String x, String y){
10           left = OperandFactory.create(x);
11           right = OperandFactory.create(y);
12       }
13   
14       public Operand getLeft() {
15           return left;
16       }
17   
18       public void setLeft(Operand left) {
19           this.left = left;
20       }
21   
22       public Operand getRight() {
23           return right;
24       }
25   
26       public void setRight(Operand right) {
27           this.right = right;
28       }
29   }
```

从 Operator 类的定义中，可以看到其操作数类型被设计为 Operand，并在构造方法中通过 OperandFactory 来创建，从而达到操作数动态扩展的目的。接下来在该类文件中，在

Operator 类定义之后继续添加四个子类来支持加、减、乘、除四种运算，其代码如下：

【程序代码清单 7-45】Operator.java

```
1   class AddOperator extends Operator{
2       public AddOperator(String x, String y) {
3           super(x, y);
4       }
5   
6       @Override
7       public String exec() {
8           Operand result = getLeft().add(getRight());
9           return result.getValue();
10      }
11  }
12  
13  class SubOperator extends Operator{
14      public SubOperator(String x, String y) {
15          super(x, y);
16      }
17  
18      @Override
19      public String exec() {
20          Operand result = getLeft().sub(getRight());
21          return result.getValue();
22      }
23  }
24  
25  class MulOperator extends Operator{
26      public MulOperator(String x, String y) {
27          super(x, y);
28      }
29  
30      @Override
31      public String exec() {
32          Operand result = getLeft().mul(getRight());
33          return result.getValue();
34      }
35  }
36  
37  class DivOperator extends Operator{
38      public DivOperator(String x, String y) {
39          super(x, y);
40      }
41  
42      @Override
43      public String exec() {
44          Operand result = getLeft().div(getRight());
45          return result.getValue();
46      }
47  }
```

从代码中可以看到，四个子类权限为默认，即包权限，这样设计的原因有二：一是因为 Java 源文件只能定义一个公开权限的类（其类名必须与文件名相同），其他的类只能使用默认权限；二是对外只公开 Operator 类及其公用接口，可以减少外界需要的信息，方便使用。

运算符对象的创建，我们采用和操作数对象创建一样的技术：通过配置文件中的对应条目反射创建对象，请在项目的 calc.business 包中添加一个类文件 OperatorFactory，并添加如下代码：

【程序代码清单 7-46】OperatorFactory.java

```
1   package calc.business;
2   
```

```
3      import java.lang.reflect.Constructor;
4
5      public class OperatorFactory {
6          public static Operator create(String op, String x, String y){
7              Operator oper = null;
8              String name = Config.getOperatorClass(op);
9              try {
10                 Class<?> cls = Class.forName(name);
11                 Constructor<?> ctor = cls.getConstructor(String.class, String.class);
12                 oper = (Operator)ctor.newInstance(x, y);
13             } catch (Exception e) { }
14             return oper;
15         }
16     }
17
```

该类的实现和前面操作数工厂类似，这里不再赘述。目前为止，运算器的业务逻辑已经设计和实现，下面在 Entry 类的 main 方法中添加测试代码，具体如下：

【程序代码清单 7-47】Entry.java

```
1      import java.util.Scanner;
2
3      import calc.business.Operator;
4      import calc.business.OperatorFactory;
5
6      public class Entry {
7          public static void main(String[] args) {
8              Scanner sc = new Scanner(System.in);
9              while(true){
10                 System.out.print("请输入运算符: ");
11                 String op = sc.nextLine();
12                 if (op.equals("q")){
13                     System.out.println("Program is over.");
14                     break;
15                 }
16
17                 System.out.print("请输入左操作数: ");
18                 String x = sc.nextLine();
19                 System.out.print("请输入右操作数: ");
20                 String y = sc.nextLine();
21                 Operator opr = OperatorFactory.create(op, x, y);
22                 String result = opr.exec();
23                 System.out.printf("%s %s %s = %s\n", x, op, y, result);
24             }
25             sc.close();
26         }
27     }
```

其运行效果如下：

```
请输入运算符: *
请输入左操作数: 9
请输入右操作数: 8
9 * 8 = 72
请输入运算符: /
请输入左操作数: 3
请输入右操作数: 0
3 / 0 = 除数不能为0！
请输入运算符: q
Program is over.
```

从测试结果来看，我们已经完成了计算器的功能；从测试代码来看，外部调用只使用了 Operator 和 OperatorFactory 两个类，极大减轻了客户端的负担，今后扩展和维护而改动代码的范围也大大缩小。下面以给计算器增加幂运算功能为例,来体验面向对象编程的好处。

(1) 在 Operand 抽象类中添加 pow 运算方法(前面已经预先写好了),设置为非抽象方法。如果设置为抽象方法,就会导致 IntOperand 类的修改。这也是我们没有将 Operand 类设计为接口的原因:接口中方法的改动将会导致原有代码的修改。为了解决这个问题,一是像本例一样使用抽象类;二是 JDK 1.8 及以后版本提供了 default 关键字,可以在接口中添加默认实现的方法,以保持与原有代码的兼容性,其语法格式如下:

```
default 返回值类型 方法名(参数列表){
    默认实现;
}
```

(2) 在项目的 calc.business 包中添加一个类文件 ExpandIntOperand,该类将扩展整数操作数的功能,添加 pow 运算的实现,其代码如下:

【程序代码清单 7-48】ExpandIntOperand.java

```java
package calc.business;

public class ExpandIntOperand extends IntOperand{
    public ExpandIntOperand(String value) {
        super(value);
    }

    @Override
    public Operand pow(Operand opr){
        int x = Integer.parseInt(this.getValue());
        int y = Integer.parseInt(opr.getValue());
        int result = (int)Math.pow(x, y);
        return new ExpandIntOperand(String.valueOf(result));
    }
}
```

(3) 在 Operator 类文件的尾部添加 PowOperator 类,其代码如下:

【程序代码清单 7-49】Operator.java

```java
class PowOperator extends Operator{
    public PowOperator(String x, String y) {
        super(x, y);
    }

    @Override
    public String exec() {
        Operand result = getLeft().pow(getRight());
        return result.getValue();
    }
}
```

(4) 修改配置文件如下:

```
initOperand=calc.business.ExpandIntOperand
+=calc.business.AddOperator
-=calc.business.SubOperator
*=calc.business.MulOperator
/=calc.business.DivOperator
^=calc.business.PowOperator
```

(5) 新增功能已经实现,读者可重新运行测试代码进行验证。从功能扩展来看,我们基本没有修改代码，而是通过增加代码的方式进行，满足了之前介绍的面向对象的开关原则：对修改关闭，对扩展开放。如果今后要扩展支持小数操作数，我们只需增加 DoubleOperand 类，然后修改配置文件的 initOperand 的值为 calc.business.DoubleOperand 即可，相当简便。

本章小结

在介绍了面向对象基础后，本章着重介绍了面向对象中的高级概念及其在 Java 中的实现语法，包括继承和多态、Object 类、抽象类和接口、内部类、枚举类型、泛型编程技术、类的组织 package 包等。这些概念都比较抽象，需要读者反复加以练习，通过面向对象编程实践，逐步去理解。

至此，面向对象涉及的语法知识已经基本介绍完了，我们也通过单元项目的设计和实现，综合了前面介绍的类定义语法、方法定义、类和对象、静态成员等知识。该单元项目包含了面向对象的很多知识和技术，请读者多加练习和揣摩，真正理解该项目的实现。

后面的单元和章节，我们将全部以面向对象的方式进行案例设计和实现，逐步强化读者的面向对象思想。

习 题

1. Java 中所有类的父类为（　　）。
   A. father   B. Father   C. Object   D. object
2. Java 语言类间的继承关系是（　　）。
   A. 多重的   B. 单重的   C. 线程的   D. 不能继承
3. super 是指（　　）。
   A. 代表当前对象的一个引用   B. 指当前对象的直接父类对象的引用
   C. 是指当前对象的祖先类对象的引用   D. 代表当前类的子类对象的一个引用
4. 下列描述错误的是（　　）。
   A. abstract 可以与 final 并列并修饰同一个类   B. abstract 类中可以有 private 的成员
   C. abstract 方法必须在 abstract 类中   D. static 方法中只能处理 static 的属性
5. 下面关于接口的说法不正确的是（　　）。
   A. 接口的所有方法都是抽象的   B. 接口所有的方法一定都是 public 的
   C. 用于定义接口的关键字是 implements   D. 接口是一组行为的集合
6. 简述抽象类和接口的异同。
7. 简述内部类的实现方式。
8. 简述枚举类型的含义及使用方式。
9. 简述多态的实现原理。
10. 定义一个形状接口 Shape，包括求面积 getArea()和求周长 getPerimeter()的方法，然后设计一个 Rectangle 类、Circle 类，实现 Shape 接口中的方法。

11. 完成课程项目中的节点类型枚举，包括蛇节点、食物、障碍物三种。
12. 完成课程项目中的节点类定义。
13. 完成课程项目中蛇移动方向枚举，包括上、下、左、右四个方向。
14. 完成课程项目中游戏结束监听接口、游戏得分监听接口。
15. 上网收集资料，详细了解 Java 反射技术。

第 3 单元　GUI 编程

及至其致好之也，目好之五色，耳好之五声，口好之五味，心利之有天下。

——荀子·《劝学篇》

 单元知识要点

GUI 程序的组成
容器与布局
事件监听和处理
自动化任务
绘图机制
Graphics 类的使用

 单元综合案例

非规则窗口制作
图片查看器
托盘程序制作
自动化输入
屏幕监控
屏幕保护程序
字符串旋转
时钟制作
血槽效果

 单元项目

GUI 计算器
简易绘图软件

第 8 章 Java Swing 技术

图形用户界面 GUI（Graphics User Interface）技术是目前最为常见的应用程序模型，如桌面程序、手机 APP、Web 网站等都属于这个范畴。本章将介绍利用 Java Swing 技术构建桌面应用程序的方法、GUI 事件机制和事件处理步骤、容器与布局及常用组件。

学习本章不仅可以让我们开发桌面应用程序，还为今后学习 Java 生态体系下的 Android 手机应用开发打下基础，其实现原理和运行机制是相似的。

学习目标

- ★ 桌面应用程序的组成
- ★ 容器与布局
- ★ 常用组件的使用
- ★ 事件机制及处理
- ★ 自动化任务

8.1 Swing 技术简介

8.1.1 Swing 概述

Java GUI 编程最早使用的工具包是 AWT（Abstract Window Toolkit，抽象窗口工具包），这个工具包提供了一套与本地图形界面交互的接口。AWT 中的图形函数与操作系统所提供的图形函数之间有着一一对应的关系（peers）。也就是说，当我们利用 AWT 来构建图形用户界面时，实际上是在利用操作系统所提供的图形库。不过由于不同操作系统的图形库所提供的功能不完全一样，所以在一个平台上存在的功能在另外一个平台上可能不存在。这就导致一些应用程序在测试时界面非常美观，而一旦移植到其他的操作系统平台上就可能变得"惨不忍睹"。为了实现 Java 语言"一次编译，到处运行"的目标，AWT 不得不通过牺牲功能来实现其平台无关性，其所提供的图形功能被定格为各种通用型操作系统所提供的图形功能的交集。由于 AWT 是依靠本地方法来实现其功能的，耗系统资源又不易跨平台，所以通常把 AWT 组件称为重量级组件。

由于 AWT 提供的是通用可视组件的子集，因而诸如表格和树形这些 GUI 程序中相当普遍的组件缺失，并且对组件的特性支持很小，如按钮不支持显示图片等，而且 AWT 组件无法扩展。上述原因导致 AWT 技术在 Java GUI 程序开发中被弃用，替代它的就是 Java Swing 技术。

　　Swing 是在 AWT 技术的基础上构建的一套新的图形界面系统，是 JFC（Java Foundation Class）的一部分，是试图解决 AWT 缺点的一种解决方案。它提供了 AWT 所能提供的所有功能，并且用纯粹的 Java 代码对 AWT 的功能进行了大幅度的扩充，由于纯 Java 编写且跨平台，因而 Java Swing 组件被称为轻量级组件。所有的 Swing 组件实际上也是 AWT 的一部分，其部分类的关系如图 8-1 所示。

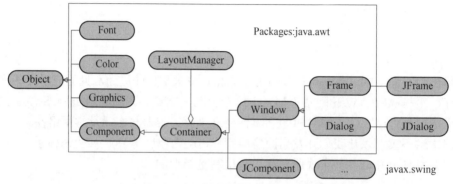

图 8-1　Swing 和 AWT 的关系图

　　由图 8-1 可以看出，AWT 组件位于 java.awt 包中，而 Java Swing 组件位于 javax.swing 包中，从命名习惯上可以看到加前缀 "J" 的就是 Java Swing 组件。其中 JFrame 和 JDialog 由于继承于 AWT 的 Window 类，因而也属于重量级组件，而其他的 Java Swing 可视组件均继承于 JComponent 类，因而属于轻量级组件。另外，应该可以看到 JComponent 是继承于 Container 容器类的，因而 Java Swing 的组件都是容器，像按钮要处理文字和图片就很容易。最后，还看到 AWT 中其他的辅助类如 Font 字体类、Color 颜色类、LayoutManager 布局管理器类，这些在 Java Swing 中仍然沿用。而 Graphics 类是 GUI 程序中用于可视化绘制的，这将在下一章介绍。

8.1.2　GUI 程序的创建

　　在 GUI 程序中，我们建议仍然提供专门包含 main 方法的入口类 Entry，并将可视化窗口设计为单独的类。下面将以 JFrame 作为父类扩展一个简单的空窗口 EmptyFrame，然后对 JFrame 中的常用属性进行设置，其代码如下：

【程序代码清单 8-1】C8001_EmptyFrame.java

```
1   import javax.swing.JFrame;
2   import java.awt.Color;
3   @SuppressWarnings("serial")
4   class C8001_EmptyFrame extends JFrame{
5       public C8001_EmptyFrame(){
6           initializeComponents();
7       }
8   
9       private void initializeComponents() {
10          this.setTitle("基本窗口");
11          this.setSize(400, 300);
12          this.setBackground(Color.RED);
```

```
13          this.setLocationRelativeTo(null);
14          this.setDefaultCloseOperation(EXIT_ON_CLOSE);
15      }
16  }
```

代码说明：①JFrame 类是 Java Swing 的窗口基类，是常用的顶层容器之一，下一节会具体讲解。②第 3 行代码的作用是取消序列化的警告，读者了解即可。③由于窗口初始化组件的代码经常会很多，因而我们建议采用如上代码结构，在构造方法中调用 initializeComponents 方法，该方法将专门用于组件初始化操作，一般置于该窗口类的底部。④初始化操作中，setTitle 方法用于设置窗口标题，setSize 方法用于设置窗口大小（宽、高），setLocationRelativeTo 方法用于设置在父容器中居中显示，参数为 null 时表示窗口在屏幕居中。需要注意的是，第 11 行和第 13 行代码存在顺序关系，如果交换二者的顺序将无法达到屏幕居中的效果。第 14 行的方法用于设置窗口关闭时的默认行为，在下面的程序测试中我们再予以解释。请读者在 Entry 类中添加如下测试代码：

【程序代码清单 8-2】C8002_Entry.java

```
1   import javax.swing.SwingUtilities;
2   import javax.swing.JFrame;
3   public class C8002_Entry {
4       public static void main(String[] args) {
5           SwingUtilities.invokeLater(new Runnable() {
6               @Override
7               public void run() {
8                   JFrame frame = new C8001_EmptyFrame();
9                   frame.setVisible(true);
10              }
11          });
12      }
13  }
```

代码说明：①Java Swing 程序的 UI 是单线程的，程序启动会开启一个名为 EventDispatch Thread 的 EDT 线程，用于管理事件队列，负责处理 UI 事件，Java 要求只能在该线程中处理 UI 组件的更新操作。SwingUtilities 类的 invokeLater 方法用于将事件对象加入 EDT 的事件队列中等待执行，而方法本身并不阻塞线程立即返回。关于 invokeLater 和 EDT 线程，我们在后面的应用中还会举例说明，此处读者只要了解上述方式是 Java 建议方式即可，目的是将界面显示交给 EDT 来处理。②Runnable 接口是 Java 中实现线程待执行任务的一种方式，此处用到了前面介绍的匿名内部类。③JFrame 对象的 setVisible 方法的作用是显示窗口。运行上例，将得到如图 8-2 所示窗口。

图 8-2 简单示例窗口

运行结果是一个 400*300（像素）大小的窗口在计算机屏幕居中显示，窗口标题栏也显示了我们指定的标题。该窗口已经具备了标准窗口的大部分功能，如拖曳窗口、调整窗口大小、最小化、最大化、关闭等，而这些通用功能都被封装到了 JFrame 类中，我们只需继承即可复用这些功能（体会面向对象的好处）。细心的读者应该注意到"this.setBackground（Color.RED）;"这行代码似乎没有效果，窗口背景并没有变成红色，关于这个问题我们将在顶层容器一节中进行解释。

setDefaultCloseOperation 是用于设置窗口关闭的默认行为的，请读者先注释掉这一行代码再运行测试，然后将窗口关闭，观察控制台可以发现程序并没有结束，如图 8-3 所示，终止按钮并没有变灰。

图 8-3 窗口关闭程序未终止示意图

究其原因是 JFrame 类提供的窗口关闭行为有四种：

- DO_NOTHING_ON_CLOSE，常量值为 0：单击关闭按钮时不执行任何操作，要关闭窗口做处理时需要使用，如弹出"是否保存"对话框。
- HIDE_ON_CLOSE，常量值为 1：单击关闭按钮时只是隐藏窗体（可以重新显示），程序并未关闭，是 JFrame 的默认行为。这也是上述测试出现问题的原因。
- DISPOSE_ON_CLOSE，常量值为 2：单击关闭按钮时窗口消失并释放窗体占用的系统资源，不能再重新显示，程序也不关闭。
- EXIT_ON_CLOSE，常量值为 3：单击关闭按钮时执行 System.exit 方法退出程序。这就是 EmptyFrame 中使用 setDefaultCloseOperation 方法修改后的值，一般程序中的主界面会进行这种设置。

8.1.3 窗口坐标体系

如无特殊说明，Java 中使用像素为单位来表示可视化元素的大小和位置。如之前的例子，我们设置窗口大小为 400*300，用的就是像素单位。像素可理解为屏幕上的方形点，如屏幕分辨率为 800*600，表示的是横向上有 800 个像素点，纵向上有 600 个像素点。像素是相对单位，在分辨率一定的情况下随屏幕大小变化而变化；在屏幕大小一定的情况下，则分辨率越高像素点越小，反之越大。

Java 中的坐标体系是以左上角点为原点，横向向右为正，纵向向下为正，与数学中的笛卡儿坐标体系不同，尤其是纵向，向下移为加，读者对此要习惯。另外，Java 也提供了 Z 轴的概念，垂直于屏幕面向人的方向为正。可视化元素可在 Z 轴上进行叠放，Z 轴数值越大越靠近人，居于上层的不透明可见元素会遮挡下层的元素。

8.1.4 界面风格

Java Swing 支持可插拔的界面外观，我们可以通过 javax.swing.UIManager 类的 setLook AndFeel（"外观风格名称"）方法来修改界面外观，Java 默认的界面外观被称为 Metal 风格。需要说明的是，界面外观主要影响界面容器中的组件外观，对窗口的标题栏和边框不影响（由运行程序的操作系统窗口风格决定）。将风格设置代码放在 main 函数开始处，我们就可以将风格应用于整个 GUI 程序。目前举例的窗口是个空窗口，因而无法看到效果。下面先介绍几种外观风格及设置方式，后面的例子中读者可参考这里的设置进行测试。

1. Metal 风格（默认风格，跨平台）

```
String plaf ="javax.swing.plaf.metal.MetalLookAndFeel";
或 String plaf = UIManager.getCrossPlatformLookAndFeelClassName();
UIManager.setLookAndFeel(plaf);
```

2. Nimbus 风格（水晶风格，JDK 1.6 提供）

```
String plaf =" com.sun.java.swing.plaf.nimbus.NimbusLookAndFeel";
UIManager.setLookAndFeel(plaf);
```

3. Windows 风格

```
String plaf =" com.sun.java.swing.plaf.windows.WindowsLookAndFeel";
UIManager.setLookAndFeel(plaf);
```

4. 系统风格

```
String plaf = UIManager.getSystemLookAndFeelClassName();
UIManager.setLookAndFeel(plaf);
```

使用上述几种风格设置时有可能出现异常，因此必须将其放入"try-catch"语句块中。第 4 种系统风格中支持常见的操作系统如 Windows、Mac、Linux 等，UIManage 会根据程序运行的操作系统获取相应的外观风格来进行设置。如当前操作系统是 Windows 系统，则上述 3、4 两种方式效果一样。建议读者采用第 1 种方式来达到跨平台的界面一致，或采用第 4 种方式来设置与操作系统一致的风格。

8.1.5 模式窗口与非模式窗口

常见的 GUI 窗口分为两种：模式窗口和非模式窗口。模式窗口打开时成为当前活动焦点，截获用户输入。用户只能在和该窗口交互后将其关闭才能回到父窗口，否则无法切换回父窗口。这种窗口一般应用于强制用户操作后才能进行下一步操作，如 Word 中的打开文件对话框、系统的登录界面等。非模式窗口打开时也会成为当前活动焦点，但输入焦点允许在父窗口和其之间进行切换，比较常见的是各种文字编辑器中的查找窗口。

从程序角度来看，模式窗口打开会阻塞程序执行，直到该窗口关闭后程序才能继续执行其后的代码；而非模式窗口不会阻塞程序执行，窗口打开后，将继续运行后面的代码。读者需要了解这两种窗口的区别，在不同的场景下选择合适的模式，并选择正确的方式进行功能实现。

对于上述测试代码，通过在 setVisible（true）代码后添加一行输出语句"System.out.println（"OK"）;"来进行测试。可以看到 JFrame 窗口显示后，并不会阻塞程序，在控制台可以看到"OK"的输出，因此 Java 中的 JFrame 属于非模式窗口，而且该类也并没有提供模式窗口的设置方式。Java 中模式窗口只能通过继承 JDialog 类来实现，更多相关信息请读者参阅网络资源。

8.2 常用容器

8.2.1 顶层容器

顶层容器是图形化界面显示的基础,其他所有的组件都是直接或间接显示在顶层容器中的。在 Java 中顶层容器有四种,分别是 JFrame(窗口基类,即通常的窗口)、JWindow(无标题栏和边框的窗口)、JDialog(对话框)、JApplet(用于设计嵌入在网页中的 Java 小程序)。

前面介绍模式和非模式窗口时,已经提到 JDialog 支持模式窗口的设置,而其他三种都不支持。我们可以在创建 JDialog 对象时通过指定 true 参数来表示该对话框是模式的,也可以通过 setModal(true)的方法进行设置。

接下来,将对顶层容器的面板框架进行介绍。Java Swing 中的顶层容器是按如图 8-4 所示的结构进行组织的。

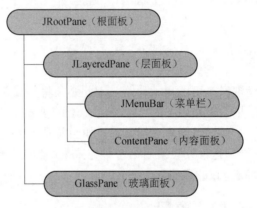

图 8-4 面板框架组成

如图 8-4 所示,在顶层容器中持有一个 JRootPane 对象的引用,而 JRootPane 对象由 JLayeredPane 对象和一个类型为 Component 的玻璃面板对象组成。其中层面板对象又由 JMenuBar 菜单栏和类型为 Container 的内容面板对象组成。请读者注意,图中名称以 J 开头的对象是 Swing 中提供的组件类型,而没有以 J 开头的则只是相应对象的命名(其类型如前所述),Swing 中并没有相应的类型。这些面板是按分层组织的,其在垂直于屏幕方向(Z 轴方向,朝向人眼方向为正)的顺序如图 8-5 所示。

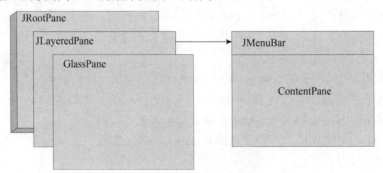

图 8-5 面板框架 Z 轴分布图

上述面板是层叠在一起的，占据窗口除标题栏和边框外的区域（一般称为客户区）。其中如果没有 JMenuBar 菜单栏，则内容面板占满该区域。由于各面板重叠，因而涉及是否可见的问题，其中涉及透明性和可见性两个概念：可见性，AWT 中就已支持的属性，通过 setVisible 方法设置容器及其中组件的整体可见性；透明性，Java Swing 组件支持的属性，通过 setOpaque 方法来设置容器背景的透明性。二者的区别是：当面板不可见时，则该面板中包含的组件也会不可见。若该面板是透明但可见的，则只是面板会透明（比如面板的背景色无法看到），但面板上的组件仍会显示。

顶层容器中各个面板的作用、默认透明性及可见性如下所述。

JRootPane 根面板：该面板是在顶层容器创建时就默认添加进来的，是所有其他面板的载体，它覆盖窗体的除标题栏和边框之外的整个表面。根面板默认是可见的、不透明的，但由于其居于最下层，因此是否可见还取决于上面各层的透明性、可见性。

JLayeredPane 层面板：该面板是菜单栏和内容面板的容器，它覆盖在根面板 JRootPane 的上面，内容面板和 JMenuBar 菜单栏被添加到层面板上。当添加了菜单栏时，菜单栏被添加到 JLayeredPane 面板的顶部，剩下的部分被内容面板填充，否则整个区域被内容面板填充。层面板是分很多层的，每一层使用一个相应的数字来表示（数字越大，越靠近人眼），而内容面板就位于层面板中的某一层（默认设置为–30000）。层面板将负责管理各种内部窗体的叠放问题，层面板的每一层都相当于一个容器，因此可以直接向层面板中添加组件。需要注意的是，层面板没有布局管理器，因而组件必须设置大小后才能加入显示。层面板默认是透明可见的，而且各层之间互相透明，除内容面板外，其他各层的透明性只能跟层面板的透明性一致，即不能独立设置。

ContentPane 内容面板：由层面板的介绍可知，内容面板是层面板中的某一层。默认的内容面板是可见、不透明的，其声明类型是 Container，而内部实现为一个 JPanel 对象（最常用的中间容器，下节介绍），因而要使用 Swing 的特有属性和方法则必须强制转型。该面板在窗体中起着工作区的作用，当我们向窗体添加组件时就应该添加到这一层上，而不能像 AWT 那样直接添加到窗体上，若你那样做了，实际上该组件也是被添加到内容面板上的。原因是 Swing 的顶层容器重写了添加组件的方法，其内部通过调用内容面板的添加组件方法来实现。

GlassPane 玻璃面板：该面板总是存在的，而且位于最上面，默认情况下玻璃面板是透明、不可见的，其声明类型是 Component，而内部实现为一个 JPanel 对象，因而要使用 Swing 的特有属性和方法则必须强制转型。可以通过将其设置为可见并截获鼠标消息的方式来使整个客户区不可使用鼠标。

前面介绍的 EmptyFrame 窗口中，我们观察到通过 setBackground 方法设置窗口背景无效，现在介绍了顶层容器中的面板框架后，就可以解释了：当通过 JFrame 对象设置背景色时，默认设置的是 JRootPane 根面板对象的背景色。由于根面板位于最下层，而其上的内容面板可见且不透明，自然就会覆盖根面板，因而无法显示根面板的红色背景。了解原因后，如果需要设置背景色则应该为内容面板设置，即代码修改为：this.getContentPane().setBackground（Color.RED）;，请读者自行测试观察效果。

下面通过几组背景色设置来测试顶层容器的面板层次，并演示各级面板如何调用，其测试代码如下：

【程序代码清单 8-3】C8003_Entry.java

```java
1   import java.awt.Color;
2   import javax.swing.JFrame;
3   import javax.swing.SwingUtilities;
4
5   public class C8003_Entry {
6       public static void main(String[] args) {
7           SwingUtilities.invokeLater(new Runnable() {
8               @Override
9               public void run() {
10                  JFrame frame = new JFrame();
11                  frame.setSize(400, 300);
12                  //------------测试一：根面板的背景色-------------
13                  //内容面板修改为不可见
14                  frame.getContentPane().setVisible(false);
15                  frame.getRootPane().setBackground(Color.RED);
16                  //------------测试一代码结束-----------------
17
18                  //------------测试二：层次面板的背景色-----------
19  //              frame.getContentPane().setVisible(false);
20                  //层次面板修改为不透明
21  //              frame.getLayeredPane().setOpaque(true);
22  //              frame.getLayeredPane().setBackground(Color.YELLOW);
23                  //被黄色覆盖
24  //              frame.getRootPane().setBackground(Color.RED);
25                  //------------测试二代码结束-----------------
26
27                  //------------测试三：设置玻璃面板背景色-----------
28                  //玻璃面板修改为可见
29  //              frame.getGlassPane().setVisible(true);
30                  //玻璃面板修改为不透明
31  //              ((JPanel)frame.getGlassPane()).setOpaque(true);
32  //              frame.getGlassPane().setBackground(Color.BLUE);
33                  //下面的黄色被覆盖
34  //              frame.getContentPane().setBackground(Color.YELLOW);
35                  //下面的红色被覆盖
36  //              frame.getRootPane().setBackground(Color.RED);
37                  //------------测试三代码结束-----------------
38                  frame.setVisible(true);
39              }
40          });
41      }
42  }
```

请读者通过注释/取消注释的方式依次测试上述三段代码，其运行效果如图 8-6 所示。

图 8-6　依次测试效果图

读者可通过上述测试掌握各级面板的访问方式，并熟悉各层面板的透明性和可见性的默认设置，最后根据需要进行修改。第 31 行代码中，由于 setOpaque 方法是 Swing 组件的方法，因此必须通过强制转型后才能使用。

8.2.2 中间容器

中间容器用于管理多个组件，不能独立存在，必须附加到顶层容器才能显示。严格地说，除顶层容器外，Java Swing 的其他组件都是中间容器，原因是其他组件都继承于 JComponent 类，而 JComponent 继承于 AWT 库的 Container 容器类。本节要介绍的就是用于组织多个组件的中间容器，如 JPanel 等。我们可以通过容器嵌套来设计各种复杂的用户界面。下面介绍一些常用的中间容器。

（1）JPanel 面板：Swing 中最常用的中间容器，主要作用就是按界面区域分组管理多个界面元素，方便对其中的元素进行统一操作，如整体禁用、整体不可见等。

（2）JScrollPane 面板：带滚动功能的面板，其中的垂直和水平滚动条可设置为按需出现和始终出现，经常应用于需要显示的内容太多的时候，如多行文本、图片显示等。下面以为多行文本组件添加滚动支持为例，了解其使用方法，具体代码如下：

【程序代码清单 8-4】C8004_ScrollDemo.java

```
1   import javax.swing.JFrame;
2   import javax.swing.JScrollPane;
3   import javax.swing.JTextArea;
4   import javax.swing.SwingUtilities;
5
6   @SuppressWarnings("serial")
7   public class C8004_ScrollDemo extends JFrame{
8       public static void main(String[] args) {
9           SwingUtilities.invokeLater(new Runnable() {
10              @Override
11              public void run() {
12                  JFrame frame = new C8004_ScrollDemo();
13                  frame.setVisible(true);
14              }
15          });
16      }
17
18      public C8004_ScrollDemo(){
19          initializeComponents();
20      }
21
22      private void initializeComponents() {
23          JScrollPane spane = new JScrollPane();
24          spane.setVerticalScrollBarPolicy(
25  JScrollPane.VERTICAL_SCROLLBAR_ALWAYS);
26          spane.setHorizontalScrollBarPolicy(
27  JScrollPane.HORIZONTAL_SCROLLBAR_AS_NEEDED);
28
29          JTextArea txt = new JTextArea(); //多行文本组件
30          spane.setViewportView(txt);    //为多行文本组件添加滚动支持
31
32          this.add(spane);
33          this.setTitle("滚动面板演示");
34          this.setSize(300, 300);
35          this.setLocationRelativeTo(null);
36          this.setDefaultCloseOperation(EXIT_ON_CLOSE);
37      }
38  }
```

多行文本滚动效果如图 8-7 所示。

图 8-7　多行文本滚动效果

代码说明：①第 24~27 行代码设置滚动条出现策略，VERTICAL_SCROLLBAR_ALWAYS 常量表示垂直滚动条总是出现，HORIZONTAL_SCROLLBAR_AS_NEEDED 常量表示水平滚动条按需出现；②第 30 行代码必须设置，将多行文本组件与滚动面板关联。

（3）JSplitPane 面板：可拆分功能面板，支持水平拆分和垂直拆分，并支持可折叠功能，可动态调整分割条的位置，其具体用法如下：

【程序代码清单 8-5】C8005_SplitDemo.java

```java
import javax.swing.JFrame;
import javax.swing.JScrollPane;
import javax.swing.JSplitPane;
import javax.swing.JTextArea;
import javax.swing.SwingUtilities;

@SuppressWarnings("serial")
public class C8005_SplitDemo extends JFrame{
    public static void main(String[] args) {
        SwingUtilities.invokeLater(new Runnable() {
            @Override
            public void run() {
                JFrame frame = new C8005_SplitDemo();
                frame.setVisible(true);
            }
        });
    }

    public C8005_SplitDemo(){
        initializeComponents();
    }

    private void initializeComponents() {
        JScrollPane pane = new JScrollPane();
        JTextArea txtLeft = new JTextArea();
        JTextArea txtRight = new JTextArea();
        pane.setViewportView(txtLeft);
        JSplitPane sPane = new JSplitPane(JSplitPane.HORIZONTAL_SPLIT,
            pane, txtRight);    //滚动面板嵌套在左边窗口
        sPane.setDividerLocation(100);  //设置分割条位置
        sPane.setOneTouchExpandable(true);  //设置可折叠箭头
        this.add(sPane);
        this.setTitle("拆分面板演示");
        this.setSize(400, 300);
        this.setLocationRelativeTo(null);
        this.setDefaultCloseOperation(EXIT_ON_CLOSE);
    }
}
```

拆分面板演示效果如图 8-8 所示。

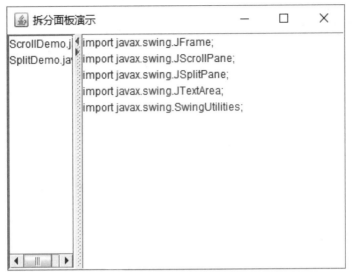

图 8-8　拆分面板演示效果

代码说明：①第 28~30 行代码创建了拆分面板对象，HORIZONTAL_SPLIT 常量表示水平拆分，左边窗口嵌套了默认功能的滚动面板（垂直和水平滚动条默认按需出现），右边窗口添加了一个多行文本组件；②第 30、31 行代码分别设置了分割条的位置和可折叠箭头。读者运行该程序时，可以尝试调整分割条位置来观察效果，如左边窗口的水平滚动条，也可以单击分割条上的两个箭头来折叠或恢复拆分窗口。

常用中间容器还有一个特殊的 JInternalFrame 内部窗口，主要用于完成 MDI（Multiple Document Interface）多文档程序，与另一个中间容器 JDesktopPane 搭配使用；另外一个比较常用的中间容器是 JTabbedPane 面板，其主要好处是充分利用界面空间，如 Windows 操作系统中单击【此电脑】→【属性】→【高级系统设置】弹出的窗口就应用到了 Tab 面板。对内部窗口和 Tab 面板这里不再举例介绍，有兴趣的读者可自行参阅网络资源。

8.3　常用布局

Java Swing 中通过容器管理组件的添加和删除，以及通过容器中的布局管理器来负责组件的大小和位置，以此来适应界面大小的弹性变化。布局管理器相当于一个中介，组件仅仅需要创建好对象并添加进容器，然后其大小和位置就由布局中介动态调整。组件对象并不需要设置大小和位置，即使设置了也无效，除非取消这个中介（这种方式其实就是绝对布局）。下面介绍 Swing 界面布局中常用的几种布局管理器。

8.3.1　BorderLayout 边界布局

BorderLayout 是定义在 AWT 包中的布局管理器，JFrame 的内容面板默认采用这种布局方式。BorderLayout 把容器简单地划分为东、西、南、北、中五个区域，当使用该布局时，要指明组件添加在哪个区域。若未指明则默认加入中间区域。每个区域只能加入一个组件，后加入的组件会覆盖前面一个。其中中心区域在其他区域未使用时,会朝其扩展以填充剩余空间。下面简单举例来体验这种布局方式,其代码如下:

【程序代码清单 8-6】C8006_BorderLayoutDemo

```java
import java.awt.BorderLayout;

import javax.swing.JButton;
import javax.swing.JFrame;
import javax.swing.SwingUtilities;

@SuppressWarnings("serial")
public class C8006_BorderLayoutDemo extends JFrame{
    public static void main(String[] args) {
        SwingUtilities.invokeLater(new Runnable() {
            @Override
            public void run() {
                JFrame frame = new C8006_BorderLayoutDemo();
                frame.setVisible(true);
            }
        });
    }

    public C8006_BorderLayoutDemo(){
        initializeComponents();
    }

    private void initializeComponents() {
        JButton btnWest = new JButton("West");
        JButton btnNorth = new JButton("North");
        JButton btnEast = new JButton("East");
        JButton btnSouth = new JButton("South");
        JButton btnCenter = new JButton("Center");

        this.add(btnCenter, BorderLayout.CENTER);
        this.add(btnWest, BorderLayout.WEST);
        this.add(btnNorth, BorderLayout.NORTH);
        this.add(btnEast, BorderLayout.EAST);
        this.add(btnSouth, BorderLayout.SOUTH);
        this.setTitle("边界布局演示");
        this.setSize(300, 225);
        this.setLocationRelativeTo(null);
        this.setDefaultCloseOperation(EXIT_ON_CLOSE);
    }
}
```

边界布局效果如图 8-9 所示。

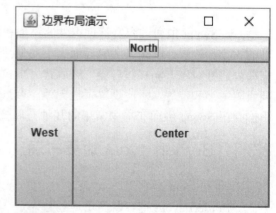

图 8-9 边界布局效果

代码说明：①第 30 行代码将组件添加到中心区域是边界布局的默认设置，因此可以直接使用 this.add（btnCenter）代码达到一样的效果；②图 8-9 右边是注释掉第 33、34 行的效果，Center 填充了剩余的区域。

8.3.2 FlowLayout 流式布局

FlowLayout 是定义在 AWT 包中的布局管理器，是 Swing 中 JPanel 容器的默认布局方式。FlowLayout 默认的对齐方式为居中对齐，可以在实例化对象时指定对齐方式，还可以指定组件间的水平和垂直间距。FlowLayout 布局方式为自左向右排列，当一行排满后自动换行。下面简单举例来体验这种布局方式，其代码如下：

【程序代码清单 8-7】C8007_FlowLayoutDemo.java

```java
import java.awt.FlowLayout;

import javax.swing.JButton;
import javax.swing.JFrame;
import javax.swing.SwingUtilities;

@SuppressWarnings("serial")
public class C8007_FlowLayoutDemo extends JFrame{
    public static void main(String[] args) {
        SwingUtilities.invokeLater(new Runnable() {
            @Override
            public void run() {
                JFrame frame = new C8007_FlowLayoutDemo();
                frame.setVisible(true);
            }
        });
    }

    public C8007_FlowLayoutDemo(){
        initializeComponents();
    }

    private void initializeComponents() {
        JButton btnWest = new JButton("West");
        JButton btnNorth = new JButton("North");
        JButton btnEast = new JButton("East");
        JButton btnSouth = new JButton("South");
        JButton btnCenter = new JButton("Center");

        this.setLayout(new FlowLayout(FlowLayout.CENTER, 10, 20));
        this.add(btnWest);
        this.add(btnNorth);
        this.add(btnEast);
        this.add(btnSouth);
        this.add(btnCenter);
        this.setTitle("流式布局演示");
        this.setSize(280, 200);
        this.setLocationRelativeTo(null);
        this.setDefaultCloseOperation(EXIT_ON_CLOSE);
    }
}
```

流式布局效果如图 8-10 所示。

图 8-10 流式布局效果

代码说明：第 30 行代码通过 setLayout 修改 JFrame 布局方式为流式布局，实例化时的第一个参数为行对齐方式，分别以 CENTER、LEFT、RIGHT 常量来表示居中、左对齐、右对齐，上图右边是左对齐效果，请读者观察其区别；第二个参数表示组件水平间距；第三个参数表示组件垂直间距。

8.3.3 CardLayout 卡片布局

CardLayout 是定义在 AWT 包中的布局管理器。卡片布局能够让多个组件共享同一个显示空间，共享空间的组件之间的关系就像一叠牌，组件叠在一起，初始时显示该空间中第一个添加的组件，通过 CardLayout 类提供的方法可以切换该空间中显示的组件。卡片布局实例化时可以指定显示空间与左右边界间距、与上下边界间距，并提供如表 8-1 中的方法来控制容器中的组件显示。

表 8-1 CardLayout 组件操作方法

方 法 名	作 用
first（Container）	显示第一个组件
next（Container）	循环显示下一个组件
previous（Container）	循环显示上一个组件
last（Container）	显示最后一个组件
show（Container, String）	根据组件名称进行显示

该布局方式非常适合图片查看器之类应用的界面设计，目前我们还没有介绍 Java Swing 中的事件处理机制。等后面介绍了事件处理后，我们将制作一个图片查看器，应用卡片布局进行界面展示，并演示表中方法的使用。

8.3.4 GridLayout 网格布局

GridLayout 是定义在 AWT 包中的布局管理器，将容器分割成行列结构的网格，每个网格所占的区域大小相同，当向使用 GridLayout 的容器中添加组件时，默认从左向右、从上向下依次添加到每个网格中。放在 GridLayout 布局管理器中的各组件的大小由组件所处的区域来决定（每个组件将自动扩充占满整个区域）。下面以计算器按钮区域为例来介绍网格布局的使用，其代码如下：

【程序代码清单 8-8】C8008_GridLayoutDemo.java

```
1  import java.awt.GridLayout;
2
3  import javax.swing.JButton;
```

```
4   import javax.swing.JFrame;
5   import javax.swing.JPanel;
6   import javax.swing.SwingUtilities;
7
8   @SuppressWarnings("serial")
9   public class C8008_GridLayoutDemo extends JFrame{
10      public static void main(String[] args) {
11          SwingUtilities.invokeLater(new Runnable() {
12              @Override
13              public void run() {
14                  JFrame frame = new C8008_GridLayoutDemo();
15                  frame.setVisible(true);
16              }
17          });
18      }
19
20      public C8008_GridLayoutDemo(){
21          initializeComponents();
22      }
23
24      private void initializeComponents() {
25          JPanel plButtons = new JPanel();
26          plButtons.setLayout(new GridLayout(4, 4));
27          String[] names = {"7","8","9","*","4","5","6","-",
28              "1","2","3","+","0",".","/","="};
29          for(int i = 0; i < names.length; i++){
30              plButtons.add(new JButton(names[i]));
31          }
32
33          this.add(plButtons);
34          this.setTitle("网格布局演示");
35          this.setSize(280, 240);
36          this.setLocationRelativeTo(null);
37          this.setDefaultCloseOperation(EXIT_ON_CLOSE);
38      }
39  }
```

网格布局效果如图 8-11 所示。

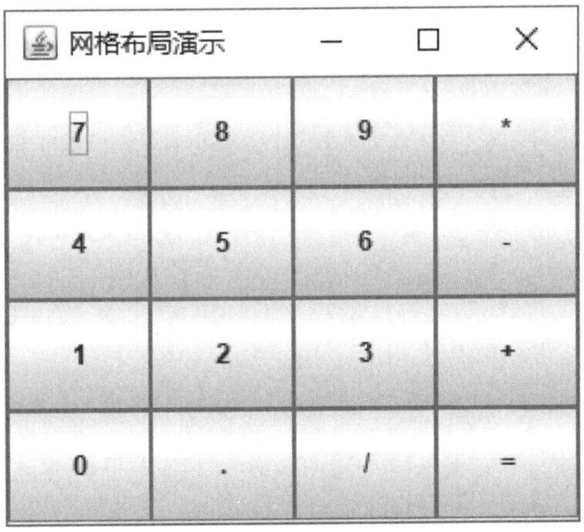

图 8-11 网格布局效果

8.3.5 BoxLayout 箱式布局

BoxLayout 是 Java Swing 提供的布局方式。AWT 包中提供了 GridBagLayout 不规则网格布局（下节介绍），可以设计非常复杂的界面布局，但使用也比较复杂。箱式布局就是 Swing 提供用来替代它的一种简便的布局，可以想象一下三门衣柜内的隔板分隔的空间。箱式布局模式有两种类型：水平模式和垂直模式。水平模式把组件在容器内从左到右排列；垂直模式把组件在容器内从上到下排列。通过箱式布局的任意嵌套，就可以完成复杂的界面布局。箱式布局中，将组件添加到容器时，组件将保持合适的大小，不会放大去填充空间。

通常我们不直接用 BoxLayout 类来处理箱式布局，而是采用 Swing 提供的一个新容器 Box，其内部采用的就是箱式布局，并且不能修改。Box 容器进行组件管理时，将界面划分为多行多列，每行列数可以不同，然后往单元格中添加组件。只是需要注意的是，Box 将组件间的间距也看成填充的元素，因此它们也要计算入行列数中。为了达到界面弹性，Box 提供的间距元素可支持弹性间距和刚性间距。下面通过设计一个游戏信息界面（包括计时信息、开始按钮、计分信息）来演示 Box 容器的用法，其代码如下：

【程序代码清单 8-9】C8009_BoxLayoutDemo.java

```
1   import java.awt.BorderLayout;
2
3   import javax.swing.BorderFactory;
4   import javax.swing.Box;
5   import javax.swing.JButton;
6   import javax.swing.JFrame;
7   import javax.swing.JLabel;
8   import javax.swing.SwingUtilities;
9
10
11  @SuppressWarnings("serial")
12  public class C8009_BoxLayoutDemo extends JFrame{
13      public static void main(String[] args) {
14          SwingUtilities.invokeLater(new Runnable() {
15              @Override
16              public void run() {
17                  JFrame frame = new C8009_BoxLayoutDemo();
18                  frame.setVisible(true);
19              }
20          });
21      }
22
23      public C8009_BoxLayoutDemo(){
24          initializeComponents();
25      }
26
27      private void initializeComponents() {
28          Box vBox = Box.createVerticalBox();{
29              vBox.add(Box.createVerticalStrut(4));
30              Box hBox = Box.createHorizontalBox();{
31                  hBox.add(Box.createHorizontalStrut(4));
32                  hBox.add(createCell());
33                  hBox.add(Box.createHorizontalStrut(4));
34              }
35              vBox.add(hBox);
36              vBox.add(Box.createVerticalStrut(4));
37          }
38
39          this.add(vBox, BorderLayout.NORTH);
40          this.setTitle("箱式布局演示");
41          this.setSize(280, 240);
42          this.setLocationRelativeTo(null);
43          this.setDefaultCloseOperation(EXIT_ON_CLOSE);
44      }
45
46      private Box createCell(){
47          Box vBox = Box.createVerticalBox();{
48              vBox.add(Box.createVerticalStrut(4));
49              Box hBox = Box.createHorizontalBox();{
50                  hBox.add(Box.createHorizontalStrut(10));
```

```
51                hBox.add(new JLabel("Score: 000"));
52                hBox.add(Box.createHorizontalGlue());
53                hBox.add(new JButton("Start"));
54                hBox.add(Box.createHorizontalGlue());
55                hBox.add(new JLabel("Time:000"));
56                hBox.add(Box.createHorizontalStrut(10));
57            }
58            vBox.add(hBox);
59            vBox.add(Box.createVerticalStrut(4));
60        }
61        vBox.setBorder(BorderFactory.createLoweredBevelBorder());
62        return vBox;
63    }
64 }
```

箱式布局效果如图 8-12 所示。

图 8-12　箱式布局效果

代码说明：①信息面板的整体设计为 3*3 的结构，中心单元格又是一个 3*7 的结构，当然这里面大部分单元格都是为布局效果而使用的间隔元素。运行该程序，可通过调整窗口跨度来体验弹性间隔和刚性间隔的区别。②第 61 行代码是为 Box 容器添加边框（默认无），Swing 组件可以使用这个方法来添加各种各样的边框（由 BorderFactory 工厂类提供）。

8.3.6　GridBagLayout 非规则网格布局

GridBagLayout 是定义在 AWT 包中的布局管理器，可以用它设计出复杂的界面布局。GridBagLayout 与网格布局类似，将界面划分为行列结构，但它不要求组件的大小相同，组件也可以跨行跨列。每个 GridBagLayout 对象维持一个动态的矩形单元网格，每个组件占用一个或多个这样的单元，该单元被称为显示区域。对显示区域的布局控制，GridBagLayout 通过 GridBagConstraints 对象来进行精细控制，该对象各个属性的含义如下：

（1）gridx/gridy：组件行列位置，如 gridy=0，gridx=1 表示第 1 行第 2 列。读者请注意这里的行对应的是 gridy，列对应的是 gridx。

（2）gridwidth/gridheight：组件所跨的行数和列数，默认为 1 行 1 列。如组件需要占 1 行 2 列，则 gridwidth=2，gridheight=1。

（3）weightx/weighty：组件大小是否随单元格大小变化，默认值为 0 表示不拉伸。如设置 weightx=1，组件会随着单元格宽度变化而变化；设置 weighty=0 时，组件高度不会发生变化。

（4）fill：组件在所处单元格内的填充方式，常量 BOTH 表示填满，常量 NONE 表示组件最合适大小显示（默认值），常量 HORIZONTAL 表示组件只在水平方向上充满单元格，常量 VERTICAL 表示组件只在垂直方向上充满单元格。

（5）anchor：组件在所处单元格内的对齐方式，共有九种设置，如 EAST 表示垂直居中水平居右，NORTHEAST 表示垂直靠上水平居右，其他对齐方式以此类推。

（6）ipadx/ipady：指定组件水平和垂直方向上内部边距，可以保证缩放时的显示效果，默认为 0。

（7）insets：指定组件与所处单元格边框在四个方向上的外部边距，insets 对象有 left、top、right、bottom 四个参数，默认为四个 0。

下面通过一个通用编辑软件界面框架的设计来演示非规则网格布局的用法，其框架也是很多网页的常用布局，代码如下：

【程序代码清单 8-10】C8010_GridBagLayoutDemo.java

```java
1   import java.awt.Color;
2   import java.awt.GridBagConstraints;
3   import java.awt.GridBagLayout;
4   import java.awt.Insets;
5
6   import javax.swing.JFrame;
7   import javax.swing.JLabel;
8   import javax.swing.JPanel;
9   import javax.swing.SwingUtilities;
10
11  @SuppressWarnings("serial")
12  public class C8010_GridBagLayoutDemo extends JFrame{
13      public static void main(String[] args) {
14          SwingUtilities.invokeLater(new Runnable() {
15              @Override
16              public void run() {
17                  JFrame frame = new C8010_GridBagLayoutDemo();
18                  frame.setVisible(true);
19              }
20          });
21      }
22
23      public C8010_GridBagLayoutDemo(){
24          initializeComponents();
25      }
26
27      private void initializeComponents() {
28          GridBagLayout gbl = new GridBagLayout();
29          this.setLayout(gbl);
30          //顶部菜单栏、工具栏区
31          JPanel plTop = new JPanel();
32          plTop.setBackground(Color.RED);
33          plTop.add(new JLabel("顶部功能区"));
34          this.add(plTop, new CustomConstraints(0, 0, 1, 2)
35                  .setFill(CustomConstraints.BOTH)
36                  .setPadding(280, 50).setWeight(1, 0)
37                  .setMargin(new Insets(4, 4, 4, 4)));
38
39          //左侧导航区
40          JPanel plLeft = new JPanel();
41          plLeft.setBackground(Color.GREEN);
42          plLeft.add(new JLabel("左侧导航区"));
43          this.add(plLeft, new CustomConstraints(1, 0)
44                  .setFill(CustomConstraints.BOTH)
45                  .setPadding(60, 100).setWeight(0, 1)
46                  .setMargin(new Insets(0, 4, 0, 4)));
47
48          //底部状态区
49          JPanel plBottom = new JPanel();
50          plBottom.setBackground(Color.CYAN);
51          plBottom.add(new JLabel("底部状态区"));
```

```java
        this.add(plBottom, new CustomConstraints(2, 0, 1, 2)
                .setFill(CustomConstraints.BOTH)
                .setPadding(280, 10).setWeight(1, 0)
                .setMargin(new Insets(4, 4, 4, 4)));

        //中间工作区
        JPanel plMain = new JPanel();
        plMain.setBackground(Color.WHITE);
        plMain.add(new JLabel("主工作区"));
        this.add(plMain, new CustomConstraints(1, 1)
                .setFill(CustomConstraints.BOTH).setWeight(1, 1)
                .setMargin(new Insets(0, 0, 0, 4)));


        this.setTitle("网格布局演示");
        this.pack();
        this.setLocationRelativeTo(null);
        this.setDefaultCloseOperation(EXIT_ON_CLOSE);
    }

    private class CustomConstraints extends GridBagConstraints{
        public CustomConstraints(int r, int c){
            this(r, c, 1, 1);
        }

        public CustomConstraints(int r, int c, int rows, int cols){
            gridy = r;
            gridx = c;
            gridheight = rows;
            gridwidth = cols;
        }

        //设置水平和垂直方向的拉伸
        public CustomConstraints setWeight(int wx, int wy){
            this.weightx = wx;
            this.weighty = wy;
            return this;
        }

        //设置填充方式
        public CustomConstraints setFill(int fill){
            this.fill = fill;
            return this;
        }

        //设置对齐方式
        public CustomConstraints setAlign(int anchor){
            this.anchor = anchor;
            return this;
        }

        //设置内边距
        public CustomConstraints setPadding(int ipadx, int ipady){
            this.ipadx = ipadx;
            this.ipady = ipady;
            return this;
        }

        //设置外边距
        public CustomConstraints setMargin(Insets insets){
            this.insets = insets;
            return this;
        }
    }
}
```

非规则网格布局效果如图 8-13 所示。

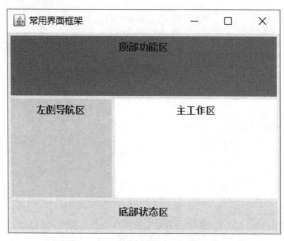

图 8-13 非规则网格布局效果

代码说明：①除对齐方式属性没有使用外，其他控制属性都进行了应用，请读者运行该程序并调整窗口大小，观察区域的变化以体会各个属性的作用，最好再通过注释/取消注释的方式多次运行和观察。②由于属性控制的代码比较繁杂且重复，因此自定义了 CustomConstraints，继承于 GridBagConstraints，请结合类定义章节的知识进行理解。③CustomConstraints 类的 set 方法都以返回当前对象的方式实现，目的是外界可以连续调用，请结合代码体会这样的好处。④本例中窗口大小我们并没有设置，而是通过窗口的 pack 方法来决定的，其作用是自动设置窗口为适合的大小。⑤本例中四个区域添加的都是 JPanel，结合其他布局方式，就可以完成几乎所有软件的界面布局了。

8.3.7 绝对布局

绝对布局是相对于前面介绍的布局管理器而言的，事实上 Swing 也并没有对应的绝对布局管理器。当取消 Swing 的布局管理器对象后，我们就只能通过坐标、大小的方式来创建和布置组件对象了。由于使用了绝对坐标和固定大小，因而窗口大小改变时，组件不会跟随改变，因此我们把不使用布局管理器的方式称为绝对布局。这种方式在窗口大小固定时使用起来比较方便和直观，但最好不要用在窗口可改变大小的应用中。下面通过登录界面的设计来演示绝对布局的使用，其代码如下：

【程序代码清单 8-11】C8011_LoginFrame.java

```
1   import javax.swing.ImageIcon;
2   import javax.swing.JButton;
3   import javax.swing.JFrame;
4   import javax.swing.JLabel;
5   import javax.swing.JTextField;
6   import javax.swing.SwingUtilities;
7
8   @SuppressWarnings("serial")
9   public class C8011_LoginFrame extends JFrame{
10      public static void main(String[] args) {
11          SwingUtilities.invokeLater(new Runnable() {
12              @Override
13              public void run() {
14                  JFrame frame = new C8011_LoginFrame();
15                  frame.setVisible(true);
16              }
```

```
17            });
18        }
19
20     public C8011_LoginFrame(){
21         initializeComponents();
22     }
23
24     private void initializeComponents() {
25         this.setLayout(null);   //取消布局管理器，即绝对布局
26         ImageIcon img = new ImageIcon("title.png");
27         JLabel lbImg = new JLabel(img);
28         lbImg.setBounds(0, 0, 400, 48);
29         this.add(lbImg);
30
31         JLabel lbTitle = new JLabel("用户登录");
32         lbTitle.setBounds(170, 58, 60, 24);
33         this.add(lbTitle);
34
35         JLabel lbUser = new JLabel("用户名：");
36         lbUser.setBounds(20, 92, 60, 24);
37         this.add(lbUser);
38
39         JTextField txtUser = new JTextField();
40         txtUser.setBounds(80, 92, 280, 24);
41         this.add(txtUser);
42
43         JLabel lbPwd = new JLabel("密    码：");
44         lbPwd.setBounds(20, 126, 60, 24);
45         this.add(lbPwd);
46
47         JTextField txtPwd = new JTextField();
48         txtPwd.setBounds(80, 126, 280, 24);
49         this.add(txtPwd);
50
51         JButton btnOK = new JButton("登    录");
52         btnOK.setBounds(100, 160, 80, 24);
53         this.add(btnOK);
54
55         JButton btnCancel = new JButton("取    消");
56         btnCancel.setBounds(200, 160, 80, 24);
57         this.add(btnCancel);
58
59         this.setTitle("登录界面");
60         this.setSize(400, 240);
61         this.setResizable(false); //不允许调整窗口大小
62         this.setLocationRelativeTo(null);
63         this.setDefaultCloseOperation(EXIT_ON_CLOSE);
64     }
}
```

绝对布局效果如图 8-14 所示。

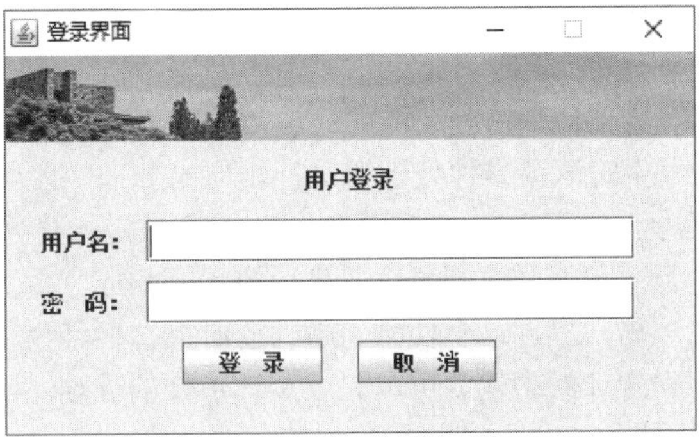

图 8-14　绝对布局效果

代码说明：①第 25 行代码将默认布局修改为 null，即采用绝对布局方式。后面的组件都必须设置位置和大小。需要注意的是，采用这种方式窗口必须设置大小，不能使用 pack 方式。②第 61 行代码应该和绝对布局搭配使用，其作用是不允许窗口动态调整大小，读者应该已经注意到标题栏的最大化按钮已经不可用。③第 26 行代码是 Java 由硬盘图片文件（该文件位于当前项目文件夹下）创建一个图标对象的方法，而 JLable 可以支持图标的显示。

以上介绍了 Java GUI 程序中常用的布局管理器，各种布局管理器都有自己的特点和限制，应该根据界面设计的需要，灵活组合多种布局管理器来扬长避短，搭建出布局合理、美观且有弹性的界面。

8.4 事件监听和处理

前面已经介绍了如何进行界面设计和布局，接下来要解决的是如何响应用户的操作。GUI 程序与 CUI 程序（控制台程序）的最大区别就是提供给用户的交互手段更加丰富，如鼠标、键盘、触摸板等，因此 GUI 程序的使用相当灵活和方便。这也使得 GUI 程序的运行方式和 CUI 有很大区别，很多功能都要等待用户操作才能触发其执行。在早期的 GUI 程序中曾经使用过轮询的处理方式来响应用户操作（类似于以前每天到收发室询问有没有自己的信件），而现在采用的是事件驱动模型（类似于现在的物流，有你的包裹自然会通知你）。

8.4.1 事件处理机制

Java GUI 程序中处理用户交互采用的也是事件驱动模型，它与设计模式的观察者模式原理是相似的，其中包含的核心概念如下：

（1）事件：事件是用户在界面上的一个操作（通常是使用各种输入设备，如鼠标、键盘等来完成）。当一个事件发生时，该事件用一个事件对象来表示。事件对象中包含了事件源及事件的信息，在 Java 中它由系统内部在事件发生处进行创建。不同的事件类描述不同类型的用户动作，它包含在 java.awt.event 和 javax.swing.event 包中。

（2）事件源：产生事件的组件就是事件源，如在一个按钮上单击鼠标时，该按钮就是事件源，会产生一个 ActionEvent 类型的事件。

（3）事件监听接口：Java 为不同的事件提供了不同的事件监听接口，其中包含事件发生后应该实现的方法说明，如键盘事件监听接口 KeyListener。

（4）事件处理器：实现事件监听接口中包含的事件处理方法，如果订阅了事件，则事件发生后会触发事件处理方法的调用。

（5）事件订阅：也叫事件注册，为了能够让事件监听器检查某个组件（事件源）是否发生了某些事件，并且在发生时激活事件处理器进行相应的处理，必须在事件源上注册事件监听器。Java 中通过使用事件源组件 addXXXListener 的方法进行事件订阅。即使定义了事件处理器，但如果没有进行事件订阅，则事件发生后也不会响应。

由上面的介绍可以看出，事件、事件源、事件监听接口已经由 Java 提供，我们仅仅需要定义具体的事件处理类和订阅事件就可以完成具体事件的处理。下面通过图 8-15 来直观理解 Java 的事件处理机制。

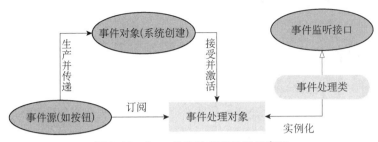

图 8-15　Java 的事件处理机制示意图

下面为前面登录界面的取消按钮添加事件处理，结合代码加深理解 Java 的事件处理机制，其增加的代码如下：

【程序代码清单 8-12】C8011_LoginFrame.java 修改版

```
1   ...
2   public class C8011_LoginFrame extends JFrame{
3       ...
4       //增加事件处理器定义，局部内部类
5       private class CloseHandler implements ActionListener{
6           @Override
7           public void actionPerformed(ActionEvent e) {//e 就是事件对象
8               JButton btn = (JButton)e.getSource();//e 包含事件源对象
9               System.out.println(btn.getText());
10              System.exit(0);
11          }
12      }
13
14      private void initializeComponents() {
15          ...
16          JButton btnCancel = new JButton("取    消");
17          btnCancel.setBounds(200, 160, 80, 24);
18          btnCancel.addActionListener(new CloseHandler()); //订阅事件
19          this.add(btnCancel);
20          ...
21      }
22  }
```

代码说明：①通过局部内部类方式定义点击事件处理类，其接口为点击动作 ActionListener 接口，其中只有一个方法 actionPerformed，其接收的参数是点击事件对象（由系统创建）。②第 8、9 行代码的主要目的是测试事件源对象，此处本身没必要。通过事件对象的 getSource 方法可以得到事件源对象（需要强制转型），然后可以通过事件源对象执行任何操作。③第 18 行代码必须添加，如果忘记订阅事件，按钮将无法响应用户操作。④第 10 行代码的意思是退出程序，运行上述程序，单击取消按钮，即可退出应用程序。⑤在订阅事件时，Java 中还可以使用匿名内部类的方式直接实例化事件处理对象，其代码如下：

```
btnCancel.addActionListener(new ActionListener() {
    @Override
    public void actionPerformed(ActionEvent e) {
        System.exit(0);
    }
});
```

在实际开发中，建议使用局部内部类方式，而不要采用匿名内部类的方式来实现事件处理，因为这种方式容易造成代码逻辑混乱（界面设计代码和处理逻辑代码混在了一起）。

Java 中提供了很多种事件，经常需要处理的有键盘事件、鼠标事件、窗口事件等，下面

几节分别进行介绍。

8.4.2 键盘事件处理

Java 中的键盘事件监听接口是 KeyListener，其中提供了三个方法说明：键压下、键弹起、击键处理，每个方法都包含 KeyEvent 事件对象，其方法说明如表 8-2 所示。

表 8-2 键盘监听接口方法列表

方 法 名	作 用
keyPressed（KeyEvent e）	键压下时触发，可以处理所有键
keyTyped（KeyEvent e）	击键处理，只能处理可打印字符
keyReleased（KeyEvent e）	键弹起时触发，可以处理所有键

每一次击键，上述第 1、3 个方法肯定触发，而第 2 个方法只在可打印字符击键时触发，其他如功能键、控制键、修改键等不会触发第 2 个方法，这和 Windows 的字符消息（WM_CHAR）比较相似。上述三个方法如果都可以触发，则按表格中从上到下的顺序进行。另外，对 Tab 键的处理也比较特殊：因为它本身是窗口中切换焦点的快捷键，要截获它的消息必须禁用焦点切换，即使用窗口的 setFocusTraversalKeysEnabled（false）方法进行设置即可。下面先以一个简单的程序为例来测试键盘事件的触发顺序，其代码如下：

【程序代码清单 8-13】C8012_KeyListenerDemo.java

```java
import java.awt.event.KeyEvent;
import java.awt.event.KeyListener;

import javax.swing.JFrame;
import javax.swing.SwingUtilities;

@SuppressWarnings("serial")
public class C8012_KeyListenerDemo extends JFrame{
    public static void main(String[] args) {
        SwingUtilities.invokeLater(new Runnable() {
            @Override
            public void run() {
                JFrame frame = new C8012_KeyListenerDemo();
                frame.setVisible(true);
            }
        });
    }

    public C8012_KeyListenerDemo(){
        initializeComponents();
    }

    private class KeyHandler implements KeyListener{
        public void keyTyped(KeyEvent e) {
            System.out.println(e.getKeyChar());
        }

        public void keyPressed(KeyEvent e) {
            System.out.println("pressed");
        }

        public void keyReleased(KeyEvent e) {
            System.out.println("released");
        }
    }
```

```
37      private void initializeComponents() {
38          this.setTitle("键盘事件触发顺序");
39          this.setSize(280, 240);
40          this.setLocationRelativeTo(null);
41          this.setDefaultCloseOperation(EXIT_ON_CLOSE);
42          this.addKeyListener(new KeyHandler());
43      }
44  }
```

测试结果如下：

```
pressed
released
pressed
a
released
pressed
0
released
```

从测试结果可以清楚地看到"pressed、可打印字符、released"的输出顺序，也可以看到非打印字符只有"pressed、released"两个输出。

由于 KeyListener 接口提供了三个处理方法，如果我们只希望处理其中一个方法，则因为接口必须全部实现的规则，必须对其他两个方法也用空实现的方式完成。为了让代码更加简洁，Java 提供了一个 KeyAdapter 类，它实现了 KeyListener 接口中的三个方法，但查看其源码可以知道其实里面就是三个空实现。但有了它，我们就可以从它继承，然后重写要处理的方法即可，代码变得简洁易读，这也是其唯一用处。

下面通过一个键盘练习的例子来演示键盘事件的处理：程序在窗口的随机位置产生一个随机字符，通过按键处理，如果一致则继续产生下一个，否则直到击键一致才继续。本例采用 keyReleased 方法来处理，按键不区分大小写，其代码如下：

【程序代码清单 8-14】C8013_KeyDemo.java

```
1   import java.awt.Dimension;
2   import java.awt.Font;
3   import java.awt.Toolkit;
4   import java.awt.event.KeyAdapter;
5   import java.awt.event.KeyEvent;
6   import java.util.Random;
7
8   import javax.swing.JFrame;
9   import javax.swing.JLabel;
10  import javax.swing.SwingUtilities;
11
12  @SuppressWarnings("serial")
13  public class C8013_KeyDemo extends JFrame{
14      private JLabel lbChar;
15      private Random ran;
16      private int sw, sh;    //屏幕宽度和高度
17
18      public static void main(String[] args) {
19          SwingUtilities.invokeLater(new Runnable() {
20              @Override
21              public void run() {
22                  JFrame frame = new C8013_KeyDemo();
23                  frame.setVisible(true);
24              }
25          });
26      }
27
```

```java
28      public C8013_KeyDemo(){
29          ran = new Random();
30          Dimension dim = Toolkit.getDefaultToolkit().getScreenSize();
31          sw = dim.width;
32          sh = dim.height;
33          initializeComponents();
34      }
35
36      //键盘事件处理，继承 KeyAdapter，只处理 keyReleased 方法
37      private class KeyHandler extends KeyAdapter{
38          @Override
39          public void keyReleased(KeyEvent e) {
40              char ch = lbChar.getText().charAt(0);
41              if (ch == e.getKeyCode()){
42                  midifyLabel();
43              }
44          }
45      }
46
47      private void initializeComponents() {
48          this.setLayout(null);  //使用绝对布局，才能指定随机位置
49
50          lbChar = new JLabel();
51          Font font = new Font("Times new roman", Font.BOLD, 36);
52          lbChar.setFont(font);
53          lbChar.setSize(font.getSize(), font.getSize());
54          midifyLabel();
55          this.add(lbChar);
56
57          this.setTitle("键盘练习程序");
58          this.setExtendedState(MAXIMIZED_BOTH);  //窗口最大化
59          this.setLocationRelativeTo(null);
60          this.setDefaultCloseOperation(EXIT_ON_CLOSE);
61          this.addKeyListener(new KeyHandler());
62      }
63
64      private void midifyLabel() {
65          char ch = (char)(ran.nextInt(26) + 0x41);//随机产生大写字母
66          lbChar.setText(String.valueOf(ch));
67          Font font = lbChar.getFont();
68          lbChar.setLocation(ran.nextInt(sw - font.getSize()),
69              ran.nextInt(sh - font.getSize() - 30));  //保证在窗口内出现
70      }
71  }
```

其运行效果如图 8-16 所示。

图 8-16　窗口最大化下的键盘练习程序

代码说明：①第 37~45 行代码，KeyHandler 键盘事件处理类继承于 KeyAdapter 类，只需重写 keyReleased 方法。在 KeyEvent 对象中，通过 getKeyCode 方法可以获取键盘的键值，与对应字符大写形式的 ASCII 码相同。②第 30 行代码演示了通过 Toolkit 获取屏幕大小的方法。Toolkit 定义了一些与平台相关的方法，可以查询本机操作系统的一些相关信息。③第 51 行代码用于创建 AWT 包中 Font 字体对象，其参数分别表示字体名称、字体风格、字体大小。④第 58 行代码演示了将窗口最大化的方法。⑤第 64~70 行代码定义了修改标签的方法，为了与键盘键值对应只产生大写字母，0x41 是 'A' 的 ASCII 码。为了让字母出现在窗口之内，我们准备了屏幕大小和字体大小，并通过计算实现这一目的，请读者理解第 68、69 行代码的意义。

8.4.3 鼠标事件处理

鼠标是 GUI 程序中用户交互的重要手段，使用也相当丰富。Java 中的鼠标处理包括：MouseEvent/MouseListener、MouseEvent/MouseMotionListener、MouseWheelEvent/MouseWheelListener，分别表示常规鼠标处理、鼠标移动处理、鼠标滚轮处理。其中的 MouseEvent 事件封装了鼠标操作发生时的很多有用信息：如鼠标当前位置、鼠标键信息（左或右等）、鼠标点击次数等，MouseWheelEvent 还额外包含了滚动时的信息。每个监听接口中包含的方法如表 8-3 所示。

表 8-3 鼠标监听接口中的方法列表

监听接口	方法名	作用
MouseListener	mousePressed（MouseEvent）	鼠标压下时触发
	mouseReleased（MouseEvent）	鼠标弹起时触发
	mouseClicked（MouseEvent）	鼠标点击处理
	mouseEntered（MouseEvent）	鼠标进入组件区域触发
	mouseExited（MouseEvent）	鼠标离开组件区域触发
MouseMotionListener	mouseDragged（MouseEvent）	鼠标拖曳时触发
	mouseMoved（MouseEvent）	鼠标移动时触发
MouseWheelListener	mouseWheelMoved（MouseWheelEvent）	鼠标滚轮滚动时触发

可以看到三个监听接口共提供了八个处理方法，我们将其分为几组进行简要介绍：①鼠标点击动作会依次触发压下、弹起、点击，从这个顺序可以知道点击执行时机是在弹起之后。这就可以解释鼠标在关闭窗口按钮处压下时并不会执行，如果这时移出该区域后弹起，则相当于取消关闭操作。②鼠标进入-离开动作处理主要应用在提升用户体验的地方，如鼠标进入-离开时改变背景颜色来表现鼠标滑过的效果。③鼠标拖曳动作（即压下左键时的移动），主要用来移动窗口、区域选择、复制或移动文件等。④鼠标滚轮滚动动作一般不用处理，需要滚动时可以通过前面介绍的 JScrollPane 来完成，它已经实现了鼠标滚动的处理。除此之外，如果想通过鼠标滚动来实现图片的放大和缩小，则需要定制该事件来处理。下面仍然先用一个示例来测试鼠标事件，其代码如下：

【程序代码清单 8-15】C8014_MouseDemo.java

```
1  import java.awt.event.MouseEvent;
2  import java.awt.event.MouseListener;
```

```java
3   import java.awt.event.MouseMotionListener;
4   import java.awt.event.MouseWheelEvent;
5   import java.awt.event.MouseWheelListener;
6   
7   import javax.swing.JFrame;
8   import javax.swing.SwingUtilities;
9   
10  @SuppressWarnings("serial")
11  public class C8014_MouseDemo extends JFrame{
12      public static void main(String[] args) {
13          SwingUtilities.invokeLater(new Runnable() {
14              @Override
15              public void run() {
16                  JFrame frame = new C8014_MouseDemo();
17                  frame.setVisible(true);
18              }
19          });
20      }
21  
22      public C8014_MouseDemo(){
23          initializeComponents();
24      }
25  
26  private class MouseHandler implements MouseListener,
27  MouseMotionListener, MouseWheelListener{
28          public void mouseClicked(MouseEvent e) {
29              System.out.println("clicked");
30          }
31  
32          public void mousePressed(MouseEvent e) {
33              System.out.println("pressed");
34          }
35  
36          public void mouseReleased(MouseEvent e) {
37              System.out.println("released");
38          }
39  
40          public void mouseEntered(MouseEvent e) {
41              System.out.println("entered");
42          }
43  
44          public void mouseExited(MouseEvent e) {
45              System.out.println("exited");
46          }
47  
48          public void mouseWheelMoved(MouseWheelEvent e) {
49              System.out.println("wheel");
50          }
51  
52          public void mouseDragged(MouseEvent e) {}
53          public void mouseMoved(MouseEvent e) {}
54      }
55  
56      private void initializeComponents() {
57          this.setTitle("鼠标事件演示");
58          this.setSize(280, 240);
59          this.setLocationRelativeTo(null);
60          this.setDefaultCloseOperation(EXIT_ON_CLOSE);
61          this.addMouseListener(new MouseHandler());
62          this.addMouseMotionListener(new MouseHandler());
63          this.addMouseWheelListener(new MouseHandler());
64      }
65  }
```

代码说明：①由于鼠标移动和拖曳事件触发太频繁，因而没有输出信息。其他情况请读者运行该程序进行测试，观察输出结果来理解各种鼠标事件的出现时机。②第 61～63 行代码要处理三类鼠标事件，监听器必须都订阅。如果事件处理是相关联的，则应该只创建一个事件处理器对象，然后将对象引用传入三个方法中。

与 KeyAdapter 类作用一样，鼠标事件处理中也提供了 MouseAdapter 类，它以空方法的方式实现了鼠标的三个监听接口。下面以制作一个非规则窗口为例演示鼠标事件的应用：首先取消窗口标题栏和边框（默认的窗口关闭、移动和调整大小功能将失去），然后通过鼠标事件处理来实现窗口移动，通过鼠标右击来关闭窗口，这些操作是 Java 中制作非规则窗口（如圆形时钟等）的必备知识，其代码如下（需要在项目文件夹下准备一张背景透明的图片）：

【程序代码清单 8-16】C8015_IrregularWindow.java

```java
import com.sun.awt.AWTUtilities;

import java.awt.Point;
import java.awt.event.MouseAdapter;
import java.awt.event.MouseEvent;

import javax.swing.ImageIcon;
import javax.swing.JFrame;
import javax.swing.JLabel;
import javax.swing.SwingUtilities;

@SuppressWarnings("serial")
public class C8015_IrregularWindow extends JFrame{
    public static void main(String[] args) {
        SwingUtilities.invokeLater(new Runnable() {
            @Override
            public void run() {
                JFrame frame = new C8015_IrregularWindow();
                frame.setVisible(true);
            }
        });
    }

    public C8015_IrregularWindow(){
        initializeComponents();
    }

    private class MouseHandler extends MouseAdapter{
        private Point pt = null;
        private boolean draw = false;

        @Override
        public void mouseClicked(MouseEvent e) {
            if (e.getButton() == MouseEvent.BUTTON3)
                System.exit(0);
        }

        @Override
        public void mousePressed(MouseEvent e) {
            if (e.getButton() == MouseEvent.BUTTON1){
                pt = e.getPoint();
                draw = true;
            }
        }

        @Override
        public void mouseReleased(MouseEvent e) {
            draw = false;
        }

        @Override
```

```
52      public void mouseDragged (MouseEvent e) {
53          if (!draw) return;   //阻止右键拖曳
54          Point np = e.getPoint();
55          Point loc = getLocation();
56          int xoffset = loc.x + np.x - pt.x;
57          int yoffset = loc.y + np.y - pt.y;
58          setLocation (xoffset, yoffset);
59      }
60
61  }
62
63  private void initializeComponents() {
64      ImageIcon img = new ImageIcon ("5.png");
65      JLabel lbImg = new JLabel (img);
66
67      this.add (lbImg);
68      this.setTitle ("非规则窗口");
69      this.setUndecorated (true);  //去掉标题栏和边框
70      AWTUtilities.setWindowOpaque (this, false);   //设置窗口透明
71      this.pack();  //与图片大小一致
72      this.setLocationRelativeTo (null);
73      this.setDefaultCloseOperation (EXIT_ON_CLOSE);
74      MouseHandler handler = new MouseHandler();
75      this.addMouseListener (handler);
76      this.addMouseMotionListener (handler);
77      }
78  }
```

其运行效果如图 8-17 所示。

图 8-17　非规则窗口

代码说明：①图片中的背景是笔者桌面背景，清楚体现了圆形窗口的效果，读者可以通过拖曳来移动窗口，右击退出。②第 69 行代码的作用是去掉窗口装饰，即去掉窗口标题栏和边框，随之影响的是窗口不能移动、不能调整大小、不能关闭等。③第 70 行代码的作用是设置窗口透明，要求窗口必须是无装饰的，即必须与第 69 行搭配使用。不过使用 AWTUtilities 时 Eclipse 不能解析，手工导入其所在的包（第 1 行代码）后，将会得到一个编译错误：

```
Access restriction: The type 'AWTUtilities' is not API (restriction on required library
'D:\Program Files\eclipse\jre\lib\rt.jar').
```

解决方法是：右击【项目】→【Build Path】→【Config Build Path】→选择【Libraries】选项卡，把当前的 jre 通过按钮【remove】、按钮【add Library】重新添加进来即可。④自己实现关闭窗口，我们使用了鼠标的点击事件，当为右键时退出程序。鼠标事件 MouseEvent 中的 getButton 方法可以获取按键信息，左键由常量 BUTTON1 表示，BUTTON2 表示中键（滚轮），BUTTON3 表示右键。⑤实现窗口移动，我们使用了鼠标左键压下和拖曳事件。其原理是：压下时记录起始点坐标，拖曳时获取第二个坐标点，两点坐标之差就是窗口的移动偏移量，窗口原位置加上偏移量就是窗口的新位置，重新设置即可。鼠标事件对象的 getPoint 方法可以获取当前鼠标位置（基于窗口左上角，相对位置）；另外，还提供了 getLocation OnScreen 方法获取鼠标的屏幕位置（绝对位置），可以根据实际需要选择二者之一来获取鼠标位置。需要注意的是，在 mouseDragged 的事件参数中，无法获得鼠标按键信息，即无法区分左键、右键。这就是本例提供 draw 这个开关变量的原因，只有左键压下时才能打开开关，然后进行拖曳，弹起时关闭 draw 开关。这样才能阻止使用鼠标右键进行拖曳这种非常规操作，请读者注释掉 draw 相关代码进行测试，并观察其运行效果。

8.4.4 窗口事件处理

GUI 程序中，经常在窗口发生变化时添加处理，如窗口关闭、激活、最小化、最大化等。Java 中窗口事件监听接口有三种：WindowListener、WindowStateListener、WindowFocusListener，分别表示窗口监听、窗口状态监听和窗口焦点监听，三者对应的窗口事件均为 WindowEvent。窗口监听器接口中包含的方法如表 8-4 所示。

表 8-4 窗口监听器接口方法列表

监听接口	方法名	作用
WindowStateListener	windowStateChanged	窗口在正常、最小、最大变化时发生
WindowFocusListener	windowGainedFocus	窗口获得焦点时发生
	windowLostFocus	窗口失去焦点时发生
WindowListener	windowOpened	窗口第一次打开时发生
	windowClosing	窗口主动关闭时发生
	windowClosed	窗口被动关闭时发生
	windowIconified	窗口最小化时发生
	windowDeiconified	窗口从最小化还原时发生
	windowActivated	窗口激活为当前窗口时发生
	windowDeactivated	窗口为非当前窗口时发生

方法说明：①其中窗口焦点接口 WindowFocusListener 包含的两个方法获得焦点和失去焦点与 WindowListener 中的窗口激活和非当前窗口两个方法的触发时机基本一致，因此需要处理这种情况时只需用其中一种即可。②窗口状态监听接口 WindowStateListener 只需要处理窗口最大化和还原的操作即可，最小化也在 WindowListener 中处理。③窗口关闭有两个方法，其区别是：windowClosed 是窗口被动关闭，指通过代码 dispose 调用导致窗口关闭；windowClosing 是窗口主动关闭，即单击窗口关闭按钮时触发。当我们要关闭窗口时（如编辑软件关闭时会弹出是否保存的询问、如有的软件单击关闭按钮时不关闭程序而是停靠到任务栏的通知区域等），就可以订阅 windowClosing 事件来处理。另外，如果调用 System 的 exit

方法，则这两个方法都不会触发。④windowOpened 方法是窗口第一次显示时触发，只会触发一次。Java Swing 中有些方法调用需要窗口显示后才能有效，或者有些应用需要推迟到窗口显示前进行配置等，这些情形都需要通过订阅 windowOpened 方法来完成。

与前面键盘 KeyAdapter、鼠标 MouseAdapter 的作用一样，窗口事件中也提供了 WindowAdapter 适配器。关于窗口事件的测试，请读者参考前面的示例程序自己完成，通过测试来体会各种窗口事件的触发时机。关于窗口关闭事件，我们会在后面制作系统托盘程序时举例应用。

下面举一个应用 windowOpened 方法的例子：在窗口显示后获得窗口标题栏和边框的大小，并将窗口大小的设置推迟到这里进行。这在很多需要精确设置窗口客户区大小的应用中相当重要（如游戏界面大小），而 Java Swing 提供的获得标题栏和边框大小的方法就只能在窗口显示后调用才有效，因此窗口精确大小也只能在这里进行设置，其实现代码如下：

【程序代码清单 8-17】C8016_WindowListenerDemo.java

```java
import java.awt.Insets;
import java.awt.event.WindowAdapter;
import java.awt.event.WindowEvent;

import javax.swing.JFrame;
import javax.swing.SwingUtilities;

@SuppressWarnings("serial")
public class C8016_WindowListenerDemo extends JFrame{
    public static void main(String[] args) {
        SwingUtilities.invokeLater(new Runnable() {
            @Override
            public void run() {
                JFrame frame = new C8016_WindowListenerDemo();
                frame.setVisible(true);
            }
        });
    }

    public C8016_WindowListenerDemo(){
        initializeComponents();
    }

    private class WindowHandler extends WindowAdapter{
        @Override
        public void windowOpened(WindowEvent e) {
            Insets ins = getInsets();
            setSize(280+ins.left*2, 240+ins.top+ins.bottom);
            setLocationRelativeTo(null);
        }
    }

    private void initializeComponents() {
        this.setTitle("窗口事件演示");
        this.setDefaultCloseOperation(EXIT_ON_CLOSE);
        this.addWindowListener(new WindowHandler());
    }
}
```

代码说明：①Insets 类用于表示组件上、下、左、右的留白，相当于网页制作的 padding 属性。获得窗口的 Insets 对象，就可以得到窗口的标题栏高度、边框宽度信息。由于窗口标题栏和边框等信息与运行程序的操作系统相关，因此只有在窗口显示后才能获取，否则得到的都是 0。设置窗口大小时，可以精确设置客户区大小，然后加上上、下、左、右的留白，这样客户区大小就可以在不同操作系统下保持一致了。②前面已经用过使窗口在屏幕居中的代码，需要注意的是，该方法调用必须在设置窗口大小后才能达到效果，否则窗口将位于屏幕的右下方，请读者尝试将第 29 行代码移到 initializeComponents 方法中进行测试，应该可以观察到窗口并没有达到居中的效果。

8.5 常用 UI 元素

前面已经介绍了 Java Swing 中很多重要的知识：容器与布局、事件处理等，而要完成一个 GUI 程序，还需要很多可视化组件来参与。Java Swing 提供了丰富的可视化组件，其直接或间接继承于 JComponent 组件。在图 8-1 中可以看到，JComponent 继承于 Container，也就间接继承于 Component，因而其拥有二者的公共行为。常用 Swing 组件与 JComponent 的关系如图 8-18 所示。

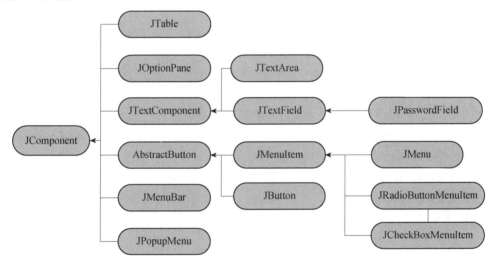

图 8-18　常用 Swing 组件与 JComponent 的关系

JComponent 基类为 Swing 所有可视化组件提供了一些通用功能（包括 AWT 中的），经常使用的有：

（1）AWT 组件提供的常用设置：设置文本 setText、设置大小 setSize、设置位置 setLoaction、设置组件名 setName、设置背景色 setBackground、设置可见性 setVisible 等。

（2）设置边框 setBorder（Border）方法，Swing 组件特有，可以为组件添加许多不同风格的边框，如雕刻边框、带标题边框和蚀刻边框，并采用了工厂模式设计，通过 BorderFactory 工厂类来创建各种风格的边框。在前面箱式布局示例中曾经应用过，读者可再查看该程序，并可尝试其他风格的边框以观察其表现。

（3）设置透明性 setOpaque（boolean）方法，Swing 组件特有，设置 true 表示不透明，false 表示透明。

（4）设置工具提示 setTooltip（String）方法，Swing 组件特有，为组件添加提示文字，提升用户交互体验。

（5）设置双缓冲 setDoubleBuffered（boolean）方法，Swing 组件特有，为组件提供双缓

冲支持，可通过该方法定制或取消。关于双缓冲，将在第 9 章进行介绍。

（6）设置关联属性 putClientProperty（Object key, Object value）方法，Swing 组件特有，为组件添加一个关联任意类型的自定义属性，相当于为组件设置一个标签。这在需要同时操作多个不同类型组件时，如同时可见/不可见，就可以先给这些组件设置相同的关联属性，然后通过 getClientProperty（Object key）方法获取该属性进行检查，达到统一操作的目的。

下面将介绍 Java Swing 中用户交互常用的各种元素，首先介绍一些常用的辅助元素，如颜色、字体等。

8.5.1 辅助元素

在 GUI 编程过程中，经常要用到一些表示颜色、位置、大小之类的辅助类型来完成程序。下面分别进行介绍。

1. Color 颜色类

在计算机中经常用到的颜色是基于 RGB 的色彩模式的。RGB 代表红、绿、蓝三个通道的颜色，通过对三个颜色通道的变化及它们相互之间的叠加来得到各式各样的颜色。通常三个通道都用一个字节即 8 位来表示，取值为 0~255，三个通道进行组合（256*256*256），可以形成 1600 多万种颜色。三通道共 24 位，即所谓的 24 位色。而经常听到的 32 位色即在此基础上，又增加了一个 alpha 通道，用来表示透明度。

RGB 三个通道用整数来表示其亮度，0 表示不亮，255 表示全亮，由此我们可以知道（0,0,0）表示黑色，（255,255,255）表示白色。如果包含 alpha 通道的话，则用 0 表示透明，255 表示不透明，其他值表示不透明与透明之间。Java 中表示颜色也是基于 RGB 色彩模式的，类 java.awt.Color 封装了与颜色相关的功能，并对常见颜色提供了一组静态常量，查看其源码可以看到：

```
public final static Color white    = new Color(255, 255, 255);
public final static Color WHITE    = white;
public final static Color red      = new Color(255, 0, 0);
public final static Color RED      = red;
...
```

细心的读者应该发现每一种颜色都提供了两种形式，但本身并没有区别。按照 Java 编程规范要求，静态常量应该采用全大写这一形式，因此请读者坚持使用大写形式。Java 中的颜色默认采用的是 24 位色，不支持透明度设置，要表示 alpha 通道则需要使用其他的构造方式（如下面的第 2、4 两种形式）。Color 类提供了多种构造方法，常用方法如下：

```
public Color(int rgb)
public Color(int rgba, boolean hasalpha)
public Color(int r, int g, int b)
public Color(int r, int g, int b, int alpha)
```

其中，前面两种与网页设置格式的形式兼容，比如蓝色可以用"0xFF"表示，红色可以用"0xFF0000"表示，这种方式创建颜色对象最好采用十六进制形式。如果要设置 alpha 通道，则用前 8 位表示，即"0xFFFF0000"，再将后面参数设置为 true 即可表示不透明的红色。后两种形式是直接设置每个通道的亮度值来表示颜色对象，如源码中创建颜色对象的方式。四参数形式的最后一个参数用来表示 alpha 通道，仍然是 0 表示透明，255 表示不透明。

2. Font 字体类

字符串等文本信息显示和其采用的字体有关,而字体通常包括字体名、字体风格、字体大小等信息。Java 中的 Font 类位于 java.awt 包中,封装了和字体相关的功能,其提供的构造方法如下:

```
public Font(String name, int style, int size)
```

其中字体名可以是系统支持的各种字体,如宋体、Times new roman 等;字体风格支持普通、粗体、斜体,分别由 Font 提供的静态常量 PLAIN、BOLD、ITALIC 表示,通过位运算还可以支持粗斜体风格,即"Font.BOLD | Font. ITALIC"的位或方式;字体大小只支持磅值,如设置为 12 磅。字体除了用于设置文本的字体对象外,还可以结合 Graphics(下一章介绍)进行字符串的长宽测量,我们将在后面举例说明。

3. Dimension 维度类

维度 Dimension 用于表示大小,包括 width 和 height 两个信息,位于 java.awt 包中。该类比较直观和简单,这里不再赘述。

4. Insets 类

类 Insets 用于表示容器周围的嵌入区域大小(如边框、标题等),包括上、下、左、右四个信息,位于 java.awt 包中。8.4.4 节已经通过它来获取窗口的标题栏高度和边框的宽度等信息了,这里就不再赘述了。

5. Image 图片类、ImageIcon 图标类

图片是丰富 GUI 程序的重要元素,Java 中提供了几个类来支持图片的加载、显示、编辑等,支持 png、jpeg、gif 等图片格式。Image 类是位于 java.awt 包中的一个抽象基类,图片加载通常有如下两种方式:

```
Image img = ImageIO.read(new File("图片路径"));
Image img2 = Toolkit.getDefaultToolkit().getImage("图片路径");
```

其中第一种方式有异常抛出,因此需要使用 try-catch 语句块,File 类将在第四单元进行介绍;第一种方式返回的实际对象类型是 BufferedImage 类,继承于 Image,同样位于 java.awt 包中,它表示内存缓存图片,可以对图片进行操作,如缩略图、缩放等。这里介绍一个和 Image 有关的设置窗口图标的方法(默认是 Java 的图标),即窗口提供的 setIconImage 方法,其接受的参数就是一个 Image 对象,注意这里不支持 bmp 图片格式(如果该设置方法执行后没有效果,而图片路径没问题,那就是 Java 不支持该图片格式),其具体设置代码如下:

```
Image image = Toolkit.getDefaultToolkit().getImage("icon.jpg");
this.setIconImage(image.getScaledInstance(48,48,Image.SCALE_SMOOTH));
```

假定 icon 图片位于项目文件夹下,并使用 Image 提供的获取缩放大小后的图片对象作为窗口图标和任务栏图标。

ImageIcon 类是图标 Icon 类的子类,经常用于显示可视化组件上的图标(如按钮各种状态下的图标等),它位于 javax.swing 包中。ImageIcon 可以通过如下几种方式创建:

```
ImageIcon icon = new ImageIcon("图片路径");
ImageIcon icon = new ImageIcon(Image 图片对象);
ImageIcon icon = new ImageIcon("图片 URL");
```

其中第二种方式提供了 Image 对象转换为 ImageIcon 对象的方法。Image 对象一般尺寸较大，我们一般将缩放后的 Image 对象作为参数来创建图标（如上面代码所示）。而 ImageIcon 提供的 getImage 方法则完成 ImageIcon 对象转换为 Image 对象的操作。

我们将在下一章结合 Java 绘图技术来举例介绍 Image、BufferedImage 和 ImageIcon 等几个类的用法。

8.5.2 常用组件

Java Swing 中提供了大量的可视化组件来丰富用户界面的显示和交互，与 AWT 相区别，这些组件都以"J"开头来命名。这里我们重点介绍按钮 JButton、文本框 JTextField、标签 JLabel 三个使用最频繁的组件。

1. JButton

按钮是 GUI 界面用于确认、提交等功能执行的组件，其常用的事件监听是点击动作监听 ActionListener，它继承于 AbstractButton 基类。Java 中的按钮既可以显示文本，也可以显示图片，还可以同时显示文本和图片，并且可以为按钮设置各种状态下的图片：默认图片、压下图片、悬停图片、禁用图片等。按钮提供了如下几种常用构造方法：

```
JButton(Icon)         //图片按钮
JButton(String)       //文本按钮
JButton(String, Icon) //文本、图片同时显示按钮
```

文本和图片同时显示时，可以通过 setVerticalTextPosition 方法设置文本相对于图片的垂直位置，通过 setHorizontalTextPosition 方法设置文本相对于图片的水平位置，JButton 提供了五个相关常量：CENTER、LEFT、RIGHT、TOP、BOTTOM。

制作图片按钮时，至少应该制作三张图片：默认、压下、悬停（可理解为鼠标进入时），并且要对按钮进行一些设置，具体参见如下代码：

【程序代码清单 8-18】

```
1   private JButton createImageButton(){
2       ImageIcon defaultIcon = new ImageIcon("default.png");
3       ImageIcon rollIcon = new ImageIcon("roll.png");
4       ImageIcon pressIcon = new ImageIcon("press.png");
5       JButton btn = new JButton(defaultIcon);
6       btn.setPressedIcon(pressIcon);    //设置压下时图片
7       btn.setRolloverIcon(rollIcon);    //设置鼠标进入时图片
8       btn.setContentAreaFilled(false);//不填充背景，即透明
9       btn.setBorderPainted(false);      //不绘制边框
10      btn.setFocusPainted(false);       //不绘制焦点框
11      btn.setMargin(new Insets(0, 0, 0, 0)); //图片占满整个区域
12      return btn;
13  }
```

另外，需要注意的是，Swing 组件提供了 setOpaque 方法来设置组件是否透明，但此处第 8 行如果换成该方法调用则没有效果，要有效的话需要给按钮设置背景色才行。因此要使按钮背景透明请使用第 8 行所示方法。

Java Swing 中提供了为组件添加键盘快捷方式的新特性（菜单中经常使用这种技术），即通过键盘来代替鼠标的点击动作，使得用户交互更加方便。使用 registerKeyboardAction（ActionListener, KeyStroke, int）方法可以完成，但 Java API 说明其方法已经过时，替代方

式是使用 getInputMap（int）方法和 getActionMap 方法组合完成，其中要用到 Action 这个动作抽象类，继承于接口 ActionListener。一般我们可以使用其抽象子类 AbstractAction，然后实现接口中的方法。下面以登录界面制作为例，前面已经为取消按钮添加了事件处理程序，为了完成给按钮添加一个快捷方式（按"Esc"键退出），并为取消按钮添加助记符 C（需要先按下 Alt 键，也称为热键，另一种快捷方式），我们将代码修改如下：

【程序代码清单 8-19】 C8011_LoginFrame.java 修改版

```
1   public class C8011_LoginFrame extends JFrame{
2       ...
3       private class CloseHandler extends AbstractAction{
4           @Override
5           public void actionPerformed(ActionEvent e) {//e 就是事件对象
6               JButton btn = (JButton)e.getSource();//e 包含事件源对象
7               System.out.println(btn.getText());
8               System.exit(0);
9           }
10      }
11
12      private void initializeComponents() {
13          ...
14          JButton btnCancel = new JButton("取    消(C)");
15          btnCancel.setBounds(200, 160, 100, 24);
16          CloseHandler close = new CloseHandler();
17          //btnCancel.registerKeyboardAction(close,
18          //        KeyStroke.getKeyStroke(KeyEvent.VK_ESCAPE, 0),
19          //        JComponent.WHEN_IN_FOCUSED_WINDOW);
20          btnCancel.getInputMap(JComponent.WHEN_IN_FOCUSED_WINDOW)
21  .put(KeyStroke.getKeyStroke(KeyEvent.VK_ESCAPE, 0), "cancel");
22          btnCancel.getActionMap().put("cancel", close);
23          btnCancel.setMnemonic('C');
24          btnCancel.addActionListener(close);
25          this.add(btnCancel);
26          ...
27      }
28  }
```

代码说明：①CloseHandler 不再直接继承于 ActionListener 接口，而是间接继承，关系改变使其既可以适配订阅事件的方法，也可以适配第 22 行的动作映射。②取消按钮文本中添加了"(C)"助记符，并通过第 23 行设置后，就可以通过"Alt+C"的方式关闭窗口。③KeyStroke 击键类通过 getKeyStroke 方法来表示按键信息，可以是组合键也可以是单键。该方法常用的形式如下：

```
getKeyStroke(String info)
getKeyStroke(int keyCode, int modifiers)
```

如通过"Ctrl b"方式表示"Ctrl+b"组合键，通过"F2"表示功能键 F2；也可以通过第二种方式（KeyEvent.VK_B, ActionEvent.CTRL_MASK）来设置，其中第一个参数表示键盘键值，由 KeyEvent 提供的静态常量表示，第二个参数表示修改键（通常是 Shift、Alt、Ctrl，还可以组合）按下状态，由 ActionEvent 提供的静态常量表示。如果传入 0，则表示无修改键组合，即单键快捷方式，Esc 键、回车键等就需要这样设置。④getInputMap 获取输入映射（传入的参数表示窗口为当前窗口时可以触发，如果不传参数，则默认是组件获得焦点后才触发），然后往输入映射中添加一个新的键盘与文本的映射，然后再由 getActionMap 方法获取动作映射并增加该文本与动作对象的映射。通过两次映射，最终完成击键与动作对象的关联，从而达到快捷键的作用。⑤第 17~19 行代码也可以完成相同功能，而且使用也简单点，只是过时了而已。

最后，关于按钮，还有一个应用场景就是窗口的默认按钮设置，即用回车键代替某个键的点击，如很多登录窗口（如 QQ）都有此功能，用户名和密码输入后回车即可。Java Swing 的顶层容器的根面板提供了这一功能，我们可以使用如下方式调用：this.getRootPane().setDefaultButton(btnOK);。读者可将该语句添加到登录界面的示例中，运行并观察其效果。

2. JTextFiled

文本框组件是 GUI 模式下最常见的输入方式，包括单行文本框 JTextField、单行密码框 JPasswordField、多行文本框 JTextArea。三者之间的关系在图 8-18 中已经展示，三者都是 JTextComponent 的子类，密码框还是单行文本框的子类。文本框组件提供了文本编辑相关的功能，如复制、剪切、粘贴等，并内置了对其快捷方式的支持，如 "Ctrl+C" 表示复制一样。密码框提供了一个修改密码显示字符的方法 setEchoChar（char），获取密码使用 getPassword 方法，而 getText 方法（另外两个文本组件使用）不推荐使用。

多行文本框组件经常用于需要很多信息录入的时候，如文本编辑器等，但 Java 中 JTextArea 只支持纯文本格式，如果要支持富文本、Html 语法或插入图片等，需要使用 JTextPane 或 JEditorPane 这两个组件。这两个组件支持三种内容类型：纯文本类型 text/plain、富文本类型 text/rtf、网页类型 text/html，我们可以通过 setContentType（String）方法进行设置。关于 JTextPane 和 JEditorPane 组件的更多信息，请读者参阅网络相关资源。

3. JLabel

标签 JLabel 常用于显示静态信息，也可以用于显示图片，程序运行过程中用户不能主动改变它（可以通过代码改变），因而它不能获得用户输入焦点。JLabel 的使用相当简单，这里结合前面的卡片布局来制作一个图片查看器，使用 JLabel 来显示图片，其代码如下：

【程序代码清单 8-20】C8017_CardLayoutDemo.java

```java
import java.awt.BorderLayout;
import java.awt.CardLayout;
import java.awt.Image;
import java.awt.Toolkit;
import java.awt.event.ActionEvent;
import java.awt.event.ActionListener;

import javax.swing.ImageIcon;
import javax.swing.JButton;
import javax.swing.JFrame;
import javax.swing.JLabel;
import javax.swing.JPanel;
import javax.swing.SwingUtilities;

@SuppressWarnings("serial")
public class C8017_CardLayoutDemo extends JFrame{
    public static void main(String[] args) {
        SwingUtilities.invokeLater(new Runnable() {
            @Override
            public void run() {
                JFrame frame = new C8017_CardLayoutDemo();
                frame.setVisible(true);
            }
        });
    }

    public C8017_CardLayoutDemo(){
        initializeComponents();
```

```
29      }
30
31      private void initializeComponents() {
32          CardLayout cly = new CardLayout(20, 20);
33          JPanel cards = new JPanel(cly);
34          for(int i = 1; i <= 5; i++){
35              String name = String.format("view%02d.jpg", i);
36              Image img = Toolkit.getDefaultToolkit().getImage(name);
37              img= img.getScaledInstance(600, 450, Image.SCALE_SMOOTH);
38              ImageIcon icon = new ImageIcon(img);
39              JLabel lbImg = new JLabel(icon);
40              cards.add(lbImg);
41          }
42
43          JPanel bottom = new JPanel();
44
45          JButton btnPrev = new JButton("prev");
46          btnPrev.addActionListener(new ActionListener() {
47              @Override
48              public void actionPerformed(ActionEvent e) {
49                  cly.previous(cards);
50              }
51          });
52          bottom.add(btnPrev);
53          JButton btnNext = new JButton("next");
54          btnNext.addActionListener(new ActionListener() {
55              @Override
56              public void actionPerformed(ActionEvent e) {
57                  cly.next(cards);
58              }
59          });
60          bottom.add(btnNext);
61
62          this.add(cards);
63          this.add(bottom, BorderLayout.SOUTH);
64          this.setTitle("图片查看器");
65          this.setSize(800, 600);
66          this.setLocationRelativeTo(null);
67          this.setDefaultCloseOperation(EXIT_ON_CLOSE);
68      }
69  }
```

其运行效果如图 8-19 所示。

图 8-19　图片查看器效果

代码说明：①第 33～41 行代码用来循环创建 5 个 JLabel 对象，并用来显示图片。图片的文件名形如 "view01.jpg"，读者准备图片时也请按此命名。加载图片后，可以对图片进行缩放以统一尺寸方便显示。②底部的两个按钮的事件是使用匿名内部类的方式完成的，其中卡片布局的 next 或 previous 方法都支持循环移动。

最后，将前面的登录窗口进行完善：密码框使用 JPasswordField，登录按钮设置为窗口默认按钮，并单击打开主界面（MainFrame），其完整代码如下：

【程序代码清单 8-21】C8011_MainFrame.java

```
1   import javax.swing.JFrame;
2
3   @SuppressWarnings("serial")
4   public class C8011_MainFrame extends JFrame{
5       public C8011_MainFrame(){
6           initializeComponents();
7       }
8
9       private void initializeComponents() {
10          this.setTitle("学生信息管理系统");
11          this.setSize(800, 600);
12          this.setExtendedState(MAXIMIZED_BOTH);
13          this.setDefaultCloseOperation(EXIT_ON_CLOSE);
14      }
15  }
```

【程序代码清单 8-22】C8011_LoginFrame.java 修改版

```
1   ...
2
3   @SuppressWarnings("serial")
4   public class C8011_LoginFrame extends JFrame{
5       private JPasswordField txtPwd;
6       private JTextField txtUser;
7
8       ...
9
10      private class LoginHandler implements ActionListener{
11          @Override
12          public void actionPerformed(ActionEvent e) {
13              String name = txtUser.getText();
14              String pwd = new String(txtPwd.getPassword());
15              if (name.equals("admin") && pwd.equals("admin")){
16                  C8011_LoginFrame.this.dispose();
17                  JFrame frame = new C8011_MainFrame();
18                  frame.setVisible(true);
19              }else{
20                  JOptionPane.showMessageDialog(null,"用户名或密码错误！");
21              }
22          }
23      }
24
25      private void initializeComponents() {
26          ...
27          txtPwd = new JPasswordField();
28          txtPwd.setBounds(80, 126, 280, 24);
29          this.add(txtPwd);
30
31          JButton btnOK = new JButton("登    录");
32          btnOK.setBounds(100, 160, 80, 24);
33          btnOK.addActionListener(new LoginHandler());
34          this.add(btnOK);
35
36          ...
```

```
37
38            this.getRootPane().setDefaultButton(btnOK);//设置窗口默认按钮
39            ...
40            this.setDefaultCloseOperation(DISPOSE_ON_CLOSE);//与前面不同
41        }
42    }
```

代码说明：①由于 LoginHandler 的事件处理要访问两个文本框，因而将其提升为成员变量。②第 40 行代码与第一版不同，必须修改。因为 EXIT_ON_CLOSE 这种行为只能用于主窗口的设置，否则登录界面关闭程序就会退出。③登录的事件处理中模拟了用户名和密码的检查，通过则关闭自身，打开主界面；否则弹出消息框（下节介绍）。④再次强调，引用类型的判等用 equals 方法，不要使用运算符"=="。⑤第 38 行代码将 btnOK 设置为窗口默认按钮，因而用户名和密码输入后回车即可触发登录事件，请读者运行程序体验。⑥第 14 行中，密码框不要使用 getText 来获取文本，替代方式为用 getPassword 方法，再通过字符串的构造方法得到密码文本。

8.5.3 通用对话框

GUI 程序中经常可以看到如消息框、确认框等通用对话框，又比如文件操作时经常用到的打开、保存文件对话框等。由于其通用性，Java Swing 已经对其进行了封装，我们只需学会使用即可。

1. JOptionPane

如消息框、确认框等对话框由 JOptionPane 类提供，通过不同的静态方法进行调用。消息框（如上例）由 showMessageDialog 方法调用，其完整形式包括五个参数：父容器对象、消息串、窗口标题、消息类型、图标。其中消息类型由 JOptionPane 提供的静态常量指定，显示不同的信息图标（默认图标，可通过第 5 个参数修改），分类如下：

◆ INFORMATION_MESSAGE：表示消息信息；
◆ ERROR_MESSAGE：表示错误信息；
◆ WARNING_MESSAGE：表示警告信息；
◆ QUESTION_MESSAGE：表示疑问信息；
◆ PLAIN_MESSAGE：表示纯文本，即无图标显示。

其参数中除前两个外均设有默认值，因此我们用两个参数的重载形式调用即采用默认设置，图 8-20 所示是使用系统默认图标的错误提示框。

图 8-20　使用系统默认图标的错误提示框

确认框由静态方法 showConfirmDialog 方法调用，其关闭后会有返回结果，由 YES_OPTION、NO_OPTION、OK_OPTION、CANCEL_OPTION 四个常量值表示选择的是哪个按钮。其完整形式包括六个参数：父容器对象、信息串、标题、按钮类型、消息类型、图标。其中按钮类型参数由 JOptionPane 类提供的静态常量指定，分类如下：

- YES_NO_OPTION：包含是、否两个按钮；
- YES_NO_CANCEL_OPTION：包含是、否、取消三个按钮；
- OK_CANCEL_OPTION：包含确定、取消两个按钮。

其参数中除前两个外均设有默认值，因此我们用两个参数的重载形式调用即采用默认设置，图 8-21 所示是编辑软件关闭时经常弹出的确认框。

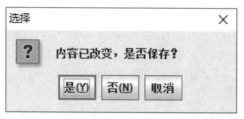

图 8-21　确认框效果

输入框由静态方法 showInputDialog 方法调用，主要有两种调用形式：一是由用户通过文本框进行输入，返回其输入的信息串；二是用户通过下拉框选择，返回其选择结果。第一种方式可以指定默认信息输入，输入框效果如图 8-22 所示。

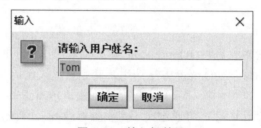

图 8-22　输入框效果

其调用形式如下：

```
String name = JOptionPane.showInputDialog("请输入用户姓名：", "Tom");
```

我们可以通过变量 name 保存输入框中输入的内容。第二种方式需要提供七个参数，最关键的是下拉框中选项的指定，其调用形式如下：

```
Object[] levels = new Object[]{"Normal","Easy","Hard"};
Object selected = JOptionPane.showInputDialog(null, "请选择游戏难度", "难度选择",
                  JOptionPane.PLAIN_MESSAGE, null, levels, levels[0]);
```

选择框效果如图 8-23 所示。

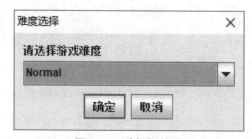

图 8-23　选择框效果

其中最后一个参数表示默认初始选项，父容器对象指定为 null 则表示在屏幕居中显示，我们可以通过 selected 来保存用户的选择。JOptionPane 还提供了一种对话框 showOptionDialog，其使用和输入框的第二种形式差不多，这里不再赘述。

2. 其他对话框

Java Swing 中文件操作的通用对话框由 JFileChooser 类提供，其中包含打开文件对话框、保存文件对话框，也可以设置只能选择文件夹的浏览对话框。打开文件对话框使用效果如图 8-24 所示。

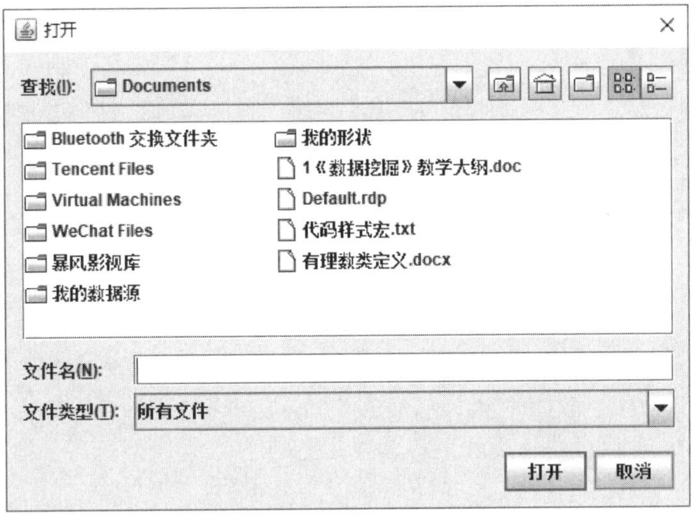

图 8-24　打开文件对话框

其具体使用语法将在第 12 章中结合具体实例进行介绍。

Java Swing 中还提供了颜色选择对话框 JColorChooser，简单使用如下：

```
Color selectedColor = JColorChooser.showDialog(null, "颜色盘", Color.RED);
```

请读者自行实验并观察效果。

最后，我们应该发现还有一个常用对话框——字体对话框没有介绍，不是遗漏，而是 Java Swing 中并没有提供字体对话框。下面我们将以自定义对话框的方式完成一个只有字体名称设置的字体对话框，其他的请读者自己扩展。其实现思路为：封装字体名称选择、示例文本、确定按钮、取消按钮，字体选择改变示例文本字体随之改变；另外，字体对话框应该设置为模式对话框，因而其继承于 JDialog 而不是 JFrame；通过提供静态方法显示对话框，关闭后返回所选字体；对话框采用绝对布局方式，不能调整大小。其具体实现代码如下：

【程序代码清单 8-23】C8018_FontDialog.java

```
1  import java.awt.Color;
2  import java.awt.Font;
3  import java.awt.GraphicsEnvironment;
4  import java.awt.event.ActionEvent;
5  import java.awt.event.ActionListener;
6
7  import javax.swing.BorderFactory;
8  import javax.swing.JButton;
9  import javax.swing.JDialog;
10 import javax.swing.JLabel;
```

```java
11  import javax.swing.JList;
12  import javax.swing.JPanel;
13  import javax.swing.JScrollPane;
14  import javax.swing.JTextField;
15  import javax.swing.ListSelectionModel;
16  import javax.swing.event.ListSelectionEvent;
17  import javax.swing.event.ListSelectionListener;
18
19  @SuppressWarnings("serial")
20  public class C8018_FontDialog extends JDialog{
21      private Font selected;  //所选字体
22      private JLabel lbText;  //示例文本标签
23      private JTextField txtFont;  //显示字体名称文本框
24      private boolean isOK = false;  //确定退出还是取消退出
25
26      private C8018_FontDialog(){
27          setModalityType(DEFAULT_MODALITY_TYPE); //设置模式对话框
28          initializeComponents();
29      }
30
31      //确定返回所选字体，否则返回空
32      public static Font showDialog(){
33          C8018_FontDialog dlg = new C8018_FontDialog();
34          dlg.setVisible(true);
35          return dlg.isOK ? dlg.selected : null;
36      }
37
38      private class SelectChangedHandler implements
39  ListSelectionListener{
40          @SuppressWarnings("unchecked")
41          @Override
42          public void valueChanged(ListSelectionEvent e) {
43              JList<String> list = (JList<String>)e.getSource();
44              String name = list.getSelectedValue();
45              txtFont.setText(name);
46              selected = new Font(name, Font.BOLD, 24);
47              lbText.setFont(selected);
48          }
49      }
50
51      private class DisposeHandler implements ActionListener{
52          @Override
53          public void actionPerformed(ActionEvent e) {
54              JButton btn = (JButton)e.getSource();
55              isOK = (boolean)btn.getClientProperty("result");
56              dispose();
57          }
58      }
59
60      private void initializeComponents() {
61          this.setLayout(null);
62          JPanel left = new JPanel(null);
63          left.setBounds(10, 10, 180, 200);
64          left.setBorder(BorderFactory.createTitledBorder("字体"));
65
66          Font[] fonts = GraphicsEnvironment.
67                  getLocalGraphicsEnvironment().getAllFonts();
68          String[] names = new String[fonts.length];
69          for(int i = 0; i < names.length; i++)
70              names[i] = fonts[i].getName();
71
72          txtFont = new JTextField(names[0]);
73          txtFont.setBounds(10, 30, 160, 24);
74          txtFont.setFocusable(false); //文本框不能获得焦点
75          left.add(txtFont);
76
77          JList<String> fontList = new JList<String>(names);
78          fontList.setBorder(
```

```
 79            BorderFactory.createLineBorder(Color.GRAY));
 80            fontList.setBounds(10, 56, 160, 120);
 81            fontList.setSelectionMode(
 82     ListSelectionModel.SINGLE_SELECTION);
 83            fontList.addListSelectionListener(
 84     new SelectChangedHandler());
 85
 86            JScrollPane scroll = new JScrollPane();
 87            scroll.setBounds(10, 56, 160, 120);
 88            scroll.setHorizontalScrollBarPolicy(
 89                    JScrollPane.HORIZONTAL_SCROLLBAR_AS_NEEDED);
 90            scroll.setVerticalScrollBarPolicy(
 91                    JScrollPane.VERTICAL_SCROLLBAR_ALWAYS);
 92            scroll.setViewportView(fontList);
 93            left.add(scroll);
 94
 95            JPanel right = new JPanel();
 96            right.setBounds(200, 10, 180, 200);
 97            right.setBorder(BorderFactory.createTitledBorder("示例文本"));
 98            lbText = new JLabel("AaBbCc");
 99            selected = lbText.getFont();   //将标签字体设为默认字体
100            right.add(lbText);
101
102            JPanel bottom = new JPanel();
103            bottom.setBounds(10, 220, 380, 40);
104            DisposeHandler handler = new DisposeHandler();
105            JButton btnOK = new JButton("OK");
106            btnOK.putClientProperty("result", true);
107            btnOK.addActionListener(handler);
108            bottom.add(btnOK);
109            JButton btnCancel = new JButton("Cancel");
110            btnCancel.putClientProperty("result", false);
111            btnCancel.addActionListener(handler);
112            bottom.add(btnCancel);
113
114            this.add(left);
115            this.add(right);
116            this.add(bottom);
117            this.setTitle("字体选择");
118            this.setSize(400, 300);
119            this.setResizable(false);
120            this.setLocationRelativeTo(null);
121            this.setDefaultCloseOperation(DISPOSE_ON_CLOSE);
122        }
123    }
124
```

代码说明：①第 24 行代码定义 isOK 来保存窗口是确定退出还是取消退出的状态，默认为 false。第 55 行代码在窗口退出前设置 isOK 的状态，这里用到了前面介绍的 Swing 提供的给组件设置关联属性的技巧，如 107、111 行代码。第 35 行代码在窗口关闭后根据 isOK 状态返回选项字体或空。②第 62～93 行代码完成了字体区域的设置，包括根据列表选项显示字体名称的文本框和系统所有字体的列表选项框，并为列表选项框设置了滚动支持；为组件设置了两种边框样式：带标题边框和线形边框；并为列表选项框添加了选项发生改变的监听器，选项改变则文本框字体名称改变，并且示例文本的字体也会发生改变。③读者应该看到我们将构造方法设置为私有权限，而通过静态方法 showDialog 来创建并显示字体对话框，关闭时返回所选字体。下面来看其如何使用，测试代码如下：

【程序代码清单 8-24】C8018_FontTest.java

```
1     import java.awt.BorderLayout;
2     import java.awt.Font;
```

```java
3   import java.awt.event.ActionEvent;
4   import java.awt.event.ActionListener;
5   
6   import javax.swing.JButton;
7   import javax.swing.JFrame;
8   import javax.swing.JLabel;
9   import javax.swing.SwingUtilities;
10  
11  @SuppressWarnings("serial")
12  public class C8018_FontTest extends JFrame{
13      public static void main(String[] args) {
14          SwingUtilities.invokeLater(new Runnable() {
15              @Override
16              public void run() {
17                  JFrame frame = new C8018_FontTest();
18                  frame.setVisible(true);
19              }
20          });
21      }
22      
23      public C8018_FontTest(){
24          initializeComponents();
25      }
26      
27      private void initializeComponents() {
28          JLabel lbText = new JLabel("I love Java");
29          JButton btnFont = new JButton("字体设置");
30          btnFont.addActionListener(new ActionListener() {
31              @Override
32              public void actionPerformed(ActionEvent e) {
33                  Font font = C8018_FontDialog.showDialog();
34                  if (font != null){
35                      lbText.setFont(font);
36                  }
37              }
38          });
39          
40          this.add(lbText);
41          this.add(btnFont, BorderLayout.SOUTH);
42          this.setTitle("字体设置测试");
43          this.setSize(400,300);
44          this.setLocationRelativeTo(null);
45          this.setDefaultCloseOperation(EXIT_ON_CLOSE);
46      }
47  }
```

字体对话框效果如图 8-25 所示。

图 8-25　字体对话框效果

代码说明：可以看到字体对话框的使用相当简便，只需如第 33~36 行的方式执行即可。

8.5.4 菜单栏

菜单是 GUI 程序常见的可视化元素，一般软件的上方都有菜单栏，通常都支持右键菜单，Java 相应支持的类是 JMenuBar 和 JPopupMenu。这两个类都是 JMenu 菜单的容器，而 JMenu 又是 JMenuItem 菜单项的容器。这里需要注意，首先，JMenuItem 和 JButton 一样，都继承于 AbstractButton，因而它们有许多相似的设置；其次，JMenu 既是 JMenuItem 的容器，又是其子类，这样设计可以形成多级菜单；最后，JMenuItem 除了 JMenu 子类外，还有两个子类，分别是单选菜单 JRadioButtonMenuItem 和复选菜单 JCheckBoxMenuItem。下面以 Notepad++软件的菜单栏为例，如图 8-26 所示，观察各种对象的位置和直观形式。

图 8-26 菜单栏示意图

下面具体来制作一个菜单栏，演示菜单的常用设置如名称、热键、快捷键、菜单图标等，另外，也将演示单选菜单、复选菜单和二级菜单，其代码如下：

【程序代码清单 8-25】C8019_MenuDemo.java

```
1   import java.awt.Image;
2   import java.awt.Toolkit;
3
4   import javax.swing.ImageIcon;
5   import javax.swing.JCheckBoxMenuItem;
6   import javax.swing.JFrame;
7   import javax.swing.JMenu;
8   import javax.swing.JMenuBar;
9   import javax.swing.JMenuItem;
10  import javax.swing.JRadioButtonMenuItem;
11  import javax.swing.KeyStroke;
12  import javax.swing.SwingUtilities;
13  import javax.swing.UIManager;
14
15  @SuppressWarnings("serial")
16  public class C8019_MenuDemo extends JFrame{
17      public static void main(String[] args) {
18          SwingUtilities.invokeLater(new Runnable() {
19              @Override
20              public void run() {
21                  try {
22                      JFrame frame = new C8019_MenuDemo();
23                      frame.setVisible(true);
24                      UIManager.setLookAndFeel(
```

```java
25   UIManager.getSystemLookAndFeelClassName());
26                   SwingUtilities.updateComponentTreeUI(frame);
27             } catch (Exception e) {}
28         }
29     });
30   }
31
32   public C8019_MenuDemo(){
33       initializeComponents();
34   }
35
36   private void initializeComponents() {
37       JMenuBar bar = createBar();
38       this.setJMenuBar(bar);
39       this.setTitle("菜单测试");
40       this.setSize(600, 450);
41       this.setLocationRelativeTo(null);
42       this.setDefaultCloseOperation(EXIT_ON_CLOSE);
43   }
44
45   private JMenuBar createBar() {
46       JMenuBar bar = new JMenuBar();
47
48       JMenu mnFile = new JMenu("File");
49       mnFile.setMnemonic('F');{
50           JMenuItem itemNew = new JMenuItem("New");
51           customSet(itemNew, 'N', "ctrl N");
52           Image img=Toolkit.getDefaultToolkit()
53 .getImage("p08.png");
54           ImageIcon icon = new ImageIcon(img.getScaledInstance(
55                             24, 24, Image.SCALE_SMOOTH));
56           itemNew.setIcon(icon);
57           mnFile.add(itemNew);
58           mnFile.addSeparator();
59
60           JMenu mnLevel = new JMenu("Level");
61           mnLevel.setMnemonic('L');{
62               JRadioButtonMenuItem itemEasy =
63                       new JRadioButtonMenuItem("Easy");
64               customSet(itemEasy, 'E', "");
65               mnLevel.add(itemEasy);
66
67               JRadioButtonMenuItem itemNormal =
68                       new JRadioButtonMenuItem("Normal");
69               customSet(itemNormal, 'N', "");
70               itemNormal.setSelected(true);
71               mnLevel.add(itemNormal);
72
73               JRadioButtonMenuItem itemHard =
74                       new JRadioButtonMenuItem("Hard");
75               customSet(itemHard, 'H', "");
76               mnLevel.add(itemHard);
77           }
78           mnFile.add(mnLevel);
79
80           JCheckBoxMenuItem itemBgmusic =
81                   new JCheckBoxMenuItem("Bg Music");
82           customSet(itemBgmusic, 'B', "");
83           itemBgmusic.setSelected(true);
84           mnFile.add(itemBgmusic);
85           mnFile.addSeparator();
86
87           JMenuItem itemExit = new JMenuItem("Exit");
88           customSet(itemExit, 'E', "ctrl Q");
89           mnFile.add(itemExit);
90       }
91
92       JMenu mnHelp = new JMenu("Help");
```

```
93          mnHelp.setMnemonic('H');{
94              JMenuItem itemAbout = new JMenuItem("About...");
95              customSet(itemAbout, 'A', "");
96              mnHelp.add(itemAbout);
97          }
98
99          bar.add(mnFile);
100         bar.add(mnHelp);
101         return bar;
102     }
103
104     private void customSet(JMenuItem item, char hk, String ak){
105         item.setMnemonic(hk); //设置热键,即助记符
106         item.setAccelerator(KeyStroke.getKeyStroke(ak));//快捷键
107     }
108 }
```

代码说明:①我们在 main 函数中应用了当前操作系统的界面风格,菜单显示和当前系统保持一致。②第 51~90 行代码,读者应该发现我们人为地添加了"{}"来体现 File 菜单的逻辑组成,并在里面的第 62~76 行再次添加块来表达二级菜单 Level 的组成。③二级菜单中均使用单选菜单,并让 Normal 默认选中。另外,需要注意的是,单选按钮的状态管理(一组中应该只有一个选中,即互斥性)需要使用 ButtonGroup 类来管理,后面的例子会演示其具体用法。④Bgmusic 菜单使用复选菜单,默认选中。⑤About 菜单的名称中包含了"..."省略号,这是菜单制作的交互原则,即单击菜单有弹出窗口的应该在名字中包含省略号来区分,读者可以观察其他软件的菜单来检验。⑥菜单项可以添加图标,但图标不能太大,我们演示了给 New 菜单添加图标的方法,请掌握。各种菜单效果如图 8-27 所示。

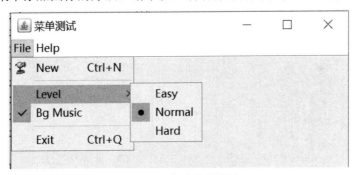

图 8-27 各种菜单效果

除了主菜单栏外,经常用到的还有右键菜单,也叫上下文菜单。Java Swing 中提供的 JPopupMenu 用于制作这种菜单。除位置不同外,弹出菜单和主菜单一样,上面所介绍的各种菜单和常用设置都可应用于弹出菜单。最后,菜单最经常使用的事件监听和 JButton 一样,都是 ActionListener,我们通过订阅事件即可通过菜单来进行相应操作。弹出菜单和事件处理将在下一节进行应用。

8.5.5 系统托盘

系统托盘是个特殊区域,通常在桌面的底部,用户可以随时访问正在运行中的那些程序。微软的 Windows 操作系统中,系统托盘常指任务栏右边的通知区域。有很多软件常常在最小化时停靠到托盘中,如大家熟悉的 QQ。Java 中通过 SystemTray 和 TrayIcon 两个类可以支

持这种行为，这在 AWT 包中就可以实现了。SystemTray 可以获得当前系统的托盘区域，而 TrayIcon 是设置放入托盘区域的对象，包括图标、提示信息和弹出菜单。由于是在 AWT 中实现，弹出菜单使用的是 AWT 包中的 PopupMenu，而不是 JPopupMenu，不过二者的用法很相似。我们通过下面的程序来完整模拟托盘程序：

【程序代码清单 8-26】C8020_TrayIconDemo.java

```java
import java.awt.Image;
import java.awt.MenuItem;
import java.awt.PopupMenu;
import java.awt.SystemTray;
import java.awt.Toolkit;
import java.awt.TrayIcon;
import java.awt.event.ActionEvent;
import java.awt.event.ActionListener;
import java.awt.event.WindowAdapter;
import java.awt.event.WindowEvent;

import javax.swing.JFrame;
import javax.swing.JOptionPane;
import javax.swing.SwingUtilities;

@SuppressWarnings("serial")
public class C8020_TrayIconDemo extends JFrame{
    private TrayIcon icon;
    private SystemTray tray;

    public static void main(String[] args) {
        SwingUtilities.invokeLater(new Runnable() {
            @Override
            public void run() {
                JFrame frame = new C8020_TrayIconDemo();
                frame.setVisible(true);
            }
        });
    }

    public C8020_TrayIconDemo(){
        if (SystemTray.isSupported())
            tray = SystemTray.getSystemTray();
        initializeComponents();
    }

    private class CloseHandler extends WindowAdapter{
        @Override
        public void windowClosing(WindowEvent e) {
            String[] options = {"最小化到托盘", "退出程序"};
            Object result = JOptionPane.showInputDialog(null,
        "退出程序还是最小化到托盘", "提示", JOptionPane.QUESTION_MESSAGE,
        null, options, options[0]);
            if (result == null) return;

            if ("退出程序".equals(result)){
                System.exit(0);
            }else{
                try {
                    setVisible(false);
                    tray.add(icon);
                } catch (Exception e2) {}
            }
        }
    }

    private void initializeComponents() {
        Image img = Toolkit.getDefaultToolkit()
```

```
59                                .getImage("tray.png");
60              PopupMenu pm = new PopupMenu();{
61                  MenuItem itemOpen = new MenuItem("还    原");
62                  itemOpen.addActionListener(new ActionListener() {
63                      @Override
64                      public void actionPerformed(ActionEvent e) {
65                          tray.remove(icon);
66                          C8020_TrayIconDemo.this.setVisible(true);
67                      }
68                  });
69                  MenuItem itemExit = new MenuItem("关    闭");
70                  itemExit.addActionListener(new ActionListener() {
71                      @Override
72                      public void actionPerformed(ActionEvent e) {
73                          System.exit(0);
74                      }
75                  });
76
77                  pm.add(itemOpen);
78                  pm.add(itemExit);
79              }
80
81              icon = new TrayIcon(img, "程序正在运行中...", pm);
82              icon.setImageAutoSize(true);
83
84              this.setTitle("系统托盘程序");
85              this.setSize(400, 300);
86              this.setLocationRelativeTo(null);
87              this.setDefaultCloseOperation(DO_NOTHING_ON_CLOSE);
88              this.addWindowListener(new CloseHandler());
89          }
90      }
```

代码说明：①构造方法中，通过 SystemTray 提供的方法检查系统是否支持托盘来获取系统托盘并存于 tray 中。②从第 81 行代码可以看到，创建一个托盘图标需要三个参数：图标、提示信息及弹出菜单。弹出菜单添加了两个菜单项，还原是从托盘图标变回原窗口，关闭则退出程序。托盘图标默认单击鼠标右键弹出菜单。③托盘图标加入系统托盘则显示（51 行），从系统托盘删除则不显示(65 行)。④窗口默认关闭行为被设置为 DO_NOTHING_ON_CLOSE，表示单击关闭按钮什么都不做，但会触发 windowClosing 事件。通过这样设置，就可以处理输入对话框出现后单击取消的动作（就是什么也不做）。而如果选择最小化到托盘，则让窗口隐藏，图标显示在通知区域；如果选择的是退出程序，则程序结束，窗口关闭。

8.6 自动化任务

很多时候，我们希望能够实现自动测试、自动演示、自动输入功能，或者是其他的一些鼠标和键盘控制的应用。出于这样的目的，自从 JDK1.3 开始，Java 就为我们提供了一个用来产生本机输入事件的机器人类 Robot，位于 java.awt 包中。它提供的功能可以大致分为：控制功能（如延时控制）、鼠标功能（模拟鼠标压下弹起或移动）、键盘功能（模拟键盘压下和弹起）、屏幕功能（屏幕截图或取色）。我们创建 Robot 对象后，就可以通过它提供的功能来模拟输入控制了。

8.6.1 模拟鼠标键盘

Robot 提供的鼠标输入方法有：

- ◆ void mouseMove（int, int）：将鼠标移到屏幕指定位置，移动后最好添加主动延时控制，如 delay（300），表示延时 300ms。
- ◆ void mousePress（int buttons）：鼠标压下，可通过参数控制哪个键压下，参数通过 InputEvent 提供的常量值表示，如 BUTTON1_MASK 表示鼠标左键。
- ◆ void mouseRelease（int buttons）：鼠标弹起，一次完整的鼠标单击包括压下和弹起两个动作，其参数意义如上。
- ◆ void mouseWheel（int）：鼠标滚轮滚动，正负数表示滚动方向。

Robot 提供的键盘输入方法有：

- ◆ void keyPress（int keyCode）：键盘压下，参数表示模拟的键值。
- ◆ void keyRelease（int keyCode）：键盘弹起，参数表示模拟的键值。一次击键应该压下、弹起成对表示。

下面通过一个自动录入成绩的例子来演示鼠标键盘的模拟，首先将 Robot 的操作进行封装，定义 Simulater 类，其代码如下：

【程序代码清单 8-27】C8021_Simulater.java

```java
import java.awt.Robot;
import java.awt.event.InputEvent;
import java.awt.event.KeyEvent;

public class C8021_Simulater{
    private static Robot robot;

    static{
        try {
            robot = new Robot();
            robot.setAutoDelay(20);
        } catch (Exception e) {}
    }

    public static void pressKey(int keyCode){
        robot.keyPress(keyCode);
        robot.keyRelease(keyCode);
    }

    public static void pressKeys(String text){
        for(int i = 0; i < text.length(); i++){
            char ch = text.charAt(i);
            if (Character.isUpperCase(ch)){
                pressKey(KeyEvent.VK_CAPS_LOCK);
                pressKey(ch);
                pressKey(KeyEvent.VK_CAPS_LOCK);
            }else if (Character.isLowerCase(ch))
                pressKey(ch - 0x20);
            else
                pressKey(ch);
        }
        robot.delay(300);
    }

    public static void clickMouse(int x, int y){
        robot.mouseMove(x, y);
        robot.delay(300);
        robot.mousePress(InputEvent.BUTTON1_MASK);
        robot.mouseRelease(InputEvent.BUTTON1_MASK);
        robot.delay(300);
    }
}
```

代码说明：①第 11 行代码表示每个事件后自动延时 20ms。②第 35~41 行模拟鼠标一次单击动作，其过程是先移动到指定位置再压下弹起，完成单击。③第 20~33 行定义的方法用于击键输入字符串，其中大写字母键值与字符 ASCII 码正好一致，但必须先按下大写锁定键；小写字母键值与大写字母键值一样，因而要用 ASCII 码减去 0x20 才对（大小写字母 ASCII 码正好差 0x20）；其他字符没有处理。

有了这个类定义，下面来进行测试，模拟过程：先打开一个 Excel 文件（本例中该文件在运行前准备好，而没有通过代码打开，当然也可以通过 Runtime.getRuntime().exec()方式打开外部程序），然后通过鼠标拖曳移动到准备输入的起始单元格，文本框中会显示其屏幕坐标（也可以按"75, 210"的格式在文本框输入），最后批量输入成绩。其实现代码如下：

【程序代码清单 8-28】C8021_RobotDemo.java

```java
1   import java.awt.event.ActionEvent;
2   import java.awt.event.ActionListener;
3   import java.awt.event.KeyEvent;
4   import java.awt.event.MouseAdapter;
5   import java.awt.event.MouseEvent;
6
7   import javax.swing.JButton;
8   import javax.swing.JFrame;
9   import javax.swing.JLabel;
10  import javax.swing.JTextField;
11  import javax.swing.SwingUtilities;
12
13  @SuppressWarnings("serial")
14  public class C8021_RobotDemo extends JFrame{
15      private JTextField txtMouse;
16
17      public static void main(String[] args) {
18          SwingUtilities.invokeLater(new Runnable() {
19              @Override
20              public void run() {
21                  JFrame frame = new C8021_RobotDemo();
22                  frame.setVisible(true);
23              }
24          });
25      }
26
27      public C8021_RobotDemo(){
28          initializeComponents();
29      }
30
31      private class InputHandler implements ActionListener{
32          @Override
33          public void actionPerformed(ActionEvent e) {
34              Simulater.clickMouse(500, 20); //模拟鼠标单击标题栏切换窗口
35              String loc = txtMouse.getText();
36              String[] offset = loc.split(",");
37              Simulater.clickMouse(Integer.parseInt(offset[0]),
38                  Integer.parseInt(offset[1]));//第二次单击定位单元格
39
40              int[] scores = {98, 76, 87, 56, 47, 39, 90, 81};
41              for(int s : scores){
42                  String num = String.valueOf(s);
43                  Simulater.pressKeys(num);
44                  Simulater.pressKey(KeyEvent.VK_DOWN);
45              }
46          }
47      }
48
```

```
49      private class MouseHandler extends MouseAdapter{
50          @Override
51          public void mouseDragged(MouseEvent e) {
52              txtMouse.setText(String.format("%d,%d",
53                  e.getXOnScreen(), e.getYOnScreen()));
54          }
55      }
56
57      private void initializeComponents() {
58          JLabel lbMouse = new JLabel("鼠标屏幕位置");
59          lbMouse.setBounds(20, 40, 100, 24);
60          txtMouse = new JTextField();
61          txtMouse.setBounds(120, 40, 100, 24);
62          JButton btnOK = new JButton("开始");
63          btnOK.setBounds(80, 90, 80, 24);
64          btnOK.addActionListener(new InputHandler());
65
66          this.setLayout(null);
67          this.add(lbMouse);
68          this.add(txtMouse);
69          this.add(btnOK);
70          this.setTitle("自动输入");
71          this.setSize(260, 200);
72          this.getRootPane().setDefaultButton(btnOK);//默认按钮
73          this.setLocationRelativeTo(null);
74          this.setDefaultCloseOperation(EXIT_ON_CLOSE);
75          this.addMouseMotionListener(new MouseHandler());
76      }
77  }
```

代码说明：①第 34 行代码用于从当前窗口切换焦点到 Excel 文档，然后第二次单击定位输入的开始单元格。②确定单元格位置，可以用两种方式：一是使用其他截图工具如 QQ 截图来找到对应单元的坐标，然后按指定格式输入到文本框即可；二是通过鼠标拖曳，移动到指定单元格，鼠标拖曳事件处理程序将鼠标位置放在文本框内，注意此处要取屏幕坐标。③本例成绩由数组固定方式保存，让演示简单点，实际使用时可以通过文件读/写的方式加载成绩，然后再录入。

8.6.2 屏幕截图

Robot 类还提供了获取屏幕像素点颜色和获取屏幕截图（也可以理解为屏幕快照，需要注意的是该图片中不会捕捉鼠标）的方法，经常可以用于完成如 QQ 中的远程协助或屏幕监控等功能。下面在单机上模拟屏幕监控，即一定间隔后实时抓取屏幕快照，以达到监控的目的。读者学习了 Java 网络编程相关内容后，可以将其改成联网程序。其实现代码如下：

【程序代码清单 8-29】C8022_ScreenMoinitor.java

```
1   import java.awt.Dimension;
2   import java.awt.Image;
3   import java.awt.Rectangle;
4   import java.awt.Robot;
5   import java.awt.Toolkit;
6   import java.awt.event.ActionEvent;
7   import java.awt.event.ActionListener;
8   import java.awt.image.BufferedImage;
9
10  import javax.swing.ImageIcon;
11  import javax.swing.JFrame;
12  import javax.swing.JLabel;
```

```java
13  import javax.swing.SwingUtilities;
14  import javax.swing.Timer;
15
16  @SuppressWarnings("serial")
17  public class C8022_ScreenMonitor extends JFrame{
18      private JLabel lbScreen;
19      private static Robot robot;
20      private static int sw;   //屏幕宽度
21      private static int sh;   //屏幕高度
22
23      public static void main(String[] args) {
24          SwingUtilities.invokeLater(new Runnable() {
25              @Override
26              public void run() {
27                  JFrame frame = new C8022_ScreenMonitor();
28                  frame.setVisible(true);
29              }
30          });
31      }
32
33      static{
34          try {
35              robot = new Robot();
36          } catch (Exception e) {}
37          Dimension dm = Toolkit.getDefaultToolkit().
38                          getScreenSize();
39          sw = dm.width;
40          sh = dm.height;
41      }
42
43      private class ScreenHandler implements ActionListener{
44          @Override
45          public void actionPerformed(ActionEvent e) {
46              Rectangle rect = new Rectangle(0, 0, sw, sh);
47              BufferedImage img = robot.createScreenCapture(rect);
48              Image scale = img.getScaledInstance(getWidth(),
49                          getHeight(),Image.SCALE_SMOOTH);
50              SwingUtilities.invokeLater(new Runnable() {
51                  @Override
52                  public void run() {
53                      lbScreen.setIcon(new ImageIcon(scale));
54                  }
55              });
56          }
57      }
58
59      public C8022_ScreenMonitor(){
60
61          initializeComponents();
62      }
63
64      private void initializeComponents() {
65          lbScreen = new JLabel();
66
67          Timer timer = new Timer(500, new ScreenHandler());
68          timer.start();
69
70          this.add(lbScreen);
71          this.setTitle("屏幕监控");
72          this.setSize(400, 300);
73          this.setLocationRelativeTo(null);
74          this.setAlwaysOnTop(true);
75          this.setDefaultCloseOperation(EXIT_ON_CLOSE);
76      }
77  }
```

屏幕监控效果如图 8-28 所示。

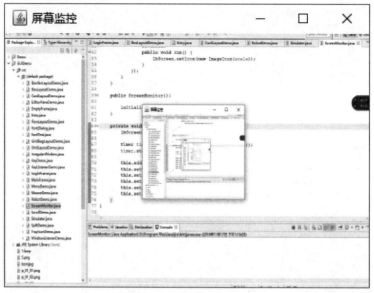

图 8-28　屏幕监控效果

代码说明：①第 74 行代码用于设置窗口始终在最上面。我们之前讲过 Z 轴的概念，这里就是让窗口始终在 Z 轴的最前面，很多播放器会如此设置。②将 Robot 和屏幕大小设置为静态成员，并在静态初始化块中进行初始化。③第 67 行使用了 Java Swing 提供的定时器，内部开启新线程定期执行任务，常用于游戏和动画中。初始化定时器对象需要两个参数：延时间隔和定期任务。定期任务是一个 ActionListener 接口对象，与之前的事件处理程序一样。④第 46~49 行代码用于获取屏幕截图，并进行缩放以适应窗口大小。⑤第 50~55 行代码使用时需要注意，在非 EDT 事件派发线程（此处是处于定时器开启的线程）中需要更新 UI，需要像示例代码那样通过 SwingUtilities 类的 invokeLater 方法来完成 UI 更新，这种方式可以把更新的事件放入 EDT 的事件队列，然后再由 EDT 派发执行。关于这一点前面已经介绍过，并且我们在 main 方法中一直坚持使用了这种方式。⑥最后一点，前面提到的屏幕截图是无法截取鼠标的，完成屏幕监控倒没问题，如果要完成远程协助之类的功能，应该怎么办呢？可以借助 Robot 类模拟鼠标操作，只需要将屏幕鼠标位置发送过去就可以了。在非鼠标事件处理程序中，要获得鼠标位置可以用 MouseInfo 类提供的 getPointerInfo 静态方法，再通过 getLocation 方法获取。

本章小结

本章开始接触 GUI 程序，逐步介绍了 GUI 程序的创建和窗口坐标体系、模式窗口与非模式窗口、容器与布局、事件机制及各种事件处理、常用辅助元素和组件、常用对话框、创建菜单栏及创建系统托盘程序，最后介绍了 Java 的 Robot 类，通过它模拟输入可以完成一些自动化任务。

学习本章内容时，我们应该加强实战，可以拿本机操作系统上的一些小工具进行模仿练习，将各种语法融会贯通、灵活应用；另外，要强调的是，应结合上一单元的面向对象思想进行思考，学习 Java 库中的继承和多态、抽象类和接口，既能加深对 GUI 知识的理解，又能训练自己的面向对象思想。

习　　题

1. JFrame 默认的布局方式为＿＿＿＿，JPanel 的默认布局为＿＿＿＿＿＿。
2. 窗口的顶层容器基类是＿＿＿＿，对话框顶层容器基类是＿＿＿＿＿。
3. 支持滚动的中间容器是＿＿＿＿，支持分割窗口的中间容器是＿＿＿＿＿。
4. 可以使容器中的各个组件呈网格布局，并且平均占据容器空间布局的是（　　）。
   A. FlowLayout   B. BorderLayout
   C. CardLayout   D. GridLayout
5. 下列方法中不属于 WindowListener 接口的是（　　）。
   A. windowOpened   B. mouseDragged
   C. windowClosed   D. windowActivated
6. 列举 Java Swing 中的顶层容器并简单描述。
7. 列举至少三个常用中间容器。
8. 列举 MouseListener 接口中提供的鼠标处理方法。
9. 列举 KeyListener 接口中提供的键盘处理方法。
10. 列举 WindowListener 接口中提供的窗口处理方法。
11. 模仿微软记事本软件进行界面设计，包括菜单设计。
12. 模仿微软计算器软件进行界面设计，包括菜单设计。
13. 参考字体对话框，尝试自定义颜色对话框。
14. 模仿登录界面，完成用户注册界面的设计。
15. 在 C8011_MainFrame 界面中添加菜单栏，提供修改密码的菜单项，并完成修改密码的界面设计。
16. 完成课程项目的游戏信息面板设计。
17. 完成课程项目的游戏菜单设计。
18. 完成课程项目的主界面设计。

第 9 章 Java 绘图技术

GUI 绘图是可视化界面显示的基础，窗口及其组件都是通过绘图技术按需绘制出来的；绘图技术也是制作动画或游戏的基本技术，因为我们知道动画其实就是连续绘制。绘图从字面意思上理解就是绘制图形，包括几何图形、文本、图片等。而绘图前，首先应该了解整个绘图机制或过程，然后再了解在哪里画、何时画、怎么画的问题。

Java Swing 中的主要绘图功能还是由 java.awt 包中的 Graphics 类来完成的。它完成了"在哪里画"的封装（组件表面），并完成了"怎么画"的基础功能。而 Java Swing 已经将整个绘图机制封装好，借助面向对象的继承与多态，我们只需要完成自己需要绘制的部分即可。

学习目标

- ★ 掌握 Java Swing 中绘图的整个过程
- ★ 熟悉界面失效与刷新的时机
- ★ 熟练掌握 Graphics 的使用
- ★ 熟练掌握图片的绘制方法

9.1 界面绘图机制

9.1.1 绘制过程

Java 中的任何一个可视化图形组件，小到文本框、标签，大到一个窗口、对话框，都有一个专门负责显示其界面的函数，这个函数名称是固定的：paint（Graphics）。JFrame 等顶层容器是重写 Window 类的，可视化组件是重写 JComponent 类的。当可视化组件的界面大小、位置、内容发生改变时，我们应该重新绘制界面，系统默认通过 repaint 方法触发重绘。当需要使用代码手工刷新（重绘）时，Java 建议也是通过 repaint 触发，而不要直接使用 paint 方法。原因是：正常情况下重绘应该分为两步，擦除 update 和绘制 paint，而由于 Java AWT 和 Swing 同时存在，因而在 repaint 方法中分别进行了处理。对于重量级组件（AWT），将在 repaint 方法中调用 update 方法，然后在 update 方法中再调用 paint 方法；对于轻量级组件（Swing），则在 repaint 方法中直接调用 paint 方法。这样区分的原因就是下一节将要介绍的双缓冲技术,AWT 组件默认是不支持双缓冲技术的,需要用户自己重写 update 方法来完成双缓冲;而 Swing 组件对双缓冲技术提供了支持(在 paint 方法中实现),因而我们不需要再调用 update 方法了。

由于本书介绍的是 Swing 技术,因而不再考虑 AWT 组件的重绘。在 Swing 技术中,我们通过 repaint 方法触发重绘,repaint 方法再调用 paint 方法完成绘制。当然绘制过程也包括几个部分:绘制组件自身、绘制边框、绘制子组件,对应的方法名分别为 paintComponent、paintBorder、paintChildren。一般要定制绘图功能,仅仅是改变组件自身,因而应该重写 paintComponent 方法来完成自定义绘制,而不要直接重写 paint 方法。

跟绘制有关的方法都有 Graphics 类这个重要参数,我们可以将其理解为画布(即绘图表面),其中提供了大量的绘图方法,后面会举例介绍和应用。这里先介绍 Graphics 对象获得方式:

◆ 如前所述,paint 相关方法的参数由系统提供触发该方法的组件表面对象。
◆ 非 paint 相关方法中,可以通过 Component 提供的 getGraphics 方法获得封装组件表面的对象。
◆ 可通过内存图片 BufferedImage 提供的 getGraphics 方法获得封装图片表面的对象。

9.1.2 双缓冲技术

在 AWT 时代,Java 在游戏编程和动画编程中最常见的处理就是对于屏幕闪烁的处理。而屏幕出现闪烁的原因是:我们之前提到重绘可以分解为两步擦除和绘制,而游戏或动画的连续重绘,就会造成两次绘制的中间总有一次用背景擦除的过程,这也就形成了闪烁现象。而解决屏幕闪烁问题的最常见方法就是使用双缓冲技术,其实现原理很简单,就是将擦除和绘制合并为一步一次性完成就可以了。具体实现过程是:重绘时,先创建一个和绘图表面(缓冲 1)一样大小的内存图片(缓冲 2),然后先在内存图片上完成擦除和绘制工作,最后再把做好图的内存图片一次性绘制到绘图表面上。

Swing 的组件已经提供了完成双缓冲功能的实现,并且可以进行打开或禁用该项功能的设置,其设置方法是 setDoubleBuffered(boolean),也可以通过 isDoubleBuffered()方法来查看组件是否打开了该技术。默认情况下大部分组件都关闭了双缓冲技术,我们应该在确实需要的时候再打开以提高效率。不过 JPanel 这个最常用的中间容器默认初始化方式是打开了双缓冲的,因而在 Swing 中完成动画或游戏,都采用扩展 JPanel 的方式进行,下面会看到具体的示例。

9.1.3 绘图与动画

前面已经提到动画其实就是连续重绘,或者说定时刷新,利用人类眼睛的"残像效应"来达到视觉上连续的动画效果。通常所说的刷新频率就是指每秒显示多少帧,即重绘次数。一般动画达到 24 帧以上即可形成连续效果。在上一章的屏幕监控程序中已经使用过 Timer 这个 Swing 提供的定时器类,而本章制作动画时也会使用它。

下面以一个具体的例子来体验 Java 的绘图机制——闪烁的星空,要达到的效果是:窗口客户区背景为黑色,客户区内随机显示 100 个随机大小、随机颜色的"*",每 100ms 刷新一次。如前所述,我们先扩展 JPanel 来实现绘制代码,然后再替换窗口的内容面板进行测试,为了演示方便，通过将扩展的子类设计为内部类的方式来实现，其代码如下：

【程序代码清单 9-1】内部类，出现在下面类的定义中

```
1   private class Canvas extends JPanel{
2       private Random ran = new Random();
3
4       public Canvas(){
5           setBackground(Color.BLACK);
6       }
7
8       @Override
9       protected void paintComponent(Graphics g) {
10          super.paintComponent(g);
11          String star = "*";
12          for(int i = 0; i < 100; i++){
13              int x = ran.nextInt(getWidth());
14              int y = ran.nextInt(getHeight());
15              g.setColor(new Color(ran.nextInt(256),
16                  ran.nextInt(256), ran.nextInt(256)));
17            g.setFont(new Font("宋体", Font.BOLD, ran.nextInt(40)+10));
18              g.drawString(star, x, y);
19          }
20      }
21  }
```

代码说明：Canvas 继承于 JPanel，然后在其表面上进行绘图，如前所述，我们应该重写 paintComponent 方法。在具体绘制时，使用了 Graphics 对象提供的设置颜色、设置字体和绘制字符串的方法，并根据要求实现了位置随机、颜色随机、大小随机。有了 Canvas，可以在顶层类中添加定时器来完成闪烁星空的绘制，代码如下：

【程序代码清单 9-2】C9001_StarrySky.java（包含上面内部类的顶层类）

```
1   import java.awt.Color;
2   import java.awt.Font;
3   import java.awt.Graphics;
4   import java.awt.event.ActionEvent;
5   import java.awt.event.ActionListener;
6   import java.util.Random;
7
8   import javax.swing.JFrame;
9   import javax.swing.JPanel;
10  import javax.swing.SwingUtilities;
11  import javax.swing.Timer;
12
13  @SuppressWarnings("serial")
14  public class C9001_StarrySky extends JFrame{
15      public static void main(String[] args) {
16          SwingUtilities.invokeLater(new Runnable() {
17              @Override
18              public void run() {
19                  JFrame frame = new C9001_StarrySky();
20                  frame.setVisible(true);
21              }
22          });
23      }
24
25      //Canvas 类定义...
26
27      public C9001_StarrySky(){
28          initializeComponents();
29      }
30
31      private void initializeComponents() {
32          Timer timer = new Timer(100, new ActionListener() {
```

```
33              @Override
34              public void actionPerformed(ActionEvent e) {
35                  repaint(); //此处直接窗口刷新即可
36              }
37          });
38          timer.start();
39
40          this.setContentPane(new Canvas());
41          this.setTitle("星空");
42          this.setSize(600, 480);
43          this.setLocationRelativeTo(null);
44          this.setDefaultCloseOperation(EXIT_ON_CLOSE);
45      }
46  }
```

代码说明：本例中使用 Canvas 对象直接替换了窗口的内容面板，当然也可以将 Canvas 对象添加到内容面板。闪烁星空运行效果如图 9-1 所示。

图 9-1　闪烁星空运行效果

9.2　Graphics 的使用

前面已经讲过 Graphics 封装了绘图表面，并提供了许多绘制几何图形、文本、图片的方法，也提供了绘图中的通用操作，如闪烁星空中用到的设置颜色、设置字体等。不过 Graphics 对象缺少了设置画笔宽度的方法，该方法由 Graphics 的子类 Graphics2D 提供，该子类还提供了图形平滑处理（抗锯齿效果）等功能。

9.2.1　几何图形绘制和填充

Graphics 提供的以"draw"开头的方法有很多是绘制各种几何图形的，而"fill"开头的方法则是对封闭图形进行填充。如常规的画线 drawLine、画圆 drawOval、画矩形 drawRect 等，这些方法的使用很简单，仅仅需要提供其需要的坐标信息即可。下面将以绘制正多边形为例来演示图形绘制功能，其代码如下：

【程序代码清单 9-3】 C9002_PolygonDemo.java

```java
1   import java.awt.Graphics;
2
3   import javax.swing.JFrame;
4   import javax.swing.JPanel;
5   import javax.swing.SwingUtilities;
6
7   @SuppressWarnings("serial")
8   public class C9002_PolygonDemo extends JFrame{
9       public static void main(String[] args) {
10          SwingUtilities.invokeLater(new Runnable() {
11              @Override
12              public void run() {
13                  JFrame frame = new C9002_PolygonDemo();
14                  frame.setVisible(true);
15              }
16          });
17      }
18
19      public C9002_PolygonDemo(){
20          initializeComponents();
21      }
22
23      private class Canvas extends JPanel{
24          private int n;
25
26          public Canvas(int n){
27              this.n = n;
28          }
29
30          @Override
31          protected void paintComponent(Graphics g) {
32              super.paintComponent(g);
33              int ox = 200, oy = 124, r = 100;
34              int[] xpts = new int[n];
35              int[] ypts = new int[n];
36              double angle = Math.PI * 2 / n; //转动角度
37              double start = -Math.PI / 2; //起始角度,逆时针为负
38              for(int i = 0; i < n; i++){
39                  xpts[i] = ox + (int)(r * Math.cos(angle * i + start));
40                  ypts[i] = oy + (int)(r * Math.sin(angle * i + start));
41              }
42              g.drawPolygon(xpts, ypts, n);
43          }
44      }
45
46      private void initializeComponents() {
47          this.setContentPane(new Canvas(5));
48          this.setTitle("绘制正多边形");
49          this.setSize(400, 300);
50          this.setLocationRelativeTo(null);
51          this.setDefaultCloseOperation(EXIT_ON_CLOSE);
52      }
53  }
```

代码说明：①绘制多边形需要提供 x 坐标数组和 y 坐标数组及点数三个参数，本例是绘制正多边形，因此主要操作就是计算各个点的坐标。②计算点的坐标使用的是圆的三角方程，即：

$X = X_0 + r * \cos\theta$
$Y = Y_0 + r * \sin\theta$

其中，θ 的表示与数学意义相反，0°仍然是 x 轴向右的方向，但顺时针往下旋转为正。③读者可通过创建 Canvas 对象时指定正多边形的边数 n，请读者多尝试几组数据进行观察。应该

可以发现，如果 n 变得比较大，我们画出来的正多边形就和圆比较接近了。图 9-2 所示的运行效果是 n 设为 30 时的效果。

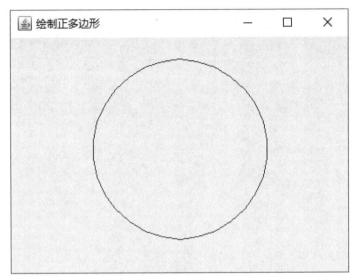

图 9-2 正 30 边形

根据此例，读者可以尝试绘制正弦函数、余弦函数图像。下面再举一个简单的图形填充例子：仿屏保程序，窗口默认最大化，背景黑色，取消边框和标题栏，客户区显示一个移动的大小可变的多边形。首先设计可以移动的多边形 MovePolygon，而多边形可以通过顶点的移动来实现，可以移动的点我们将以内部类的方式实现。具体代码如下：

【程序代码清单 9-4】C9003_MovePolygon.java

```
1   import java.awt.Dimension;
2   import java.awt.Toolkit;
3   import java.util.Random;
4
5   public class C9003_MovePolygon {
6       private class Point{
7           private int x, y;
8           private int vx, vy;   //水平和垂直方向速度
9           private Random ran = new Random();
10
11          public Point(){
12              this.x = ran.nextInt(dim.width);
13              this.y = ran.nextInt(dim.height);
14              this.vx = ran.nextInt(5);
15              this.vy = ran.nextInt(5);
16          }
17
18          public void offset(){
19              x += vx;
20              y += vy;
21              if (x <= 0 || x >= dim.width) vx = -vx;  //反向
22              if (y <= 0 || y >= dim.height) vy = -vy; //反向
23          }
24      }
25
26      private static Dimension dim;
27      private Point[] pts;
28
29      static{
30          dim = Toolkit.getDefaultToolkit().getScreenSize();
```

```java
31      }
32
33      public C9003_MovePolygon(int n) {
34          pts = new Point[n];
35          for(int i = 0; i < pts.length; i++) {
36              pts[i] = new Point();
37          }
38      }
39
40      public void move(){
41          for(Point pt : pts) {
42              pt.offset();
43          }
44      }
45
46      public int[] getXPoints(){
47          int[] xpts = new int[pts.length];
48          for(int i = 0; i < pts.length; i++) {
49              xpts[i] = pts[i].x;
50          }
51          return xpts;
52      }
53
54      public int[] getYPoints(){
55          int[] ypts = new int[pts.length];
56          for(int i = 0; i < pts.length; i++) {
57              ypts[i] = pts[i].y;
58          }
59          return ypts;
60      }
61  }
```

代码说明：①内部类 Point 和 java.awt 包中的 Point 同名，但不影响，因为内部类 Point 只在本文件中使用。②在 Point 类中设置了水平和垂直方向上的速度，初始化时随机产生，然后每个点往相应方向上偏移，如果碰到边界则反向。③MovePolygon 类初始化多边形，并通过点的移动来表示自己的移动，对外提供 x 坐标数组和 y 坐标数组的访问。有了上述代码，下面来看如何使用它完成屏幕保护程序：

【程序代码清单 9-5】C9003_ScreenSaver.java

```java
1   import java.awt.Color;
2   import java.awt.Graphics;
3   import java.awt.event.ActionEvent;
4   import java.awt.event.ActionListener;
5   import java.awt.event.MouseAdapter;
6   import java.awt.event.MouseEvent;
7
8   import javax.swing.JFrame;
9   import javax.swing.JPanel;
10  import javax.swing.SwingUtilities;
11  import javax.swing.Timer;
12
13  @SuppressWarnings("serial")
14  public class C9003_ScreenSaver extends JFrame{
15      private MovePolygon poly;
16
17      public static void main(String[] args) {
18          SwingUtilities.invokeLater(new Runnable() {
19              @Override
20              public void run() {
21                  JFrame frame = new C9003_ScreenSaver();
22                  frame.setVisible(true);
23              }
24          });
```

```
25      }
26
27      public C9003_ScreenSaver(){
28          poly = new C9003_MovePolygon(3);
29          initializeComponents();
30      }
31
32      private class Canvas extends JPanel{
33          @Override
34          protected void paintComponent(Graphics g) {
35              super.paintComponent(g);
36              g.setColor(Color.YELLOW);
37              g.fillPolygon(poly.getXPoints(), poly.getYPoints(),
38                      poly.getXPoints().length);
39          }
40      }
41
42      private void initializeComponents() {
43          Timer timer = new Timer(20, new ActionListener() {
44              @Override
45              public void actionPerformed(ActionEvent e) {
46                  poly.move(); //多边形移动
47                  repaint();
48              }
49          });
50          timer.start();
51
52          this.setContentPane(new Canvas());
53          this.getContentPane().setBackground(Color.BLACK);
54          this.setUndecorated(true); //取消标题栏和边框
55          this.setExtendedState(MAXIMIZED_BOTH);  //最大化
56          this.setDefaultCloseOperation(EXIT_ON_CLOSE);
57          this.addMouseListener(new MouseAdapter() {
58              @Override
59              public void mouseClicked(MouseEvent e) {
60                  System.exit(0); //鼠标左键单击退出屏保
61              }
62          });
63      }
64  }
```

屏保程序部分截图如图 9-3 所示。

图 9-3 屏保程序部分截图

代码说明：①在第 15 行代码中定义 poly 对象，第 28 行进行初始化，接下来第 46 行代码在刷新前移动该对象。②绘制代码很简单，就是填充一个多边形即可。③本例只添加了鼠标左键单击退出，读者可自己添加键盘处理程序，比如按 Esc 键退出。

9.2.2 字符串绘制

Graphics 提供的 drawString 方法用于绘制文本信息，其本身使用很简单，只有参数字符串对象及绘制位置。但需要注意一点，字符串绘制的起始位置是左下角（准确来说是字符基线位置）而不是左上角。因此，要精确控制字符串的绘制是比较麻烦的，不同字体、不同字符不仅宽度不同，字体的高度也不一致。Java提供了FontMetrics类来完成字符的精确测量，字体的高度由基线之上的Ascent部和基线之下的Descent部组成，我们通过下面的例子加以说明：

【程序代码清单9-6】C9004_FontHeightTest.java

```java
import java.awt.Color;
import java.awt.Font;
import java.awt.FontMetrics;
import java.awt.Graphics;

import javax.swing.JFrame;
import javax.swing.JPanel;
import javax.swing.SwingUtilities;

@SuppressWarnings("serial")
public class C9004_FontHeightTest extends JFrame{
    public static void main(String[] args) {
        SwingUtilities.invokeLater(new Runnable() {
            @Override
            public void run() {
                JFrame frame = new C9004_FontHeightTest();
                frame.setVisible(true);
            }
        });
    }

    public C9004_FontHeightTest(){
        initializeComponents();
    }

    private class Canvas extends JPanel{
        @Override
        protected void paintComponent(Graphics g) {
            super.paintComponent(g);
            g.setColor(Color.RED);
            g.drawLine(100, 100, 300, 100);  //绘制红色基线
            Font font = new Font("Courier New", Font.BOLD, 30);
            g.setFont(font);
            FontMetrics fm = g.getFontMetrics();
            int ascLine = 100 - fm.getAscent();
            g.setColor(Color.YELLOW);
            g.drawLine(100, ascLine, 300, ascLine);  //绘制黄色顶端线
            int desLine = 100 + fm.getDescent();
            g.setColor(Color.BLUE);
            g.drawLine(100, desLine, 300, desLine);  //绘制蓝色底部线
            g.setColor(Color.BLACK);
            g.drawString("abyhBAY1290", 100, 100);
        }
    }

    private void initializeComponents() {
        this.setContentPane(new Canvas());
        this.getContentPane().setBackground(Color.WHITE);
        this.setTitle("字母高度");
        this.setSize(400, 300);
        this.setLocationRelativeTo(null);
        this.setDefaultCloseOperation(EXIT_ON_CLOSE);
    }
}
```

字母高度测量如图9-4所示。

图 9-4　字母高度测量

代码说明：①第 34 行代码通过 Graphics 对象获得 FontMetrics 对象，然后使用它来进行字符测量。②红色表示字母基线（左下），黄色表示基线以上的升部，蓝色表示基线以下的底部，字母高度等于升部+底部，即黄色和蓝色线间的距离。图 9-4 右边是 Arial 字体绘制，可以看到不同字体是有区别的。③客户区背景色设置为白色，仅仅是为了提高对比度。④字体分为等宽字体（代码书写的常用字体）和不等宽字体，因此字符或字符串的宽度更需要按实际字体进行测量，FontMetrics 提供了对应的 charWidth 和 stringWidth 方法，我们在后面会举例介绍。

下面再来看一个例子：以不同角度绘制字符串，即旋转字符串，这需要使用 Graphics 的子类 Graphics2D 对象的 rotate 方法，它接受一个弧度为参数，为正表示顺时针旋转，为负表示逆时针旋转，其实现代码如下：

【程序代码清单 9-7】C9005_DrawStringDemo.java

```java
import java.awt.Font;
import java.awt.Graphics;
import java.awt.Graphics2D;

import javax.swing.JFrame;
import javax.swing.JPanel;
import javax.swing.SwingUtilities;

@SuppressWarnings("serial")
public class C9005_DrawStringDemo extends JFrame{
    public static void main(String[] args) {
        SwingUtilities.invokeLater(new Runnable() {
            @Override
            public void run() {
                JFrame frame = new C9005_DrawStringDemo();
                frame.setVisible(true);
            }
        });
    }

    private class Canvas extends JPanel{
        @Override
        protected void paintComponent(Graphics g) {
            super.paintComponent(g);
            Font font = new Font("Times new roman", Font.BOLD, 24);
            Graphics2D grfx = (Graphics2D)g;
            grfx.setFont(font);
            grfx.translate(getWidth()/2, getHeight()/2);
            for(int i = 0; i < 8; i++){
                grfx.rotate(Math.PI / 4);
                grfx.drawString("hello", 20, 0);
```

```
32              }
33          }
34      }
35
36      public C9005_DrawStringDemo(){
37          initializeComponents();
38      }
39
40      private void initializeComponents() {
41          this.setContentPane(new Canvas());
42          this.setTitle("字符串绘制");
43          this.setSize(600, 450);
44          this.setLocationRelativeTo(null);
45          this.setDefaultCloseOperation(EXIT_ON_CLOSE);
46      }
47  }
```

字符串旋转如图 9-5 所示。

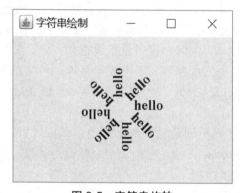

图 9-5　字符串旋转

代码说明：①第 26 行代码，因为要使用旋转方法，所以要把父类 Graphics 对象转换为 Graphics2D 对象。②第 28 行代码的意思是将窗口坐标系的原点（默认是窗口左上角）移动到窗口中心。③第 30 行代码完成旋转，每次顺时针旋转 45°。

接下来，结合几何图形绘制、字符串绘制、动画等知识来完成一个时钟程序。首先定义一个 ClockShape 类来封装时钟的绘制功能，对外只提供 draw 方法，而内部 draw 方法分为画底盘、画刻度、画数字、画时分秒针、画圆心等，其实现代码如下：

【程序代码清单 9-8】C9006_ClockShape.java

```
1   import java.awt.BasicStroke;
2   import java.awt.Color;
3   import java.awt.Font;
4   import java.awt.FontMetrics;
5   import java.awt.Graphics;
6   import java.awt.Graphics2D;
7   import java.util.Calendar;
8
9   public class C9006_ClockShape {
10      private int radius;
11
12      public C9006_ClockShape(int r){
13          radius = r;
14      }
15
16      public void draw(Graphics g){
17          drawDisk(g);
18          drawScales(g);
```

```java
19          drawNumbers(g);
20          drawTime(g);
21          drawCenter(g);
22      }
23
24      private void drawDisk(Graphics g) {
25          g.setColor(Color.CYAN);
26          g.fillOval(-radius, -radius, radius * 2, radius * 2);
27      }
28
29      private void drawScales(Graphics g) {
30          int hw = (int)(radius * 0.9);
31          int mw = (int)(radius * 0.95);
32          double start = -Math.PI / 2;
33          g.setColor(Color.DARK_GRAY);
34          for(int i = 0; i < 60; i++){
35              double angle = start + i * Math.PI / 30;
36              int len = i % 5 == 0 ? hw : mw;
37              int x1 = (int)(radius * Math.cos(angle));
38              int y1 = (int)(radius * Math.sin(angle));
39              int x2 = (int)(len * Math.cos(angle));
40              int y2 = (int)(len * Math.sin(angle));
41              g.drawLine(x1, y1, x2, y2);
42          }
43      }
44
45      private void drawNumbers(Graphics g) {
46          int w = (int)(radius * 0.78);
47          double start = -Math.PI / 2 + Math.PI / 6;
48          g.setColor(Color.WHITE);
49          int size = (int)(radius / 100) * 12;
50          Font font = new Font("Courier new", Font.BOLD, size);
51          g.setFont(font);
52          FontMetrics fm = g.getFontMetrics();
53
54          for(int i = 1; i <= 12; i++){
55              double a = start + (i - 1) * Math.PI / 6;
56              int x = (int)(w * Math.cos(a)) - fm.stringWidth(i+"")/ 2;
57              int y = (int)(w * Math.sin(a)) + fm.getAscent() / 2;
58              g.drawString(String.valueOf(i), x, y);
59          }
60
61          String text = "Quartz";
62          int tw = fm.stringWidth(text);
63          int x = -tw/2,y=(int)(radius * 0.6);
64          g.drawString(text, x, y);
65      }
66
67      private void drawTime(Graphics g) {
68          Calendar dt = Calendar.getInstance();
69          int h = dt.get(Calendar.HOUR);
70          int m = dt.get(Calendar.MINUTE);
71          int s = dt.get(Calendar.SECOND);
72          double i = h + m / 60.0;
73          drawHand(g, i, 0.5, Color.RED, 6, 6);
74          i = m + s / 60.0;
75          drawHand(g, i, 0.6, Color.GREEN, 4, 30);
76          drawHand(g, s, 0.7, Color.BLUE, 2, 30);
77      }
78
79      private void drawHand(Graphics g, double i, double scale,
80                            Color c, int hw, int count){
81          int w = (int)(radius * scale); //指针外长
82          int len = (int)(radius * 0.1); //指针内长
83          double angle = -Math.PI / 2 + i * Math.PI / count;
84          int x = (int)(w * Math.cos(angle));
85          int y = (int)(w * Math.sin(angle));
86          int x1 = (int)(len * Math.cos(angle + Math.PI));
```

```
87          int y1 = (int)(len * Math.sin(angle + Math.PI));
88          g.setColor(c);
89          ((Graphics2D)g).setStroke(new BasicStroke(hw,
90              BasicStroke.CAP_ROUND, BasicStroke.JOIN_ROUND));
91          g.drawLine(x1, y1, x, y);
92      }
93
94      private void drawCenter(Graphics g) {
95          int r = (int)(radius * 0.025);
96          g.setColor(Color.BLACK);
97          g.fillOval(-r, -r, r*2, r*2);
98          g.setColor(Color.YELLOW);
99          g.fillOval(-r/2, -r/2, r, r);
100     }
101 }
```

代码说明：①整个绘制基于原点（0,0）进行，可以通过平移原点的方式来显示时钟。②每种元素的绘制都是基于半径 radius 进行的，以此达到各种元素随半径变化而动态改变的效果。③第 49 行字体大小设置中，以半径 100 为基准设字体默认大小为 12。④为了让数字串和"Quartz"串的绘制位置更合理，使用了 FontMetrics 的宽度测量来调整 x 轴坐标，对数字的高度测量来调整 y 轴坐标，请读者仔细理解。⑤绘制时间的代码中，用到了 Java 提供的 Calendar 日期类来获取当前时间，并分别取出时、分、秒的值进行计算，然后进行绘制。界面使用这个类时，通过刷新就能够看见时钟的走动。⑥drawHand 方法的参数说明：scale 表示指针长度，c 表示指针颜色，hw 表示指针线宽，i 和 count 决定旋转角度。

有了 ClockShape 类，我们建立一个窗口来进行测试，具体代码如下：

【程序代码清单 9-9】C9006_ClockFrame.java

```
1   import java.awt.Graphics;
2   import java.awt.Graphics2D;
3   import java.awt.RenderingHints;
4   import java.awt.event.ActionEvent;
5   import java.awt.event.ActionListener;
6
7   import javax.swing.JFrame;
8   import javax.swing.JPanel;
9   import javax.swing.SwingUtilities;
10  import javax.swing.Timer;
11
12  @SuppressWarnings("serial")
13  public class C9006_ClockFrame extends JFrame{
14      private C9006_ClockShape clock = new C9006_ClockShape(240);
15      public static void main(String[] args) {
16          SwingUtilities.invokeLater(new Runnable() {
17              @Override
18              public void run() {
19                  JFrame frame = new C9006_ClockFrame();
20                  frame.setVisible(true);
21              }
22          });
23      }
24
25      public C9006_ClockFrame(){
26          initializeComponents();
27      }
28
29      private class Canvas extends JPanel{
30          @Override
31          protected void paintComponent(Graphics g) {
32              super.paintComponent(g);
33              ((Graphics2D)g).setRenderingHint(
```

```
34                    RenderingHints.KEY_ANTIALIASING,
35                    RenderingHints.VALUE_ANTIALIAS_ON);
36            g.translate(getWidth()/2, getHeight()/2);
37            clock.draw(g);
38        }
39    }
40
41    private void initializeComponents() {
42        Timer timer = new Timer(1000, new ActionListener() {
43            @Override
44            public void actionPerformed(ActionEvent e) {
45                repaint();
46            }
47        });
48        timer.start();
49
50        this.setContentPane(new Canvas());
51        this.setTitle("时钟");
52        this.setSize(800, 600);
53        this.setLocationRelativeTo(null);
54        this.setDefaultCloseOperation(EXIT_ON_CLOSE);
55    }
56 }
```

代码说明：①ClockShape 设计为根据半径大小动态调整各种元素大小，请读者多测试几种半径大小进行观察。②第 33~35 行代码的作用是抗锯齿，即平滑效果。锯齿产生的原因是屏幕像素点是方形的，除水平、垂直、45°三个方向外，其他方向的线无法绘直，因而出现锯齿，其详细情况请参阅网络相关资源。而该代码的作用就是进行平滑处理，让锯齿的现象不明显。③第 36 行代码的作用是将原点平移到客户区的中心点。时钟绘制效果如图 9-6 所示。

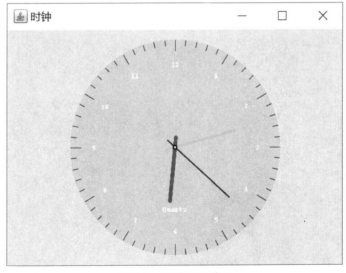

图 9-6　时钟绘制效果

9.2.3　图片绘制

可以用 Graphics 对象绘制图形或文本，但更常见的是使用其他图形软件如 PS 等制作图片，然后在软件中使用图片。绘制图片的功能也由 Graphics 对象提供。根据不同需要，有如下三种常用的重载形式。

1. 原样绘制

方法形式为 drawImage（Image，int，int，ImageObserver），其中，Image 为要绘制的图片，两个整数表示绘制目的区域的左上角，ImageObserver 是一个接口，其中有 imageUpdate 方法，当图像的任何新信息可见时它将被通知。我们可以将其设置为 null 或者设置为组件本身 this（Component 类实现了该接口）。该方法在指定位置原样绘制图片，不会进行缩放。

2. 缩放绘制

方法形式为 drawImage（Image, int, int, int, int, ImageObserver），其中四个整数前两个意思同上，后两个表示绘制目的区域的大小。该方法是在指定位置指定大小缩放绘制图片。

3. 图片切片

方法形式为 drawImage（Image,int,int,int,int,int,int,int,int,ImageObserver），其中前四个整数表示要绘制的目的区域的左上角和右下角的坐标，后四个整数表示图片指定区域的左上角和右下角的坐标。该方法是在指定位置指定大小绘制图片的指定区域，即实现切片效果。

下面以一个具体例子来演示图片绘制的用法：绘制一个类似游戏中经常看到的血槽效果，通过单击按钮模拟受伤失血的效果，其实现代码如下：

【程序代码清单9-10】C9007_ImageDemo.java

```java
import java.awt.BorderLayout;
import java.awt.Color;
import java.awt.Graphics;
import java.awt.Image;
import java.awt.event.ActionEvent;
import java.awt.event.ActionListener;

import javax.swing.ImageIcon;
import javax.swing.JButton;
import javax.swing.JFrame;
import javax.swing.JPanel;
import javax.swing.SwingUtilities;

@SuppressWarnings("serial")
public class C9007_ImageDemo extends JFrame{
    private BloodBar bar;

    public static void main(String[] args) {
        SwingUtilities.invokeLater(new Runnable() {
            @Override
            public void run() {
                JFrame frame = new C9007_ImageDemo();
                frame.setVisible(true);
            }
        });
    }

    private class BloodBar extends JPanel{
        private int progress = 100;
        private Image img;
        private int iw, ih;

        public BloodBar(){
            img = new ImageIcon("process.png").getImage();
            iw = img.getWidth(null);
            ih = img.getHeight(null);
        }

        public void hurt(){
```

```
40              if (progress > 0){
41                  progress -= 10;
42              }
43          }
44
45          @Override
46          protected void paintComponent(Graphics g) {
47              super.paintComponent(g);
48              int x = 50, y = 40;
49              int w = iw * progress / 100;
50              g.drawRect(x, y, iw + 6, ih + 6);
51              g.setColor(Color.WHITE);
52              g.drawRect(x+1, y+1, iw+4, ih+4);
53              g.setColor(Color.BLACK);
54              g.drawRect(x+2, y+2, iw+2, ih+2);
55              g.drawImage(img, x+3, y+3, x+w+3, y+ih+3,
56                      0, 0, w, ih, this);
57          }
58      }
59
60      private class HurtHandler implements ActionListener{
61          @Override
62          public void actionPerformed(ActionEvent e) {
63              bar.hurt();
64              bar.repaint();
65          }
66      }
67
68      public C9007_ImageDemo(){
69          initializeComponents();
70      }
71
72      private void initializeComponents() {
73          bar = new BloodBar();
74          JButton btn = new JButton("失血");
75          btn.addActionListener(new HurtHandler());
76          this.add(bar);
77          this.add(btn, BorderLayout.SOUTH);
78          this.setTitle("生命值进度条");
79          this.setSize(400, 200);
80          this.setLocationRelativeTo(null);
81          this.setDefaultCloseOperation(EXIT_ON_CLOSE);
82      }
83  }
```

血槽效果如图 9-7 所示。

图 9-7　血槽效果

代码说明：我们通过定义 BloodBar 类，并在其中定义了 progress 变量来记录剩余血量百分比，还提供了 hurt 方法模拟失血效果。最后在按钮事件中，调用 hurt 方法并刷新，读者可以运行该程序观察效果。

9.3 单元项目

9.3.1 GUI 计算器

第 2 单元中我们已经完成了 OO 计算器，但当时 UI 界面采用的仍然是控制台界面。现在学习了 GUI 程序，我们将利用 OO 计算器的业务逻辑，为其添加 GUI 界面（模仿 Windows 自带的计算器），并完成相应界面逻辑。首先在 UP02_OOCalculator 项目中添加 CalcFrame 界面，并完成界面设计，其代码如下：

【程序代码清单 9-11】CalcFrame.java

```java
import javax.swing.JButton;
import javax.swing.JFrame;
import javax.swing.JMenu;
import javax.swing.JMenuBar;
import javax.swing.JTextField;
import javax.swing.SwingUtilities;
import javax.swing.UIManager;

@SuppressWarnings("serial")
public class CalcFrame extends JFrame{
    public static void main(String[] args) {
        SwingUtilities.invokeLater(new Runnable() {
            @Override
            public void run() {
                try {
                    String name = UIManager.getSystemLookAndFeelClassName();
                    UIManager.setLookAndFeel(name);
                } catch (Exception e) {}

                JFrame frame = new CalcFrame();
                frame.setVisible(true);
            }
        });
    }

    private JTextField txtResult;

    public CalcFrame(){
        initializeComponents();
    }

    private void initializeComponents() {
        String[] texts = {"←", "CE", "C", "-",
                          "7", "8", "9", "*",
                          "4", "5", "6", "/",
                          "1", "2", "3", "",
                          "0", ".", "+", ""};
        txtResult = new JTextField("0");
        txtResult.setBounds(12, 12, 278, 36);
        txtResult.setHorizontalAlignment(JTextField.RIGHT);
        txtResult.setFocusable(false);

        int x = 12, y = 60;
        for(int i = 0; i < texts.length; i++){
            if (texts[i].isEmpty()) continue;
            JButton btn = new JButton(texts[i]);
            btn.setBounds(x+(i%4)*72, y+(i/4)*60, 60, 48);
            btn.setFocusable(false);
```

```
50              this.add(btn);
51          }
52
53          JButton btnEqual = new JButton("=");
54          btnEqual.setBounds(228, 240, 60, 108);
55          btnEqual.setFocusable(false);
56          this.add(btnEqual);
57
58          this.setJMenuBar(createMenubar());
59          this.setLayout(null);
60          this.add(txtResult);
61          this.setTitle("计算器");
62          this.setSize(312, 430);
63          this.setLocationRelativeTo(null);
64          this.setResizable(false);
65          this.setDefaultCloseOperation(EXIT_ON_CLOSE);
66      }
67
68      private JMenuBar createMenubar() {
69          JMenuBar bar = new JMenuBar();
70          JMenu mnView = new JMenu("查看(V)");
71          mnView.setMnemonic('V');
72
73          JMenu mnEdit = new JMenu("编辑(E)");
74          mnEdit.setMnemonic('E');
75
76          JMenu mnHelp = new JMenu("帮助(H)");
77          mnHelp.setMnemonic('H');
78
79          bar.add(mnView);
80          bar.add(mnEdit);
81          bar.add(mnHelp);
82          return bar;
83      }
84  }
```

代码说明：①第 16～18 行代码是将界面风格设置为当前系统的界面风格，即笔者计算机的 Windows 操作系统风格。②本例中添加的菜单栏只是从 UI 上进行演示，而且只添加了第一层的 JMenu，并没有添加下一层的 JMenuItem 及相应的事件处理，请读者自行扩展。③本例采用的是绝对布局，界面不能调整大小。④在按钮添加时使用了循环的方式处理，减少重复代码；后面还会为按钮添加订阅事件的代码。⑤读者应该已经发现，本例中的按钮和文本框组件添加了 setFocusable（false）的代码，其目的是让组件不能获得输入焦点，与 Windows 自带的计算器的界面 UI 一致，即文本框不能由用户输入，而是通过单击按钮输入；按钮不显示获得焦点后的虚线框，请读者运行程序观察效果。⑥第 41 行代码，文本框还设置了文本对齐方式为右对齐，与 Windows 计算器一致。⑦为了后面的界面逻辑处理，文本框已经被提升为成员变量。

接下来，将增加界面逻辑处理代码：为数字按钮添加事件处理程序，为运算符添加事件处理程序，为 "=" 添加运算事件处理，为 "C" 添加清除重置事件处理，其他功能（如退格、"CE" 清除当前操作数等）并没有完成，留给读者进行扩展。增加代码后，窗口代码改变如下：

【程序代码清单 9-12】CalcFrame.java 完成版

```
1  import java.awt.event.ActionEvent;
2  import java.awt.event.ActionListener;
3
4  ...
5
6  import calc.business.Operator;
7  import calc.business.OperatorFactory;
8
9  @SuppressWarnings("serial")
```

```java
public class CalcFrame extends JFrame{
    ...//main 方法

    private String left = "";   //左操作数
    private String right = ""; //右操作数
    private String op = "";     //运算符
    private boolean leftInput = true; //记录当前是否输入左操作数
    private JTextField txtResult;

    ...//构造方法

    //数字按钮事件处理
    private class NumberHandler implements ActionListener{
        @Override
        public void actionPerformed(ActionEvent e) {
            JButton btn = (JButton)e.getSource();
            if (leftInput){
                left += btn.getText();
                txtResult.setText(left);
            }
            else{
                right += btn.getText();
                txtResult.setText(right);
            }
        }
    }

    //运算符按钮事件处理
    private class OperatorHandler implements ActionListener{
        @Override
        public void actionPerformed(ActionEvent e) {
            JButton btn = (JButton)e.getSource();
            op = btn.getText();
            leftInput = false;
        }
    }

    //"="计算事件处理
    private class EqualsHandler implements ActionListener{
        @Override
        public void actionPerformed(ActionEvent e) {
            if (op.isEmpty() || left.isEmpty()) return;
            if (right.isEmpty()) right = left;
            Operator opr = OperatorFactory.create(op, left, right);
            txtResult.setText(opr.exec());
            left = txtResult.getText();
            leftInput = true;
        }
    }

    //"C"清除事件处理
    private class ClearHandler implements ActionListener{
        @Override
        public void actionPerformed(ActionEvent e) {
            left = right = op = "";
            leftInput = true;
            txtResult.setText("0");
        }
    }

    //辅助方法，判断按钮是不是运算符文本
    private boolean isOperator(String s){
        return s.equals("+") || s.equals("-")
            || s.equals("*") || s.equals("/");
    }

    private void initializeComponents() {
        ...

        int x = 12, y = 60;
        for(int i = 0; i < texts.length; i++){
            if (texts[i].isEmpty()) continue;
```

```
82              JButton btn = new JButton(texts[i]);
83              btn.setBounds(x+(i%4)*72, y+(i/4)*60, 60, 48);
84              btn.setFocusable(false);
85              if (Character.isDigit(texts[i].charAt(0)))
86                  btn.addActionListener(new NumberHandler());
87              else if (isOperator(texts[i]))
88                  btn.addActionListener(new OperatorHandler());
89              else if (texts[i].equals("C"))
90                  btn.addActionListener(new ClearHandler());
91              this.add(btn);
92          }
93
94          JButton btnEqual = new JButton("=");
95          btnEqual.setBounds(228, 240, 60, 108);
96          btnEqual.setFocusable(false);
97          btnEqual.addActionListener(new EqualsHandler());
98          this.add(btnEqual);
99
100         ...
101     }
102
103     ...
104 }
```

代码说明：①第 85~90 行代码通过按钮文本把按钮分类，分别订阅对应的事件。②第 13~16 行代码定义相应的成员变量保存运算相关的数据。其中成员变量 leftInput 表示当前是否是在输入左操作数，默认为真；为假时表示输入右操作数。③第 22~35 行代码，内部类实现数字按钮的事件处理程序，其实现逻辑为：根据 leftInput 的状态，将所按按钮上的数字追加到相应的操作数上，并将操作数串显示到文本框中。④第 38~45 行代码，内部类实现运算符按钮的事件处理程序，修改 op 中保存的运算符，并将 leftInput 的状态设为假。单击运算符后，可以修改，例如，单击 "+"，可以修改为 "*" 等。⑤第 48~58 行代码，内部类实现计算事件处理，其实现逻辑为：根据左、右操作数及运算符创建相应的运算类对象，执行计算后将结果放到文本框中显示。其中，如果左操作数或运算符未输入，则不执行动作；如果只是右操作数未输入，则将左操作数赋给右操作数即可。最后将 leftInput 设置为真，目的是可以继续进行运算。请读者运行该程序并测试这种情况。⑥第 61~68 行代码，内部类实现重置事件处理，其实现逻辑就是将所有状态还原即可。计算器运行效果如图 9-8 所示。

图 9-8 计算器运行效果

9.3.2 简易绘图软件

1. 项目概述

学习了 Swing 界面编程和 Graphics 绘图技术后，我们综合这两章的知识来完成一个简易绘图软件：模仿 Windows 的 mspaint 画图软件，提供绘制功能，包括画直线、矩形、椭圆形、三角形和笔迹，可以设置画笔颜色和画笔宽度。通过菜单来提供图形选择功能、画笔颜色和宽度设置功能。另外，可以通过菜单选项 New 来清除整个画布，通过 Exit 菜单退出程序。

2. 设计和实现

该项目采用面向对象的方式进行设计和实现。首先创建项目 UP03_MyPaint，然后添加 Entry 入口函数类，添加 paint.view 包来组织和软件界面相关的类，添加 paint.business 包来组织和软件绘图业务相关的类。

接下来，我们来设计绘图业务的核心类 Shape 这个抽象父类，它应该包含图形的起点和终点、画笔颜色和宽度，并提供获取左上角点、宽度和高度的方法，提供绘制和擦除的方法（这两个方法均采用模板方法的设计模式，其中均调用绘制自身的抽象方法）。为了创建对象方便，我们让 Shape 实现了 Cloneable 接口，以达到对象复制的目的。根据需求定义了四个图形子类，都只需完成父类绘制自身的抽象方法即可。Shape 及其四个子类的代码如下：

【程序代码清单 9-13】Shape.java

```java
package paint.business;

import java.awt.BasicStroke;
import java.awt.Color;
import java.awt.Graphics;
import java.awt.Graphics2D;

public abstract class Shape implements Cloneable{
    private int x1, y1;
    private int x2, y2;
    private Color penColor;
    private int penWidth;

    public abstract void drawSelf(Graphics grfx);

    public void draw(Graphics grfx){
        grfx.setColor(getPenColor());
        ((Graphics2D)grfx).setStroke(new BasicStroke(getPenWidth()));
        drawSelf(grfx);
    }

    public void clear(Graphics grfx, Color bgColor){
        if (x2 == 0 && y2 == 0) return;
        grfx.setColor(bgColor);
        ((Graphics2D)grfx).setStroke(new BasicStroke(getPenWidth()));
        drawSelf(grfx);
    }

    @Override
    public Shape clone(){
        Shape shape = null;
        try {
            shape = (Shape)super.clone();
        } catch (Exception e) { }
        return shape;
```

```java
36      }
37
38      public void setFirstPoint(int x, int y){
39          this.x1 = x;
40          this.y1 = y;
41      }
42
43      public void setSecondPoint(int x, int y){
44          this.x2 = x;
45          this.y2 = y;
46      }
47
48      public int getLeft(){
49          return x1 < x2 ? x1 : x2;
50      }
51
52      public int getTop(){
53          return y1 < y2 ? y1 : y2;
54      }
55
56      public int getWidth(){
57          return Math.abs(x1 - x2);
58      }
59
60      public int getHeight(){
61          return Math.abs(y1- y2);
62      }
63
64      public Color getPenColor() {
65          return penColor;
66      }
67
68      public void setPenColor(Color penColor) {
69          this.penColor = penColor;
70      }
71
72      public int getPenWidth() {
73          return penWidth;
74      }
75
76      public void setPenWidth(int penWidth) {
77          this.penWidth = penWidth;
78      }
79
80      public int getX1() {
81          return x1;
82      }
83
84      public int getY1() {
85          return y1;
86      }
87
88      public int getX2() {
89          return x2;
90      }
91
92      public int getY2() {
93          return y2;
94      }
95  }
96
97  class LineShape extends Shape{
98      @Override
99      public void drawSelf(Graphics grfx) {
100         grfx.drawLine(getX1(), getY1(), getX2(), getY2());
101     }
102 }
103
```

```
104  class RectShape extends Shape{
105      @Override
106      public void drawSelf(Graphics grfx) {
107          grfx.drawRect(getLeft(), getTop(), getWidth(), getHeight());
108      }
109  }
110
111  class OvalShape extends Shape{
112      @Override
113      public void drawSelf(Graphics grfx) {
114          grfx.drawOval(getLeft(), getTop(), getWidth(), getHeight());
115      }
116  }
117
118  class TriangleShape extends Shape{
119      @Override
120      public void drawSelf(Graphics grfx) {
121          int[] xps = new int[3];
122          int[] yps = new int[3];
123          xps[0] = getLeft() + getWidth() / 2; yps[0] = getTop();
124          xps[1] = getLeft(); yps[1] = getTop() + getHeight();
125          xps[2] = getLeft() + getWidth(); yps[2] = yps[1];
126          grfx.drawPolygon(xps, yps, 3);
127      }
128  }
```

代码说明：①第 23 行代码的目的是如果图形的第 2 个点（终点）未设置则该图形还没有绘制，因而不需要擦除。②第 30～36 行代码实现了 clone 方法，其中只是简单地调用父类的方法而已，但改变了 clone 方法的返回类型（改变为子类型，符合重写规则）。③第 48～62 行代码完成了获取左上角坐标和图形大小的功能，其目的是保证图形（除直线外）可以从四个方向进行绘制（左上、左下、右上、右下），除直线外 Graphics 绘制时都是以左上角点和宽度、高度的方式进行绘制的。④第 97～102 行代码完成了子类 LineShape 的定义，可以看到画直线只需要使用起点和终点即可。⑤第 118～127 行代码完成了 TriangleShape 子类的定义，我们绘制的是等腰三角形，分别计算三角形的三个点坐标，然后通过 Graphics 的绘制多边形的方法完成绘制。

为了管理图形对象的创建，本例仍然提供了 ShapeFactory 工厂类来统一创建图形。为此提供了枚举类型来表示各种图形类型，其定义如下：

【程序代码清单 9-14】ShapeType.java

```
1  package paint.business;
2
3  public enum ShapeType {
4      Line, Rect, Oval, Triangle, Path
5  }
```

代码说明：其中 Path 表示鼠标绘图，即画鼠标轨迹。ShapeFactory 工厂类就使用了枚举类型来创建不同的图形对象，其代码如下：

【程序代码清单 9-15】ShapeFactory.java

```
1  package paint.business;
2
3  public class ShapeFactory {
4      private static Shape[] shapes;
5
6      static{
7          shapes = new Shape[5];
8          shapes[0] = new LineShape();
```

```
9           shapes[1] = new RectShape();
10          shapes[2] = new OvalShape();
11          shapes[3] = new TriangleShape();
12          shapes[4] = new LineShape();
13      }
14
15      public static Shape create(ShapeType type){
16          return shapes[type.ordinal()].clone();
17      }
18  }
```

代码说明：①我们通过创建图形数组的方式来保存各种类型的图形，避免了使用switch分支，简化了代码。②鼠标轨迹绘制从原理上来说就是一条条的直线绘制，因而其内部使用的图形对象就是LineShape类型。③使用create方法创建图形对象时，应该可以了解前面让Shape实现克隆接口的目的了。如果直接返回数组中保存的对象，则本例只能产生五个对象，但这显然是不符合现实情况的。现实是我们有五种对象类型，但有多个图形对象，因此采用克隆技术来完成这一需求，并提高了程序效率。

下面来添加ShapeServer类，其作用是：为业务逻辑和界面建立中介，起到隔离业务逻辑的作用，应用的是设计模式中外观模式的原理。该类包含已经绘制的图形集合、当前图形、当前线宽、画笔颜色、当前图形类型、绘制开关等信息，提供创建当前图形的方法、绘制方法、重绘所有图形的方法、添加图形的方法、擦除所有绘制的方法。界面将只通过该类提供的公开接口实现相应功能，极大地简化了界面代码，其实现代码如下：

【程序代码清单9-16】ShapeServer.java

```
1   package paint.business;
2
3   import java.awt.Color;
4   import java.awt.Graphics;
5   import java.util.ArrayList;
6
7   public class ShapeServer {
8       private ArrayList<Shape> list;     //保存所有绘制过的图形
9       private Shape current;             //记录当前图形
10      private ShapeType type;            //记录当前图形类型
11      private int penWidth;              //记录当前笔宽
12      private Color penColor;            //记录画笔当前颜色
13      private boolean draw = false;      //左键压下开始画，右键压下不画
14
15      //默认线宽为1，颜色为黑色，图形为直线
16      public ShapeServer(){
17          list = new ArrayList<Shape>();
18          type = ShapeType.Line;
19          penWidth = 1;
20          penColor = Color.BLACK;
21      }
22
23      //左键压下时，根据当前配置创建图形，draw开关打开
24      public void createShape(int x, int y){
25          current = ShapeFactory.create(type);
26          current.setPenColor(penColor);
27          current.setPenWidth(penWidth);
28          current.setFirstPoint(x, y);
29          draw = true;
30      }
31
32      //画图和画轨迹逻辑不同，分别处理
33      public void draw(Graphics grfx, int x, int y, Color bgColor){
34          if (type == ShapeType.Path){
35              drawCurrent(grfx, x, y);
36              addShape();
```

```java
37              createShape(x, y);
38          }else{
39              clearCurrent(grfx, bgColor);
40              drawCurrent(grfx, x, y);
41              drawImage(grfx);
42          }
43      }
44
45      //绘制所有图形，界面刷新时需要使用
46      public void drawImage(Graphics grfx){
47          for(Shape s : list)
48              s.draw(grfx);
49      }
50
51      //鼠标弹起时添加绘制好的图形，draw 开关关闭
52  public void addShape(){
53  draw = false;
54          if (current.getX2() == 0 && current.getY2() == 0) return;
55          list.add(current);
56      }
57
58      //清除操作，单击新建菜单时使用
59      public void clear(){
60          list.clear();
61          current = null;
62          type = ShapeType.Line;
63          penWidth = 1;
64          penColor = Color.BLACK;
65      }
66
67      private void drawCurrent(Graphics grfx, int x, int y){
68          current.setSecondPoint(x, y);
69          current.draw(grfx);
70      }
71
72      private void clearCurrent(Graphics grfx, Color bgColor){
73          current.clear(grfx, bgColor);
74      }
75
76      public boolean isDraw(){
77          return draw;
78      }
79
80      public ShapeType getType() {
81          return type;
82      }
83
84      public void setType(String name) {
85          ShapeType type = ShapeType.valueOf(name);
86          this.type = type;
87      }
88
89      public int getPenWidth() {
90          return penWidth;
91      }
92
93      public void setPenWidth(int penWidth) {
94          this.penWidth = penWidth;
95      }
96
97      public Color getPenColor() {
98          return penColor;
99      }
100
101     public void setPenColor(Color penColor) {
102         this.penColor = penColor;
103     }
104 }
```

代码说明：①第 8 行代码定义了保存绘制过的图形的集合，采用 Java 集合框架中的顺序表 ArrayList 类型，相当于动态数组，具体介绍见第 11 章。②第 13 行代码定义了一个 boolean 类型的变量 draw，用于控制是否绘制，左键压下开始绘制，而右键压下不绘制。第 29 行代码创建图形时将其打开，第 53 行代码在图形绘制完成后将其关闭。③第 24～30 行代码，根据当前类型、线宽、颜色创建当前准备绘制的图形，并设置图形的起点，draw 开关打开，准备绘制。④第 33～43 行代码，当前图形绘制方法。由于绘制图形和绘制鼠标轨迹逻辑不同需要分别处理：绘制轨迹的逻辑是起点与终点连接完成绘制，添加该直线，最后将终点作为下一条直线的起点；绘制图形的逻辑则是用背景擦除原图形，然后再绘制当前图形。由于使用的是背景擦除，因而可能擦掉其他已经绘制好的图形的部分，通过最后调用 drawImage 重绘一次以前的所有图形来解决这个问题。⑤第 52～56 行代码定义了添加图形的方法，当前为图形绘制则添加时机应该为鼠标弹起的时候，结束绘制并添加图形；如果是绘制轨迹，则其绘制过程中已经添加了绘制的直线，而最后一次绘制后创建的直线还没有设置终点，因而该图形应该排除，第 54 行代码起到的就是这个作用。⑥第 59～65 行代码定义了清除窗口所有图形的方法，相当于新建画布重新绘制，因而将 ShapeServer 对象的状态全部重置为初始状态。

完成了画图软件的业务逻辑设计，现在开始进行界面设计，首先在 paint.view 包中添加主菜单栏 PaintMenu 的设计，其代码如下：

【程序代码清单 9-17】PaintMenu.java

```
1   package paint.view;
2
3   import java.awt.Color;
4   import java.awt.event.ActionEvent;
5   import java.awt.event.ActionListener;
6   import javax.swing.ButtonGroup;
7   import javax.swing.JColorChooser;
8   import javax.swing.JMenu;
9   import javax.swing.JMenuBar;
10  import javax.swing.JMenuItem;
11  import javax.swing.JOptionPane;
12  import javax.swing.JRadioButtonMenuItem;
13  import javax.swing.KeyStroke;
14  import paint.business.ShapeServer;
15
16  @SuppressWarnings("serial")
17  public class PaintMenu extends JMenuBar{
18      private ShapeServer server;
19
20      public PaintMenu(ShapeServer server){
21          this.server = server;
22          initializeMenuitems();
23      }
24
25      private class NewHandler implements ActionListener{
26          @Override
27          public void actionPerformed(ActionEvent e) {
28              server.clear();
29              PaintMenu.this.getParent().repaint();
30          }
31      }
32
33      private class ShapeHandler implements ActionListener{
34          @Override
35          public void actionPerformed(ActionEvent e) {
```

```java
36              JMenuItem item = (JMenuItem)e.getSource();
37              server.setType(item.getText());
38          }
39      }
40
41      private class ColorHandler implements ActionListener{
42          @Override
43          public void actionPerformed(ActionEvent e) {
44              Color color = JColorChooser.showDialog(
45   PaintMenu.this.getParent(), "画笔颜色", Color.BLACK);
46              if (color != null)
47                  server.setPenColor(color);
48          }
49      }
50
51      private class PenWidthHandler implements ActionListener{
52          @Override
53          public void actionPerformed(ActionEvent e) {
54              Object[] widths = new Object[]{1, 2, 4, 8};
55              int result = (int)JOptionPane.showInputDialog(
56                      PaintMenu.this.getParent(),"请选择线条宽度: ",
57                      "线条宽度设置", JOptionPane.INFORMATION_MESSAGE,
58                      null, widths, widths[0]);
59              server.setPenWidth(result);
60          }
61      }
62
63      private void initializeMenuitems() {
64          JMenu mnFile = new JMenu("File");
65          mnFile.setMnemonic('F');
66
67          JMenuItem itemNew = new JMenuItem("New");
68          itemNew.setMnemonic('N');
69          itemNew.setAccelerator(KeyStroke.getKeyStroke("ctrl N"));
70          itemNew.addActionListener(new NewHandler());
71          mnFile.add(itemNew);
72          mnFile.addSeparator();
73
74          ButtonGroup shapes = new ButtonGroup();
75          JMenuItem itemLine = new JRadioButtonMenuItem("Line");
76          itemLine.setMnemonic('L');
77          itemLine.setSelected(true);
78          itemLine.addActionListener(new ShapeHandler());
79          shapes.add(itemLine);
80          mnFile.add(itemLine);
81
82          JMenuItem itemRect = new JRadioButtonMenuItem("Rect");
83          itemRect.setMnemonic('R');
84          itemRect.addActionListener(new ShapeHandler());
85          shapes.add(itemRect);
86          mnFile.add(itemRect);
87
88          JMenuItem itemOval = new JRadioButtonMenuItem("Oval");
89          itemOval.setMnemonic('O');
90          itemOval.addActionListener(new ShapeHandler());
91          shapes.add(itemOval);
92          mnFile.add(itemOval);
93
94         JMenuItem itemTriangle = new JRadioButtonMenuItem("Triangle");
95          itemTriangle.setMnemonic('T');
96          itemTriangle.addActionListener(new ShapeHandler());
97          shapes.add(itemTriangle);
98          mnFile.add(itemTriangle);
99
100         JMenuItem itemPath = new JRadioButtonMenuItem("Path");
101         itemPath.setMnemonic('P');
102         itemPath.addActionListener(new ShapeHandler());
103         shapes.add(itemPath);
```

```
104            mnFile.add(itemPath);
105            mnFile.addSeparator();
106
107            JMenuItem itemColor = new JMenuItem("Color...");
108            itemColor.setMnemonic('C');
109          itemColor.setAccelerator(KeyStroke.getKeyStroke("ctrl P"));
110            itemColor.addActionListener(new ColorHandler());
111            mnFile.add(itemColor);
112
113            JMenuItem itemWidth = new JMenuItem("Pen Width...");
114            itemWidth.setMnemonic('W');
115            itemWidth.addActionListener(new PenWidthHandler());
116            mnFile.add(itemWidth);
117            mnFile.addSeparator();
118
119            JMenuItem itemExit = new JMenuItem("Exit");
120            itemExit.setMnemonic('x');
121            itemExit.setAccelerator(KeyStroke.getKeyStroke("ctrl X"));
122            mnFile.add(itemExit);
123
124            JMenu mnHelp = new JMenu("Help");
125            mnHelp.setMnemonic('H');
126
127            this.add(mnFile);
128            this.add(mnHelp);
129        }
130 }
```

代码说明：①PaintMenu 类继承于 JMenuBar，并包含了 ShapeServer 对象的引用，通过构造方法的参数初始化该引用后，通过菜单操作来修改绘图的信息设置。②我们提供了 File 和 Help 两组菜单，当然读者应该看到 Help 只是占位而已，并没有具体的内容，读者可自己扩展。③我们把 File 菜单分成了几组，并用分割条进行了区分（第 73、106、118 行代码）。④第 75~105 行代码添加了图形选择的菜单，我们采用了单选按钮形式，并将 Line 菜单设置为选中状态。为了管理单选按钮的选中状态，即一组中只能有一个被选中，每次选中都会切换选中状态，Java 提供了 ButtonGroup 来完成此功能，只需将要管理的单选按钮放入该对象中即可，使用相当简单和方便。⑤第 108 行、第 114 行代码，由于这两个菜单选择后会有弹出对话框，我们遵循 UI 规范，为其菜单文本后添加了省略号加以体现。⑥第 27~33 行代码，新建菜单的点击事件处理程序，完成清除并刷新，达到新建画布重新绘制的效果。⑦第 35~41 行代码，五种图形选择菜单的点击事件处理，修改 ShapeServer 对象的图形类型信息。⑧第 43~51 行代码，颜色选择菜单的点击事件处理，弹出 Java 提供的颜色对话框，选取颜色后确定退出则设置画笔颜色，否则不操作。⑨第 53~62 行代码，线宽菜单的点击事件处理，使用 Java 通用输入对话框完成，只提供了四种线宽以供选择。

接下来，在 paint.view 包中添加 PaintCanvas 类，该类负责鼠标事件处理和图形绘制，其实现代码如下：

【程序代码清单 9-18】PaintCanvas.java

```
1  package paint.view;
2
3  import java.awt.Color;
4  import java.awt.Graphics;
5  import java.awt.event.MouseAdapter;
6  import java.awt.event.MouseEvent;
7  import javax.swing.JPanel;
```

```
8    import paint.business.ShapeServer;
9
10   @SuppressWarnings("serial")
11   public class PaintCanvas extends JPanel{
12       private ShapeServer server;
13
14       public PaintCanvas(ShapeServer server){
15           this.server = server;
16           this.setBackground(Color.WHITE);
17           MouseHandler handler = new MouseHandler();
18           this.addMouseListener(handler);
19           this.addMouseMotionListener(handler);
20       }
21
22       @Override
23       protected void paintComponent(Graphics g) {
24           super.paintComponent(g);
25           server.drawImage(g);
26       }
27
28       private class MouseHandler extends MouseAdapter{
29           @Override
30           public void mousePressed(MouseEvent e) {
31               if (e.getButton() == MouseEvent.BUTTON1){
32                   server.createShape(e.getX(), e.getY());
33               }
34           }
35
36           @Override
37           public void mouseReleased(MouseEvent e) {
38               if (e.getButton() == MouseEvent.BUTTON1)
39                   server.addShape();
40           }
41
42           @Override
43           public void mouseDragged(MouseEvent e) {
44               if (!server.isDraw()) return;
45               Graphics grfx = PaintCanvas.this.getGraphics();
46               server.draw(grfx, e.getX(), e.getY(), getBackground());
47           }
48       }
49   }
```

代码说明：①该类也持有 ShapeServer 对象的引用，通过构造方法的参数初始化。构造方法还订阅了两个鼠标事件。②第 23～26 行代码，重写绘制方法，调用 ShapeServer 对象的 drawImage 方法进行重绘。③第 28～48 行代码，处理了鼠标压下、弹起和鼠标拖曳的事件，绘图只允许使用鼠标左键进行，因此在压下和弹起事件中进行了控制。Java 的拖曳事件中无法获得鼠标按键信息，因而只有通过 ShapeServer 对象的绘制开关来完成左键绘制的逻辑。④在第 16 行设置了画布的背景色，并在第 46 行进行了背景色的获取。由于内部类是顶层类的成员，因而内部类中可以访问顶层类的成员，此处 getBackground 就是调用顶层类继承至 JPanel 的方法。

准备好了画布 PaintCanvas 和菜单栏 PaintMenu，再在 paint.view 包中添加主界面 MainFrame 类，完成界面的最后设计，其代码如下：

【程序代码清单 9-19】MainFrame.java

```
1    package paint.view;
2
3    import javax.swing.JFrame;
4
```

```
5   import paint.business.ShapeServer;
6
7   @SuppressWarnings("serial")
8   public class MainFrame extends JFrame{
9       private ShapeServer server = new ShapeServer();
10
11      public MainFrame(){
12          initializeComponents();
13      }
14
15      private void initializeComponents() {
16          this.setContentPane(new PaintCanvas(server));
17          this.setTitle("画图");
18          this.setJMenuBar(new PaintMenu(server));
19          this.setSize(800, 600);
20          this.setLocationRelativeTo(null);
21          this.setExtendedState(MAXIMIZED_BOTH);
22          this.setDefaultCloseOperation(EXIT_ON_CLOSE);
23      }
24  }
```

代码说明：①首先应该看到主界面的代码相当简洁，原因是我们分解了界面逻辑，将绘制图形和鼠标处理放在了 PaintCanvas 中，将菜单创建和处理放在了 PaintMenu 中，主界面仅仅进行组装即可（第 16 行、第 18 行代码）。②读者应该看到这里才是 ShapeServer 对象真正创建的地方（第 9 行代码），然后将该对象引用传给了 PaintCanvas 和 PaintMenu。③第 21 行代码，将窗口初始大小设置为最大化，而第 19 行代码设置的窗口大小则是退出最大化状态后的普通状态大小。第 20 行代码设置窗口居中也是基于普通状态的时候。

最后，在入口类中启动该程序进行运行和测试，其代码如下：

【程序代码清单 9-20】Entry.java

```
1   import javax.swing.JFrame;
2   import javax.swing.SwingUtilities;
3   import javax.swing.UIManager;
4
5   import paint.view.MainFrame;
6
7   public class Entry {
8       public static void main(String[] args) {
9           SwingUtilities.invokeLater(new Runnable() {
10              @Override
11              public void run() {
12                  try {
13                      UIManager.setLookAndFeel(
14                          UIManager.getSystemLookAndFeelClassName());
15                  } catch (Exception e) { }
16
17                  JFrame frame = new MainFrame();
18                  frame.setVisible(true);
19              }
20          });
21      }
22  }
```

代码说明：第 13、14 行代码，将界面风格设置为了当前系统的风格，笔者计算机为 Windows 操作系统。画图软件运行效果如图 9-9 所示。

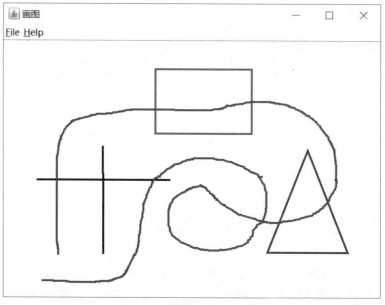

图 9-9　画图软件运行效果

本 章 小 结

本章详细介绍了 Java 的绘图机制，包括 repaint 和 paint 的关系、双缓冲技术原理，并结合 Timer 类的使用介绍了 Java 中制作动画的方法和步骤。接下来介绍了绘图中最为重要的核心类 Graphics，并通过屏保程序制作、字符串旋转、时钟制作、血槽绘制等例子，详细讲解了其提供的大量绘图方法的使用。

最后，通过对第二单元 OO 计算器的改进，完成了 GUI 计算器的单元项目；另外，还模仿 Windows 的画图完成了简易绘图软件的单元项目。通过单元项目的制作，对 Java 基础语法、面向对象、Java Swing 技术进行了综合训练。希望读者跟着本书的步骤，亲手完成单元项目，并结合代码仔细理解项目用到的技术，最终达到灵活应用的目的。

习　题

1. Java Swing 组件刷新的方法是_____。
2. 通常我们重写 JComponent 组件的_____来完成自己的绘图操作。
3. Java 绘图技术中充当绘图表面对象的类型是_____。
4. Graphics 类中，(　　) 方法是绘制平面矩形的成员方法。
   A. drawLine　　　　B. drawRect　　　　C. draw3Drect　　　　D. drawOval
5. Graphics 类中，(　　) 方法是绘制多边形的成员方法。
   A. drawLine　　　　B. drawRect　　　　C. drawPolygon　　　　D. drawOval
6. 简述屏幕闪烁的原因及双缓冲技术的原理。

7. 列举 Graphics 类的绘制方法（至少四种）。
8. 列举 Graphics 类的填充方法（至少四种）。
9. 简述 Graphics 类绘制图片的三种方式：原样绘制、缩放绘制、图片切片。
10. 简述字符串绘制中字符的高度组成。
11. 使用 Graphics 类完成奥运五环旗的绘制。
12. 使用 Graphics 类绘制正弦曲线和余弦曲线。
13. 结合 Timer 定时器，完成一个简单动画，内容不限。
14. 参考经典扫雷游戏，完成扫雷游戏的界面绘制。
15. 完成一个简单弹珠游戏：球随机方向下落，下方通过一块挡板格挡球，挡住则球反弹，否则游戏结束。
16. 制作一个数字时钟，数字采用七段数码管的方式进行绘制。

第 4 单元　Java 常用技术

登高而招，臂非加长也，而见者远；顺风而呼，声非加疾也，而闻者彰。假舆马者，非利足也，而致千里；假舟楫者，非能水也，而绝江河。君子生（xing）非异也，善假于物也。

——荀子·《劝学篇》

单元知识点

正则表达式的使用
字符串常用操作
Java 集合框架
常用集合类的使用
Java 文件操作
Java I/O 读/写操作
对象序列化
数据库访问技术 JDBC

单元案例

生成验证码
IP 地址验证
提取 URL
括号匹配验证
同生日统计
文件批量操作
统计代码行数
文件复制功能
学生表数据库操作
数据库事务

单元项目

单词统计

第 10 章 字符串与正则表达式

字符串是软件开发过程中使用频率相当高的一种数据类型，几乎所有信息都可以用字符串来表示（尽管有可能操作不方便），因而 Java 中 String 类型提供了大量的操作来满足应用的需要，而且为了提高字符串的使用效率和安全性，Java 中还将 String 类型设计为不可变类。本章将深入理解字符串类型，并介绍 String 中的其他常用操作。本章还将介绍字符串生成器 StringBuilder 类及其应用场景。

字符串文本相当普遍，当文本规模太大时，在其中进行检索、验证、匹配等操作就相当有意义。而正则表达式就是对大规模文本进行检索和验证的利器，使用相当广泛，Java 对其提供了支持。本章将对其进行详细介绍并进行应用。

学习目标

- ★ 理解字符串的不可变性
- ★ 熟练掌握字符串的操作
- ★ 掌握字符串生成器 StringBuilder 类的使用
- ★ 掌握正则表达式模式的创建
- ★ 熟练掌握 Java 中正则表达式的使用

10.1 再论字符串

10.1.1 字符串的不变性

Java 中提供了类型的不可变（Immutable）机制，即不可变类的实例一旦创建完成后，就不能改变其成员变量值。如 JDK 内部自带的很多不可变类：Integer、Long 和 String 等。其目的有二：①线程安全，不可变对象是线程安全的，在线程之间可以相互共享，不需要利用特殊机制来保证同步问题，降低了并发错误的可能性；不需要用一些锁机制保证内存一致性，也就减少了同步开销，提高了使用效率。②增加类型之间的隔离，职责划分更加清晰，使用和维护更方便。Java 中不可变类的设计原则如下：

- 类型定义前添加 final 关键字进行修饰，不允许被继承；
- 所有成员变量私有并添加 final 修饰；
- 引用类型的成员变量通过构造方法进行初始化时，要采用深拷贝；
- 外界获取引用类型成员变量时，返回对象的拷贝，不能直接返回对象本身，一般通过克隆方式实现。

Java 的字符串被设计成了不可变类型，因而字符串对象一旦创建就不能改变。大家必须清楚，String 类中提供的方法都不会改变其本身，而是返回一个新的字符串。查看 String 的源码，应该可以看到其的确满足了不可变类的设计原则，具体如下：

【程序代码清单 10-1】String 部分源码

```
1   public final class String implements java.io.Serializable,
2                           Comparable<String>, CharSequence {
3       private final char value[];   //final 修饰
4
5       ...
6       public String(char value[]) {
7           this.value = Arrays.copyOf(value, value.length);  //深拷贝
8       }
9
10      ...
11      public String substring(int beginIndex) {
12          if (beginIndex < 0) {
13              throw new StringIndexOutOfBoundsException(beginIndex);
14          }
15          int subLen = value.length - beginIndex;
16          if (subLen < 0) {
17              throw new StringIndexOutOfBoundsException(subLen);
18          }
19          return (beginIndex == 0) ? this : new String(value,
20                          beginIndex, subLen);   //新串
21      }
22
23      ...
24      public char[] toCharArray() {
25          char result[] = new char[value.length];
26          System.arraycopy(value, 0, result, 0, value.length);  //拷贝
27          return result;
28      }
29      ...
30  }
```

以上是 String 类定义源码的部分节选（通过查看源码应该可以看到两个数组拷贝的方法，我们应该通过这种方式进行学习），从中可以看到上述四个不可变类的设计原则字符串全部满足。

字符串被设计为不可变的原因有两个：①内存中字符串常量池的需要，将一些字符串常量放在常量池中重复使用，避免每次都重新创建相同的对象，节省存储空间和提高效率。但如果字符串是可变的，此时相同内容的 String 都指向常量池的同一个内存空间，当某个变量改变了该内存的值时，其他遍历的值也会发生改变，这就违反了常量池设计的规则。②因为字符串是不可变的，所以在其创建时 hashcode 就被缓存了，不需要重新计算。这就使得字符串很适合作为 Map 中的键，字符串的处理速度要快过其他的键对象，这就是 HashMap 中的键往往都使用字符串的原因。Map 和 HashMap 是相当常用的一种数据结构（字典结构），将在下一章进行介绍。

由于字符串的不变性，如果程序需要频繁地动态改变一个字符串对象，将会极大地浪费内存及时间进行垃圾回收，因为每次改变都将创建一个新的字符串。这个时候，就应该使用

下一节介绍的 StringBuilder 类了。

10.1.2　StringBuilder 类

　　StringBuilder 类从名字上就知道其是字符串对象生成器，专门用于字符串需要动态创建的场合，提高内存使用效率。Java 中还提供了与其类似的 StringBuffer 类，该类被设计成线程安全的，因而其实现中添加了线程同步的控制，增加了程序开销。在单线程场合中，推荐使用 StringBuilder 类型。

　　StringBuilder 可以动态创建字符串对象，其提供的主要操作有 append 追加、insert 插入、delete 删除、reverse 逆序等，其内部是以顺序表的方式实现的，含有一个字符数组，当字符串对象创建完成后，可以通过 toString 方法进行获取。

　　下面以生成验证码图片为例，简单介绍 StringBuilder 类的使用。本例将完成验证码字符串的动态创建，并动态生成内存图片来绘制验证码（绘制验证码时，每个字符以不同角度进行绘制），最后将其显示在界面的 JLabel 上，支持刷新功能，其实现代码如下：

【程序代码清单 10-2】C10001_ValidateCodeDemo.java

```
1   import java.awt.Color;
2   import java.awt.Font;
3   import java.awt.Graphics;
4   import java.awt.Graphics2D;
5   import java.awt.event.MouseAdapter;
6   import java.awt.event.MouseEvent;
7   import java.awt.image.BufferedImage;
8   import java.util.Random;
9
10  import javax.swing.ImageIcon;
11  import javax.swing.JFrame;
12  import javax.swing.JLabel;
13  import javax.swing.SwingUtilities;
14
15  @SuppressWarnings("serial")
16  public class C10001_ValidateCodeDemo extends JFrame{
17      public static void main(String[] args) {
18          SwingUtilities.invokeLater(new Runnable() {
19              @Override
20              public void run() {
21                  JFrame frame = new C10001_ValidateCodeDemo();
22                  frame.setVisible(true);
23              }
24          });
25      }
26
27      public C10001_ValidateCodeDemo(){
28          initializeComponents();
29      }
30
31      private void initializeComponents() {
32          ValidateCode code = new ValidateCode();
33          JLabel lbCode = new JLabel(code.getCodeImage());
34          lbCode.addMouseListener(new MouseAdapter() {
35              @Override
36              public void mouseClicked(MouseEvent e) {
37                  lbCode.setIcon(code.getCodeImage());
38              }
39          });
40
41          this.add(lbCode);
42          this.setTitle("验证码");
```

```
43          this.setSize(400, 300);
44          this.setLocationRelativeTo(null);
45          this.setDefaultCloseOperation(EXIT_ON_CLOSE);
46      }
47  }
48
49  class ValidateCode{
50      private int bits;   //验证码位数
51      private Random ran = new Random();
52      private static String chs = "ABCDEFGHIJKLMNPQRSTUVWXYZ23456789";
53
54      public ValidateCode(){
55          this(4);
56      }
57
58      public ValidateCode(int bits){
59          this.bits = bits;
60      }
61
62      public ImageIcon getCodeImage(){
63          String code = build();
64          BufferedImage image = new BufferedImage(bits * 30, 60,
65              BufferedImage.TYPE_INT_ARGB);
66          Graphics grfx = image.getGraphics();
67          grfx.setColor(Color.RED);
68          grfx.setFont(new Font("Times new roman", Font.BOLD, 36));
69          int[] angles = {5, -10, 10, -10};
70          for(int i = 0; i < bits; i++){
71              String str = code.substring(i, i+1);
72              ((Graphics2D)grfx).rotate(angles[i] * Math.PI / 180);
73              grfx.drawString(str, i * 30, 40);
74          }
75          grfx.dispose();
76          return new ImageIcon(image);
77      }
78
79      private String build() {
80          StringBuilder sb = new StringBuilder();
81          for(int i = 0; i < bits; i++){
82              int index = ran.nextInt(chs.length());
83              sb.append(chs.charAt(index));
84          }
85          return sb.toString();
86      }
87  }
```

验证码效果如图 10-1 所示。

图 10-1 验证码效果

代码说明：①第 52 行代码定义的 chs 表示生成验证码要用到的字符，我们只选了大写字母和数字，并剔除了易混淆的数字 0、1 和字母 O。②第 79～86 行代码定义了 build 方法，用于动态生成随机字符组成的 bits 位的字符串。③第 62～77 行代码定义了生成验证码图片的方法,其中第 64、65 行代码定义了指定宽度和高度、带透明色(支持 alpha 通道)的内存图片,然后取得该内存图片的绘图表面 grfx。第 69 行代码定义了每个字符绘制时的角度,绘制前先旋转相应角度。最后,由于要使用 JLabel 来显示验证码,因而通过内存图片生成图像图标返回。④我们以匿名内部类的方式为 JLabel 添加了鼠标点击事件,完成验证码的刷新,重设图标即可,读者可在验证码上进行点击测试。

10.1.3 字符串其他常用操作

第 3 章已经介绍过字符串的一些常用方法,下面简单介绍字符串的其他常用方法。

(1)trim:裁剪方法,用于去除字符串首尾空格。在有用户输入的场合,我们做字符串比较时最好先做裁剪操作后比较,以提升用户体验(首尾空白有时肉眼不容易察觉)。

(2)endsWith(suffix)/startsWith(prefix):判断字符串是否具有某个后缀或前缀,如我们对多个文件进行过滤时可以通过扩展名(即后缀)进行检查,就可以使用 endsWith 来完成相应判断。

(3)intern:Java 提供的用于动态扩充常量池的一个方法。当一个 String 实例 str 调用 intern 方法时,Java 查找常量池中是否有相同的字符串常量,如果有,则返回其引用;如果没有,则在常量池中增加 str 字符串并返回它的引用。当需要生成大量字符串,而其中字符串存在大量重复的时候,我们可以使用该方法来提高内存使用效率,并提高字符串操作效率(如判等操作等)。下面模拟这种应用场合来演示该方法的使用,其代码如下:

【程序代码清单 10-3】C10002_StringInternDemo.java

```
1   import java.util.Random;
2
3   public class C10002_StringInternDemo {
4       public static void main(String[] args) {
5           Random ran = new Random();
6           int[] nums = new int[10];
7           //随机生成数字,模拟重复的数字串
8           for(int i = 0; i < nums.length; i++){
9               nums[i] = ran.nextInt();
10          }
11
12          String[] arr = new String[10000];
13          for(int i = 0; i < arr.length; i++){
14              arr[i] = String.valueOf(nums[i % 10]).intern();
15          }
16      }
17  }
```

代码说明:通过随机生成 10 个整数来模拟重复的数字串,然后用这些数字生成 10000 个数字串。如果不使用 intern 方法,我们将在内存中创建 10000 个字符串对象;而通过 intern 方法,我们最终将只保存 10 个字符串引用,并且这些字符串对象将会被动态加入常量池,从而极大地提高内存使用效率。

(4)getBytes/构造方法 String(byte[]):字符串文本通过编码后存储为字节数组方式,因而字符串与字节数组之间可以进行转换,只是要注意编码方式一致的问题,否则将会出现乱码问题。getBytes 方法是从字符串对象获得其字节数组,而构造方法 String(byte[])则是通过字节数组来创建字符串对象。在网络传输过程中,我们经常要用到二者之间的转换:发

送方先将文本编码为字节数组，然后通过网络发送，接收方得到字节数组后，以相同的编码方式重新解码为字符串（Java 中通过构造方法创建）。下面通过一个简单的例子来演示不同编码方式所得到的字节数组，其代码如下：

【程序代码清单 10-4】C10003_StringConvertor.java

```
1   import java.nio.charset.Charset;
2
3   public class C10003_StringConvertor {
4       public static void main(String[] args) {
5           String text = "abc 中国㘋";
6           try {
7               byte[] gbk = text.getBytes("gbk");   //中文操作系统默认方式
8               for (byte b : gbk){
9                   System.out.printf("%x ", b);
10              }
11              System.out.println();
12
13              byte[] gb2312 = text.getBytes("gb2312");
14              for (byte b : gb2312){
15                  System.out.printf("%x ", b);
16              }
17              System.out.println();
18
19              byte[] asc = text.getBytes("ascii");
20              for (byte b : asc){
21                  System.out.printf("%x ", b);
22              }
23              System.out.println();
24
25              byte[] utf = text.getBytes("utf-8");
26              for (byte b : utf){
27                  System.out.printf("%x ", b);
28              }
29              System.out.println();
30
31              byte[] uni = text.getBytes("unicode");
32              for (byte b : uni){
33                  System.out.printf("%x ", b);
34              }
35              System.out.println();
36
37              System.out.println(Charset.defaultCharset().name());
38          } catch (Exception e) {}
39      }
40  }
```

其运行结果如下：

```
61 62 63 d6 d0 b9 fa c1 88
61 62 63 d6 d0 b9 fa 3f
61 62 63 3f 3f 3f
61 62 63 e4 b8 ad e5 9b bd e7 bf 80
fe ff 0 61 0 62 0 63 4e 2d 56 fd 7f c0
GBK
```

代码说明：①GB2312 是中文编码方式，而 GBK 在其基础上进行了扩展，可以表示更多汉字，兼容 GB2312，是目前中文操作系统默认的编码方式。从运行结果可以看到，两种编码方式对英文字母仍然采用 ASCII 码进行编码，对常用汉字二者编码的确是相同的，但对于不常用的汉字 GB2312 无法编码（采用了问号的 ASCII '3f' 返回），而 GBK 可以正常编码。②使用 ASCII 码进行编码时，无法对中文进行编码。③Unicode 字符集是双字节定长编码，前面两个字节"fe ff"表示字节顺序为大端方式。关于大端和小端字节顺序的详细介绍请参考网络相关资源，这里不再赘述。④UTF-8 是对 Unicode 字符集的一种编码方式，采用单字节变长的方式，英文字母为单字节，中文为两个字节以上。UTF-8 是目前网络上最通用的编码方式。⑤最后通过 Charset 类验证了中文操作系统的默认编码方式的确是 GBK。

前面已经提到，编码和解码时采用相同的编码方式就可以正确解析字符，但不一致就会造成乱码。如上代码中，可以通过 utf 字节数组以如下方式创建字符串：

```
System.out.println(new String(utf));
System.out.println(new String(utf, "utf-8"));
```

第一种方式无法正确解析，得到乱码（默认是 GBK）；第二种方式可以正确解析，其运行结果如下：

```
abc 涓□浗缈?
abc 中国翎
```

（5）split/replace：split 方法为分割字符串方法，根据参数传递的分隔符进行切分，其分隔符使用的是正则模式，将在下一节介绍其使用方法。replace 方法就是常规的字符串替换方法，传递参数为两个，前者为准备被替换的字符串，后者为替换后的字符串，其用法如下：

```
String s = "this is a test this";
s = s.replace("this", "that");
```

执行后，两处 this 都将被 that 替换。字符串还提供了 replaceAll 方法，该方法作用与其一样，但传递的被替换字符串使用的是正则模式。

10.2　正则表达式

正则表达式是对字符串，包括普通字符（如 a~z 之间的字母）和特殊字符（称为"元字符"）进行操作的一种逻辑公式，就是用事先定义好的一些特定字符及这些特定字符的组合，组成一个"规则字符串"，这个"规则字符串"用来表达对字符串的一种过滤逻辑。比如在 Windows 操作系统中，我们应该知道"*.*"表示操作系统中的所有文件，其中"*"表示任意多个字符，而这就是一种规则模式。只不过 Windows 操作系统中的通配符比较简单，无法组成比较复杂的模式，比如我们想查找由数字组成文件名的所有文件就无法做到。

正则表达式是文本验证与匹配的利器，几乎所有编程语言都提供了对它的支持。比如常见的邮箱验证、密码规则验证等，又比如从 html 文件中提取所有 url 地址（爬虫程序会使用）、提取所有图片等，当我们掌握了正则表达式的模式书写规则后，就可以很轻松地在 Java 中实现上述应用。但正则表达式提供的符号和规则比上面讲的 Windows 操作系统的通配符要多得多，也复杂得多，因而只有多练习使用才可能掌握。

10.2.1　正则符号

书写正则表达式模式需要用到正则符号，包括原义字符、转义字符和元字符三类。原义字符比较好理解，就是正常文本的原样字符，如英文字母和数字等；转义字符表示非打印字符，如\n 表示换行符，\d 表示 0~9 的数字；元字符是正则表达式中的特殊字符，如\、*、+、?、

$等，以及圆括号、中括号、花括号等。在具体介绍这些符号前，我们先来分析一个比较简单的手机号码验证的正则模式："^1[34578][0-9]{9}$"，其解释如下：

^：表示从文本开始处进行匹配；

1：就是数字1，表示手机号以1开始；

[34578]：表示手机号第2位可以出现3、4、5、7、8这五个数，当然如果运营商启用了新的数字，加入即可，比如笔者就遇到了第2位为9的手机号；

[0-9]{9}：表示数字0～9中任意一个出现9次，即手机号的第3～11位；

$：表示匹配到文本尾部。

有了上述模式，就可以用它对用户输入的手机号进行验证，不符合规则就无法通过验证，如"19124569853"就无法通过，因为目前我们还没有在第2位添加9这个数字。

下面将正则符号按逻辑分组进行介绍。

1. 表示字符的符号

如上述的[34578]，正则表达式用中括号将可能出现的字符组合起来，即表示中括号内的字符集中的任意一个字符。如果多个字符本身具有连续性，可以使用中画线"-"，如上例的[0-9]，又如[a-z]可以表示任意小写英文字母。需要注意的是，如果要表示中画线"-"，需将它放在末尾，如[0-9-]即可。对一些特殊的字符集合，正则表达式提供了一些简写方式，具体说明如下：

\d：表示0～9的任意数字，即[0-9]；

\w：表示大小写英文字母、0～9的数字和下画线_共63个字符中的任意一个，即[a-zA-Z0-9_]；

\s：表示任意空白字符，包括空格、横向制表符、换行、换页等；

点"."：表示除换行符之外的任意字符。

另外，正则表达式还可以表示"除哪些字符之外"的规则，如上述字符集的表示法中的字母变成大写即可，如"\D"表示非数字，"\S"表示非空白符等。对于中括号形式，也有对应的语法，只需在左括号后加上"^"符号即可，如[^0-9]也表示非数字，上述点"."可以表示为[^\n\r]。请读者思考怎么表达任意字符"？"。

从上述介绍应该可以看到，中括号形式是表示字符的最灵活的方式，如表示偶数数字[02468]，表示英文元音字母[aeiou]等，请读者熟练掌握。

2. 表示频度的符号

如上述的{9}，正则表达式中使用花括号表示频度，即前面字符出现的次数，其语法形如"{n, m}"，表示出现次数在[n,m]范围内。逗号和m可缺省，"{n}"表示固定出现n次；"{n, }"表示出现n次及以上。对一些特殊的频度，正则表达式提供了一些简写方式，具体说明如下：

+：表示出现1次及以上，即{1,}；

*：表示出现0次及以上，即{0,}；

?：表示出现0次或1次，即{0, 1}。

还是一样的道理，花括号方式是表示频度的最灵活的方式，需要读者熟练掌握。掌握介绍的符号后，我们已经可以写出一些简单的正则模式了，如"\d+"可以表示数字串，"\w+"可以表示英文单词等。

3. 表示位置的符号

正则表达式还可以进行位置匹配，如上述的"^、$"，除了这两个外还有一个表示单词分界位置的符号"\b"。如有字符串"this is a test"，要匹配"is"这个单词，如果模式只写"is"则 this 中的 is 也会被匹配，正确的书写方式应该是"\bis\b"，这样就只会匹配"is"这个单词了。

正则表达式还可以使用圆括号来表达"以什么开头"或"以什么结尾"的位置匹配，其具体说明如下：

（?=pattern）：表示正向肯定预查，即表示以什么结尾。我们来看具体例子，如有模式"Windows（?=\d+）"，则可以匹配"Windows95"中的 Windows，但不能匹配"Windows 操作系统"中的 Windows。

（?!pattern）：表示正向否定预查，即表示不以什么结尾。如上面例子使用否定预查，则匹配结果正好相反。

（?<=pattern）：表示反向肯定预查，即表示以什么开头。我们来看具体例子，如有模式"(?<=\$) \d+"，则可以匹配"2018 年收入$2000"中的 2000，但不能匹配 2018。

（?<!pattern）：表示反向否定预查，即表示不以什么开头。如上面例子使用反向否定预查，"(?<!\$) \d{4}"，就可以匹配 2018，而不会匹配 2000。

圆括号这种位置匹配在正则表达式中属于比较难的部分，读者可以先了解，随着学习的深入和经验的积累再来理解这些知识。

另外，圆括号在正则表达式中还有另外一种用法：分组，即将正则表达式分成多个子表达式，可以配合反向引用来使用。当一个正则表达式被分组后，每个分组自动被赋予一个组号，从左到右分别是 $1$2…$9。还是通过具体例子来理解：模式"(\d{4})-(\d{2})-(\d{2})"用来匹配形如"2018-09-23"的日期字符串，同时如果希望将该日期格式化为"2018 年 09 月 23 日"的话，则可以用$1 来获取第 1 个匹配组 2018，其他依次类推，下一节我们将在 Java 代码中举例进行验证。当然也可以取消分组，如"(?:\d{4})"就不再保存年部分的分组，当然也无法反向引用了。

最后，正则表达式匹配模式分为贪婪模式和非贪婪模式，默认使用贪婪模式，即"\d+"匹配字符串"1234"时，将匹配整个数字串。修改为非贪婪模式的语法是在表示频度的符号后添加"?"，即"\d+?"，如使用它匹配同样字符串则得到 1、2、3、4 四个数字子串。

10.2.2 正则验证与匹配

Java 中提供了 Pattern 类和 Matcher 类来支持正则表达式，二者定义在 java.util.regex 包中。Pattern 类用于封装正则模式，并提供验证与匹配的方法；Matcher 类封装了 Pattern 模式匹配的对象，并提供访问的方法。下面来看具体的例子，以理解正则表达式模式的书写及熟悉 Pattern 和 Matcher 的使用。

1. 正则验证

Pattern 类提供了一个静态方法 matches（String regex, CharSequence input），该方法对输入的字符序列应用 regex 模式进行验证，返回 boolean 类型的验证结果。与 equals 方法只判断字面是否相等不同，matches 用于进行模式验证，这在很多数据采集的场景下应用相当广泛，如邮箱验证、日期验证、url 验证等。通过验证才能保证收集的数据是有效的，以便减少垃圾数据。下面来实现前面介绍的手机号码验证程序：用户每输入一个手机号码就验证并输出其是否合法，直到用户输入-1为止，其代码如下：

【程序代码清单 10-5】 C10004_ValidatePhoneNumber.java

```java
import java.util.Scanner;
import java.util.regex.Pattern;

public class C10004_ValidatePhoneNumber {
    public static void main(String[] args) {
        Scanner sc = new Scanner(System.in);
        while (true){
            String phone = sc.nextLine();
            if (phone.equals("-1")) break;

            boolean s = validate(phone);
            System.out.printf("手机号%s%s 一个合法号码\n",
phone, s ? "是" : "不是");
        }
        System.out.println("验证结束");
        sc.close();
    }

    private static boolean validate(String phone) {
        String regex = "1[34578][0-9]{9}";
        return Pattern.matches(regex, phone);
    }
}
```

其测试结果如下：

```
13888888636
手机号 13888888636 是一个合法号码
13566662345
手机号 13566662345 是一个合法号码
19988886235
手机号 19988886235 不是一个合法号码
139123456789
手机号 139123456789 不是一个合法号码
135
手机号 135 不是一个合法号码
-1
验证结束
```

代码说明：①matches 方法中第 2 个参数 CharSequence 是 Java 提供的字符序列接口，而 String 类实现了这个接口，因而只需为其传字符串对象即可。②第 20 行代码的正则模式串与前面介绍正则表达式时书写不一样，没有使用从头匹配"^"和尾部匹配"$"，原因是 matches 方法本身就是全串匹配，即从头到尾进行匹配。从测试结果可以看到，达到了手机号码验证的预期。其中"19988886235"现在来说已经是合法号码，请读者修改程序满足这个需求。

Java 的字符串也提供了一个 matches 方法，其内部调用的就是 Pattern 的 matches 方法，因此用法完全一样，可以相互替代。下面以 IP 地址为例介绍其用法：IPv4 地址每段的规则满足如下要求：①任何一个 1 位或者两位数字，即 0～99；②任何一个以 1 开头的 3 位数字，即 100～199；③任何一个以 2 开头，第二位数字在 0～4 之间的数字，即 200～249；④任何一个以 25 开头，第三位数字在 0～5 之间的三位数字，即 250～255；⑤数字要求不出现前导"0"，最后每段数字以"."分隔。根据这个规则，我们逐步来书写正则模式：

[1-9]?\d，以 1～9 开头的两位数或一位数；

1\d{2}，1 后出现两位数字即 1 开头的三位数；

2[0-4]\d，匹配 200～249 的三位数；

25[0-5]，匹配 250～255 的三位数。

最后组合上述模式，可以得到如下正则模式："((25[0-5]|2[0-4]\d|1\d{2}|[1-9]?\d)\.){3}(25[0-5]|2[0-4]\d|1\d{2}|[1-9]?\d)"，其 Java 实现代码如下：

【程序代码清单 10-6】C10005_ValidateIPAddress.java

```java
import java.util.Scanner;

public class C10005_ValidateIPAddress {
    public static void main(String[] args) {
        Scanner sc = new Scanner(System.in);
        String regex = "((25[0-5]|2[0-4]\\d|1\\d{2}|[1-9]?\\d)\\.){3}"
                + "(25[0-5]|2[0-4]\\d|1\\d{2}|[1-9]?\\d)";
        while (true){
            String ipa = sc.nextLine();
            if (ipa.equals("-1")) break;
            System.out.println(ipa.matches(regex));
        }
        sc.close();
    }
}
```

代码说明：请读者注意 Java 正则模式字符串中要使用 "\\"，原因是 "\" 在 Java 中是特殊的转义字符。另外需要注意的是，该模式没有排除第 1 段为 0 这种情况，请读者自行尝试修改。从测试结果看，它已达到要求：

```
127.0.0.1
true
192.10.2.1
true
255.255.255.0
true
0.1.1.1
true
256.3.3.3
false
```

2. 正则匹配

除正则验证外，还有一种常用的操作就是正则匹配，即从文本中提取满足模式要求的多个匹配结果，返回 Matcher 对象。下面先举一个简单例子来体验其用法，从字符串中提取数字串，其代码如下：

【程序代码清单 10-7】C10006_ExtractNumbers.java

```java
import java.util.regex.Matcher;
import java.util.regex.Pattern;

public class C10006_ExtractNumbers {
    public static void main(String[] args) {
        String input = "abc123defg5436hi98";
        Pattern p = Pattern.compile("\\d+");
        Matcher m = p.matcher(input);
        while(m.find())
            System.out.println(m.group());
    }
}
```

代码说明：①compile 静态方法用于生成模式并保存，后面可以多次使用。②本例是取数字串，请读者思考如何取字母串。③对象方法 matcher 用于提取匹配结果集，然后可通过 find 方法进行遍历（存在下一个返回真），通过 group 方法获得匹配。如果正则模式存在分组，则需要使用参数来指定索引，具体请看下例。

如果需要在一个存有许多生日信息的文本中提取生日字符串，并且要把年、月、日三个部分单独提取出来重新格式化，就可以使用正则表达式的分组语法来实现。Java 的模式串默认将整个模式设为第 1 个分组，即索引为 0；其他的分组则按顺序依次编为 1、2……，其具体实现代码如下：

【程序代码清单 10-8】C10007_GroupExample.java

```java
import java.util.regex.Matcher;
import java.util.regex.Pattern;

public class C10007_GroupExample {
    public static void main(String[] args) {
        String info = "张三的生日是 2000 年 10 月 22 日，李四的生日是 1999 年 10 月 15 日";
        Pattern p=Pattern.compile("(\\d{4})\\D(\\d{2})\\D(\\d{2})");
        Matcher m = p.matcher(info);
        while(m.find())
            System.out.println(m.group());
        m.reset();
        while (m.find())
            System.out.printf("%s-%s-%s\n", m.group(1), m.group(2), m.group(3));
    }
}

```

其运行结果如下：

```
2000 年 10 月 22
1999 年 10 月 15
2000-10-22
1999-10-15
```

代码说明：①第 7 行的模式串中采用正则表达式中的分组语法，将年、月、日三部分进行了分组；"\D"是之前介绍的，表示非数字。②第 9、10 行，将以默认分组即整个匹配来遍历，从结果可以看出我们的确取出了整个生日串。③第 11 行 reset 方法表示重新回到匹配集的开头，以便重新遍历。④第 12、13 行代码中，find 方法仍然按整个模式串进行查找，因此仍然只有两个匹配生日串；然后用 group 方法并指定序号的方式分别获取年、月、日，并将生日串进行了重新格式化，请读者结合代码理解分组的意义及用法。

下面再举一个具体的应用：从 html 文件中提取 url。html 文件中以 a 标签来表示超链接，我们将书写正则模式匹配 a 标签，并提取其中的 url。本例中将直接构造一个测试的 html 文本，等在后面介绍 I/O 流时会举例说明如何直接获得网页的 html 文件。具体实现代码如下：

【程序代码清单 10-9】C10008_ExtractURL.java

```java
import java.util.regex.Matcher;
import java.util.regex.Pattern;


public class C10008_ExtractURL {
    public static void main(String[] args) {
        String h="<a href=\"www.baidu.com\" target=\"\">ne</a>"
                + "adfdfsdsd"
```

```
9                   +"<a class=\"dd\" href=\"www.163.com\">ne</a>";
10          String regex = "<a.+?href=\"(.+?)\".*?>(.+?)</a>";
11          Pattern p = Pattern.compile(regex);
12          Matcher m = p.matcher(h);
13          while(m.find())
14              System.out.println(m.group(1));
15      }
16  }
```

其运行结果如下：

```
www.baidu.com
www.163.com
```

代码说明：①该 html 文本是构造出来的，仅用于测试。②我们将 url 部分进行了分组，因而打印时传入了参数 1。③第 10 行的正则模式串中，采用了非贪婪模式进行匹配，其解释如下：

<a：匹配 a 标签开头；

.+?：匹配 a 到 href 前的除\n 外的任意字符，非贪婪模式，否则 "href" 也将被匹配；

href=\"：匹配原样字符，双引号要使用转义符；

(.+?)：匹配 url 字符串，非贪婪模式，否则后面的双引号也将匹配；

.*?>：匹配 url 串双引号后的字符，非贪婪模式，否则 ">" 将匹配；

(.+?)：匹配 a 标签中显示的文本，序号为 2 的分组，我们也可以获得这个匹配，也需要使用非贪婪模式；

</a>：匹配原样字符。

从运行结果可以看到，我们的确实现了精确提取 url 地址的功能。该正则模式比较复杂，希望读者结合代码认真理解并反复测试，学会应用，比如完成提取 html 文本中的图片标签中的 src。

10.2.3　支持正则的字符串方法

前面已经提到字符串的 matches 方法支持正则模式，而使用更广泛的是字符串中的 split 方法和 replaceAll 方法。split 方法可以通过提供的正则模式分隔字符串，比如在单词统计的应用中就会使用它，下面来看一个简单例子：

【程序代码清单 10-10】C10009_SplitDemo.java

```
1   public class C10009_SplitDemo {
2       public static void main(String[] args) {
3           String text = "A mouse once took a bite out "
4                   + "of a bull's tail as he lay dozing. "
5                   + "The bull jumped up in a rage and, "
6                   + "with his head low to the ground, "
7                   + "chased the mouse right across the yard. "
8                   + "The mouse was too quick for him, however, "
9                   + "and slipped easily into a hole in the wall.";
10          String regex = "[ ,.]";
11          String[] words = text.split(regex);
12          for(String word : words){
13              if(word.isEmpty()) continue;
14              System.out.println(word);
15          }
16      }
17  }
```

代码说明：①读者可运行该程序并观察结果。②后面介绍了 I/O 流，我们就可以通过文件读写的方式来读取英文文章，而不用像现在这样构造 text 文本了。③第 10 行定义了分隔字符，包括空格、逗号和圆点，使用了正则表达式的中括号语法。④split 方法使用分隔字符拆分单词后返回字符串数组，然后就可以遍历输出了。需要注意的是，拆分过程有可能产生空字符串，因而我们在第 13 行做了处理，忽略空字符串。⑤也可以使用单词分界符的方式使用正则匹配来完成该程序，我们将其定义为一个方法，其代码如下：

【程序代码清单 10-11】C10009_SplitDemo.java 修改版

```
1  private static void split(String s){
2      Pattern p = Pattern.compile("\\b\\w+\\b");
3      Matcher m = p.matcher(s);
4      while(m.find())
5          System.out.println(m.group());
6  }
```

只需要将待拆分的文本传给它就可以完成功能，并且这种方式不用处理空字符串的问题，因为空字符串不会被匹配。

字符串的 replaceAll 方法比 replace 强大的地方就是可以通过正则进行模式匹配和替换，而且结合正则表达式的分组及反向引用，可以方便地完成许多看似麻烦的操作。先来看下面的例子，将文本中的数字串替换为星号"**"，其代码如下：

【程序代码清单 10-12】C10010_NumberAndStar.java

```
1  public class C10010_NumberAndStar {
2      public static void main(String[] args) {
3          String text = "软件工程一班 32 人，二班 35 人，三班 33 人";
4          text = text.replaceAll("\\d+", "**");
5          System.out.println(text);
6      }
7  }
```

上述代码相当简单，可以轻松完成替换操作。接下来修改一下需求：给数字串添加圆括号。我们将利用反向引用来完成该功能，在 Java 中分组的反向引用使用"$1"、"$2"这种形式表达，其代码如下：

【程序代码清单 10-13】C10011_NumberAddBrace.java

```
1  public class C10011_NumberAddBrace {
2      public static void main(String[] args) {
3          String text = "软件工程一班 32 人，二班 35 人，三班 33 人";
4          text = text.replaceAll("(\\d+)", "($1)");
5          System.out.println(text);
6      }
7  }
```

其运行效果如下：

软件工程一班（32）人，二班（35）人，三班（33）人

从运行效果可以看到完成了需求，如果我们不使用正则模式而是自己编码完成该功能的话将相当麻烦，请读者结合代码认真理解分组及反向引用，学会应用。

再举最后一个例子：为文本中的金额数字添加千分位，即整数部分从右往左每 3 位添加","，如果准备添加","的位置前没有数字则不添加。例如，"12345"，添加逗号后为"12,345"；"123456789"，添加逗号后为"123,456,789"，1 之前没有数字了因而不添加逗号。

要完成这个程序，首先要清楚这里要匹配的不是字符，而是添加位置，因而要采用正则表达式中的位置匹配技术来完成，其代码如下：

【程序代码清单 10-14】C10012_Thousands.java

```
1   public class C10012_Thousands {
2       public static void main(String[] args) {
3           String s = "单价1340元，总金额为1023465.346元";
4           String regex = "(?<=\\d)(?=(\\d{3})+[.$\\D])";
5           s = s.replaceAll(regex, ",");
6           System.out.println(s);
7       }
8   }
```

其运行效果如下：

单价1,340元，总金额为1,023,465.346元

代码说明：①从运行结果可以看到，功能已经实现。②第 4 行的正则表达式使用的是正则中的非获取匹配，即前面介绍的位置匹配。该正则模式的解释如下：

(?<=\\d)：以数字开头，如"单价 230 元"的话，就不会添加逗号；

(?=（\\d{3}）+[.$\\D])：以后面模式结尾，由于开头和结尾两个模式间没有其他符号，因而只是匹配位置；

(\\d{3})+：其中这一部分表示数字以 3 位一组的整数倍出现 1 到多次；

[.$\\D]：表示匹配到小数点（第 2 个金额的情形）、尾部（如整型金额出现在句尾的情形）或非数字处（第 1 个金额的情形）结束。

本 章 小 结

本章对字符串这种使用相当广泛的类型进行了深入介绍，不仅介绍了更多字符串常用而且很有用的方法，如字符串裁剪方法 trim、判断前缀方法 startsWith、判断后缀方法 endsWith、字符串分割方法 splict、字符串替换 replace/replaceAll 等，而且讲解了字符串的不变性，学习了 StringBulider 类的使用。

另外，本章比较详细地介绍了正则表达式技术，其功能相当强大，掌握好了可以让我们在文本处理时书写出相当高效、简洁的代码，书中的例子也很好地反映了这种优势。希望读者能够多加练习，熟练掌握正则模式的书写。

习 题

1. 正则表达式中表示数字串的模式为_____，表示不含前导 0 的四位数的正则模式为_____。
2. 书写分界单词的正则模式为_____，中文的正则模式为_____。
3. 检索以".jpg"结尾的图片文件，可以使用字符串的（ ）方法。
   A. trim   B. endsWith   C. startsWith   D. endWith

4. 正则表达式中表示出现 1 到任意多次的元字符是（   ）。

  A. +　　　　　　　B. -　　　　　　　C. *　　　　　　　D. ?

5. 上网收集资料，简述常用的编码方式。

6. 简述正则表达式中表示字符的元字符。

7. 简述正则表达式中表示频度的元字符。

8. 使用 StringBuilder 改写十进制转二进制的程序。

9. 为字符串提供 slice 方法，包括字符串、开始位置、结束位置、步进值四个参数，如有字符串 s "12345678"，调用 slice(s, 0, 7, 2)将得到"1357"子串。

10. 参考提取 url 示例，完成提取图片 src 的功能。

11. 使用正则表达式，编写 Java 标识符合法性验证的程序。

12. 现有一组字符串，每个字符串形如"0101-Tom"，请编程完成交换学号和姓名，并将连字符修改为下画线"_"。

13. 现有程序要求对用户输入的串进行处理。具体规则如下：①把每个单词的首字母变为大写；②把数字与字母之间用下画线字符（_）分开，使其更清晰；③单词中间有多个空格的调整为 1 个空格。例如：用户输入：you and   me what   cpp2005program，则程序输出：You And Me What Cpp_2005_program。

  假设：用户输入的串中只有小写字母、空格和数字，不含其他的字母或符号。每个单词间由 1 个或多个空格分隔，请编程实现。

第 11 章 Java 集合框架

我们经常让计算机处理的是大规模的数据集，以便提高工作效率。除了前面介绍的数组（存在缺点：大小固定）可以存储多个数据外，Java 还提供了很多有用的数据结构来处理数据集，如前面提到的 ArrayList 等。

程序开发中数据结构的选择和设计相当重要，是算法实现的重要支撑，因而熟练掌握这些数据结构就可以在实际开发过程中灵活、高效地处理大规模数据集。本章会详细介绍 Java 中实现的数据结构并实际应用。

学习目标

★ 熟悉 Java 集合框架中的通用接口
★ 熟练掌握常用集合类并学会应用
★ 掌握集合工具类的常用 API

11.1 集合框架概述

如果学习过数据结构这门课程，应该知道常见的数据结构分为集合结构、线性结构、树形结构和图形结构四种，线性结构又分为顺序表、链表、栈和队列、哈希表等。线性结构使用相当广泛，也是树形和图形结构的实现基础，因而 Java 集合框架中提供了线性结构的完整实现，其核心接口关系如图 11-1 所示。

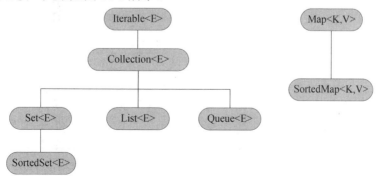

图 11-1 集合框架核心接口

图中接口都是泛型接口，规范了集合框架中的通用操作，我们应该熟悉这些接口规范，下面对其进行简要介绍。

（1）Iterable<E>：可迭代接口，用于支持前面介绍的增强 for 循环（即 foreach），因而实现了该接口的类都可以使用增强 for 循环，其接口中只定义了一个方法：iterator，返回 Iterator 迭代器接口对象。

（2）Collection<E>：集合操作的顶层接口，规范了集合操作的通用 API（如增、删、查），其常用方法如表 11-1 所示。

表 11-1　Collection<E>接口常用方法

方　法　名	用　　途
size()	返回集合元素个数
isEmpty()	是否为空集合
contains（Object）	是否包含指定元素
add（E）	尾部添加元素
remove（Object）	删除元素
clear()	清空所有元素
toArray（E[]）	返回数组形式

（3）Set<E>：集合接口，直接继承 Collection 接口，本身并没有提供额外的方法。它是数学中"集合"概念的抽象，其中元素没有顺序概念，因而不允许出现重复元素。

（4）List<E>：列表接口，直接继承 Collection 接口，额外提供支持数据结构中线性结构的常用操作。列表元素可以重复，前面使用过的 ArrayList 就是其典型实现。线性结构常用方法如表 11-2 所示。

表 11-2　线性结构常用方法

方　法　名	用　　途
get（int index）	获取指定索引处的元素
set（int index, E element）	修改指定索引处的元素
add（int index, E element）	指定索引处添加元素
remove（int index）	删除指定索引处的元素
indexOf（Object obj）	查找列表中元素，没有返回-1
subList（int from, int to）	获取指定范围的子列表

从表 11-2 中可以看到，List 接口中提供的方法都是和索引位置相关的操作。

（5）Queue<E>：数据结构中队列接口，FIFO（先进先出）结构，其中封装了队列的常规操作。由于队列经常用在多线程环境，因而 Java 还提供了 BlockingQueue 这种有阻塞功能的队列接口，其典型实现是 ArrayBlockingQueue。队列常用方法如表 11-3 所示。

表 11-3　队列常用方法

方　法　名	用　　途
offer（E e）	队尾添加元素，队列满则返回 false（队列接口方法）
poll()	移除并返回队头元素，队空则返回 null（队列接口方法）
peek()	仅返回队头元素，队空则返回 null（队列接口方法）
put（E e）	队尾添加元素，队列满则阻塞（阻塞队列接口方法）
take()	移除并返回队头元素，队空则阻塞（阻塞队列接口方法）

（6）SortedSet<E>：具有排序功能的 Set 接口，提供了用于比较的方法。

（7）Map<K,V>：实现键到值映射的结构，有的语言中称之为字典结构。Map 中不能包含重复的键。Map 常用方法如表 11-4 所示。

表 11-4 Map 常用方法

方 法 名	用 途
containsKey（Object key）	返回 Map 中是否包含 key
containsValue（Object value）	返回 Map 中是否包含 value
get（Object key）	获取对应 key 的 value
put（K key, V value）	key 存在，则修改 value；否则添加新的键值对
remove（Object key）	删除指定 key 的键值对
keySet()	返回所有键的 Set 对象
values()	返回所有值的 Collection 对象

（8）SortedMap<K, V>：具有排序功能的 Map 接口。

11.2　常用集合类

如上所述，Java 集合框架中包含了很多接口及实现这些接口的大量数据结构。下面介绍一些常用数据结构的用法，更多相关的数据结构请参阅网络资源。

11.2.1　ArrayList 类

ArrayList 类是列表接口 List 的一个具体实现，相当于数据结构中的顺序表，具有随机存取功能，因而查找效率高。它弥补了 Java 中数组的不足（大小固定，无法修改），因此也被称为动态数组，其容量可以动态扩充。前面已经使用过 ArrayList 来完成应用，下面以一个简单应用为例来演示其用法及使用场合：用户输入多个成绩，直到输入-1 为止；然后查找成绩中的最高分，并将其移动到第 1 个位置，其实现代码如下：

【程序代码清单 11-1】C11001_ArrayListDemo.java

```java
import java.util.ArrayList;
import java.util.Scanner;

public class C11001_ArrayListDemo {
    private static ArrayList<Integer> scores;

    public static void main(String[] args) {
        scores = new ArrayList<Integer>();
        input();
        int top = findTop();
        insert(top);
        display();
    }

    private static void input() {
        Scanner sc = new Scanner(System.in);
        while(true){
            int s = Integer.parseInt(sc.nextLine());
            if (s == -1) break;
            scores.add(s);     //尾部追加
        }
        sc.close();
    }
```

```
24
25      private static int findTop() {
26          int index = 0;    //默认第1个最大
27          for(int i = 1; i < scores.size(); i++){
28              if (scores.get(i) > scores.get(index))
29                  index = i;
30          }
31          return scores.remove(index);  //移除并返回最大值
32      }
33
34      private static void insert(int top) {
35          scores.add(0, top);
36      }
37
38      private static void display() {
39          for(int x : scores){
40              System.out.printf("%d ", x);
41          }
42      }
43  }
```

代码说明：①第 5、8 行声明并初始化 ArrayList，需要注意的是 Java 中的泛型必须使用引用类型，因此这里要使用 int 的包装类 Integer。②第 27 行，Java 集合框架中的类型都使用 size 方法来获取元素个数，注意与数组的 length 的区分。③第 20 行的 add 方法表示在尾部添加元素，第 35 行的 add 方法表示在指定索引处（这里是 0，即顺序表头部）添加元素。④第 31 行代码中 remove 方法是删除找到的索引处的最大值，并将其值返回。⑤由于 Collection 接口继承于 Iterable 接口，因而顺序表可使用增强 for 循环来进行遍历。

关于顺序表的遍历，还可以采用以下几种方式实现：

（1）使用 toArray 方法，将顺序表转换为对应数组然后再遍历。使用该方法修改上述 display 方法，代码如下：

【程序代码清单 11-2】display 遍历修改

```
1  private static void display() {
2      Integer[] a = new Integer[scores.size()];
3      scores.toArray(a);
4      for(int x : a)
5          System.out.printf("%d ", x);
6  }
```

（2）使用 Iterator 迭代器进行遍历。迭代器模式是比较常用的一种设计模式，其目的是对外界屏蔽数据结构的实现细节，迭代器接口的方法如表 11-5 所示。

表 11-5　迭代器接口的方法

方 法 名	用 途
hasNext()	是否存在下一个元素
next()	返回当前元素，并移动索引到下一个
remove()	删除当前元素，并修改索引为该位置

ArrayList 使用内部类实现了 Iterator 接口，并提供 iterator 方法来获取迭代器对象，可以通过它来遍历顺序表，这种方式还可以删除元素（增强 for 循环是不能修改顺序表的）。使用 Iterator 对象修改上述 display 方法，代码如下：

【程序代码清单 11-3】display 遍历修改

```
1  private static void display() {
2      Iterator<Integer> it = scores.iterator();
```

```
3       while(it.hasNext()){
4           System.out.printf("%d ", it.next());
5       }
6   }
```

（3）使用 ListIterator 迭代器对象遍历顺序表。ListIterator 继承于 Iterator 接口，增加了逆向遍历的操作，并且增加了在当前元素前或后添加元素、修改当前元素的功能。通过下面简单的例子来模拟它的使用：逆序遍历成绩，如果当前成绩为 59 分，就将它修改为 60 分输出。使用 ListIterator 对象修改上述 display 方法并实现修改功能，代码如下：

【程序代码清单 11-4】display 遍历修改

```
1   private static void display() {
2       ListIterator<Integer> ltr =
3                           scores.listIterator(scores.size());
4       while(ltr.hasPrevious()){
5           int score = ltr.previous();
6           if (score == 59){
7               score++;
8               ltr.set(score);
9           }
10          System.out.printf("%d ", score);
11      }
12  }
```

代码说明：第 2、3 行获得 ListIterator 对象，因为本例要求逆序，因而初始索引要设在最后一个元素后，和正向遍历不一样（获取当前元素，再移动到下一个），这里是先移动到上一个位置，然后返回当前元素。如果此处设为最后一个元素的位置（即 size−1），将无法显示最后一个成绩。

Java 还提供了一个和 ArrayList 功能几乎相同的类 Vector，二者的区别是 Vector 提供了同步控制，只适合多线程的环境，非多线程环境下效率低；ArrayList 没有提供同步控制，但在多线程环境下需要使用 ArrayList 时，可以通过关键字 synchronized，对需要同步的操作进行控制，关于多线程相关的内容请参阅网络资源。也可以通过后面介绍的 Collections 集合工具类提供的方法将非同步版本转换成同步版本来解决，后面再介绍其用法。总之，ArrayList 是使用相当频繁的一个数据结构，希望读者熟练掌握。

11.2.2 LinkedList 类

LinkedList 也是 List 接口的一个具体实现类，它还实现了队列接口，因而该类提供的操作相当多。LinkedList 和 ArrayList 一样未提供同步控制。其内部使用双向链表进行实现，因而其主要对应的数据结构就是链表，当然也可以将它用作链式队列或链栈。链式结构的优点是插入和删除的效率高，因而它经常用在集合不稳定的场合。下面来改写第一单元的约瑟夫环的案例，数据结构改为链表来实现，其代码如下：

【程序代码清单 11-5】C11002_LinkedListDemo.java

```
1   import java.util.LinkedList;
2   import java.util.ListIterator;
3   import java.util.Scanner;
4
5   public class C11002_LinkedListDemo {
6       private static LinkedList<Integer> kids;
7       public static void main(String[] args) {
```

```
8            initialize();
9            solve();
10           display();
11       }
12
13       private static void initialize() {
14           kids = new LinkedList<Integer>();
15           Scanner sc = new Scanner(System.in);
16           int n = sc.nextInt();
17           for(int i = 1; i <= n; i++)
18               kids.add(i);
19           sc.close();
20       }
21
22       private static void solve() {
23           ListIterator<Integer> ltr = kids.listIterator();
24           int count = 0;
25           while(kids.size() > 1){
26               count++;
27               if(!ltr.hasNext())
28                   ltr = kids.listIterator(0);
29               ltr.next();
30               if (count % 3 == 0){
31                   ltr.remove();
32               }
33           }
34       }
35
36       private static void display() {
37           System.out.printf("获胜小孩编号为: %d", kids.get(0));
38       }
39   }
```

代码说明：①第 17、18 行完成链表的初始化，add 方法表示尾部插入，由于 LinkedList 采用的是双向链表，因而不会有效率问题。②solve 方法完成小孩报数，报到 3 的倍数的小孩离队，直到只剩一个小孩为止。这里使用的是迭代器对象进行遍历，第 27、28 行完成达到链表尾部后又重新定位到第 1 个元素的操作；当报到 3 的倍数时，使用了迭代器对象的 remove 方法。通过这种处理，可以极大地提高运行效率。需要特别注意的是，链表虽然提供了 get（index）随机访问的操作，以及 remove（index）随机位置删除的操作，但是最好不要使用，因为它的效率相当低。下面通过程序计时来进行验证，添加使用随机删除的解决方法，并比较二者的效率，其代码修改如下：

【程序代码清单 11-6】C11003_LinkedListDemo.java 修改版

```
1    ...
2
3    public class C11003_LinkedListDemo {
4        private static LinkedList<Integer> kids;
5        public static void main(String[] args) {
6            initialize();
7            long s = System.currentTimeMillis();
8            solve2();
9            System.out.println(System.currentTimeMillis() - s);
10           display();
11       }
12
13       private static void solve2(){
14           int count = 0;
15           int index = -1;
16           while(kids.size() > 1){
17               index = (index + 1) % kids.size();
18               count++;
19               if (count % 3 == 0){
```

```
20                kids.remove(index);
21                index--; //索引回退1,否则会跳过下个小孩
22            }
23        }
24    }
25
26    ...
27 }
```

代码说明：System 类提供了 currentTimeMillis 方法，返回系统的当前时间的毫秒数，我们分别在第 7 行、第 9 行进行计时，二者相减即 solve2 方法的运行时间。当规模为 100000 时，测试二者的运行结果如下：

```
solve 方法：
规模：100000
时间：22ms
获胜小孩编号为：92620
solve2 方法：
规模：100000
时间：4551ms
获胜小孩编号为：92620
```

从运行时间可以清楚地看到二者的效率差别相当大，如果规模继续扩大将更加明显。因此读者在使用 LinkedList 时，要慎重考虑随机访问的问题，尽量避免，或者更换数据结构。

前面提到可以将 LinkedList 当作栈结构（LIFO，后进先出）来使用，而栈的典型操作为入栈 push、出栈 pop（弹出栈顶元素）、取栈顶元素 peek（只取不删除）三种。我们以括号匹配的例子来演示其用法：本例只检查"()"和"[]"这两对括号，思路是遍历表达式字符串，遇到左括号就入栈，遇到右括号则检查栈顶元素对应的是否是左括号，是则出栈，否则退出检查；遍历结束，如果栈为空则合法，否则非法，其实现代码如下：

【程序代码清单 11-7】C11004_ValidateBracket.java

```
1   import java.util.LinkedList;
2   import java.util.Scanner;
3
4   public class C11004_ValidatBracket {
5       public static void main(String[] args) {
6           Scanner sc = new Scanner(System.in);
7           while(true){
8               String line = sc.nextLine();
9               if (line.isEmpty()) break;
10              System.out.println(check(line));
11          }
12          sc.close();
13      }
14
15      private static boolean check(String line) {
16          LinkedList<Character> stack = new LinkedList<Character>();
17          for(int i = 0; i < line.length(); i++){
18              char ch = line.charAt(i);
19              if (stack.isEmpty())
20                  stack.push(ch);
21              else if (ch == ')' && stack.peek() == '('
22                      ||ch == ']' && stack.peek() == '[')
23                  stack.pop();
24              else
25                  stack.push(ch);
26          }
27          return stack.isEmpty();
28      }
29  }
```

代码说明：①输入表达式串时只包含括号，如"(()) [()]"的形式。②第 19 行代码，栈为空时直接入栈；第 21、22 行代码，如果遇到右括号时的检查，满足条件则出栈；其他情况都入栈。最后栈为空则合法。

最后需要说明的是，Java 提供了专门进行栈操作的数据类型 Stack，其用法和上面的例子一致，请读者自行练习它的使用。

11.2.3 HashMap 类

HashMap 是 Map 接口的一个具体实现类，用于存储一系列具有"键 key-值 value"之间的映射关系，可以通过"键值"快速查找其对应的值。键和值可以是任意类型的对象，但不能是基本类型。从图 11-1 可以看到，Map 接口和 Collection 接口没有关系，因而不存在转换关系。但可以从 HashMap 对象中获取其键的集合（keySet 方法），也可以获取值的集合（values 方法），而这两个集合是 Collection 接口的对象或子对象。

"键值对"这种关系在现实生活中有很多例子，如选票统计中，键是人名，值是票数；英语字典中，键是单词，值是其释义；配置文件中，键是属性，值是对应的配置等。下面先来看一个简单的例子：现有多个小孩的生日字符串，要求统计同一天生日的小孩数，并按两种方式输出结果，按日期串升序输出，按统计数量降序输出，其实现代码如下：

【程序代码清单 11-8】C11005_CountKids.java

```
1   import java.util.ArrayList;
2   import java.util.Collections;
3   import java.util.Comparator;
4   import java.util.HashMap;
5   import java.util.List;
6   import java.util.Map;
7   import java.util.Map.Entry;
8
9   public class C11005_CountKids {
10      private static HashMap<String, Integer> map;
11
12      public static void main(String[] args) {
13          String[] days = {"10-15","10-01","10-22","10-05","10-22",
14                  "10-20","10-21","10-20","10-22","10-15",
15                  "10-10","10-18","10-15","10-20","10-05",
16                  "10-01","10-18","10-15","10-31","10-22","10-20"};
17          map = new HashMap<String, Integer>();
18          count(days);
19          System.out.println("按日期串升序输出：");
20          displayByDate();
21          System.out.println("按统计数量降序输出：");
22          displayBySum();
23      }
24
25      private static void count(String[] days) {
26          for(String birth : days){
27              if(map.containsKey(birth))
28                  map.put(birth, map.get(birth) + 1);
29              else
30                  map.put(birth, 1);
31          }
32      }
33
34      private static void displayByDate() {
35          List<String> keys = new ArrayList<String>(map.keySet());
36          Collections.sort(keys);
37          for(String key : keys){
```

```
38              System.out.printf("%s:%d\n", key, map.get(key));
39          }
40      }
41
42      private static void displayBySum() {
43          List<Map.Entry<String, Integer>> lines =
44            new ArrayList<Map.Entry<String,Integer>>(map.entrySet());
45          Collections.sort(lines,
46  new Comparator<Map.Entry<String,Integer>>() {
47              @Override
48              public int compare(Entry<String, Integer> x,
49                  Entry<String, Integer> y) {
50                  return y.getValue() - x.getValue();
51              }
52          });
53          for(Map.Entry<String,Integer> e : lines){
54              System.out.printf("%s:%d\n", e.getKey(), e.getValue());
55          }
56      }
57  }
```

其运行结果如下：

```
按日期串升序输出：
10-01:2
10-05:2
10-10:1
10-15:3
10-18:2
10-20:4
10-21:1
10-22:4
10-31:1
按统计数量降序输出：
10-20:4
10-22:4
10-15:3
10-01:2
10-05:2
10-18:2
10-21:1
10-10:1
10-31:1
```

代码说明：①第 13～16 行代码初始化了生日字符串数组，这里为了测试方便直接硬编码了，后面学习了文件读/写后，就可以将生日保存在文件中，然后再加载进来就可以了，读者到时可以改写此部分。②第 25～32 行代码完成统计工作，读者可以看到使用 HashMap 进行统计相当简单，基本上就是我们经常参与的投票活动的唱票过程：使用 containsKey（birth）方法判断是否出现过生日串，是则修改票数（put 方法），在原票数（用 get（birth）方法取得）上增 1；否则添加新记录，并将票数设为 1。③第 34～40 行代码完成按日期升序输出，首先获取键的集合并将其转换为 List 对象，然后使用集合工具类 Collections 提供的 sort 方法进行排序，最后遍历排序后的键列表，并输出统计结果。从运行结果可以看到满足了输出要求。④第 42～56 行代码完成按票数降序输出。首先要获取键值对对象的集合，其类型是 Map.Entry<String, Integer>，该接口是 Map 接口中的内部接口，然后将其转换为 List 对象集合，接下来在 sort 方法中使用匿名内部类的方式实现比较器 Comparator 的比较方法，最后遍历键值对列表对象输出统计结果。从运行结果可以看到满足了输出要求。

HashMap 是按"键值"的 hashCode 来计算其存储位置的，所以存储位置跟输入顺序无关。添加和查找都是通过 hashCode 进行定位，因而其效率相当高。但这会有一个问题，当键的 hashCode 相同时就会出现冲突，Java 对冲突的解决方案是：如果是 HashMap 本身容量不足，则扩容后再散列来解决；否则采用链表的方式。如果位置相同，则取得该链表，然后遍历该链表查找是否有键相同的键值对，如果有则修改该键对应的值，没有则将该键值对添加到链表中。我们可以查看其源码进行理解，其整理后的代码如下：

【程序代码清单 11-9】HashMap 部分源码

```
1   public V put(K key, V value) {
2       int hash = hash(key);
3       int i = indexFor(hash, table.length);
4       for (Entry<K,V> e = table[i]; e != null; e = e.next) {
5           Object k;
6           if (e.hash==hash && ((k = e.key) == key || key.equals(k))) {
7               V oldValue = e.value;
8               e.value = value;
9               e.recordAccess(this);
10              return oldValue;
11          }
12      }
13
14      modCount++;
15      addEntry(hash, key, value, i);
16      return null;
17  }
```

通过查看源码第 4 行，可以知道其内部的确是使用链表来存储 hash 值相同的键值对的。现在我们有另一个统计应用：统计生日相同的小孩姓名，并输出其结果。如果按之前的方式来设计，即生日串作为键，小孩姓名作为值的话，就无法解决这个问题，原因是生日串作为键，则同一个生日的 hash 值相同，而且键也相等，从源码的第 6 行可以看到它只会修改之前的小孩姓名，如我们先添加了"10-15, tom"，再添加"10-15, jerry"时就只会修改 tom 为 jerry，而无法添加新的键值对。从源码分析看，可以通过构建一个包含生日和姓名的类型，然后重写 hashCode 方法和 equals 方法，让该对象 hashCode 和生日串相关，而判等时必须生日和姓名都相同；然后用这个类型作为键，这样生日相同可以让它们 hash 值相同，又因为键不相等，就可以添加到同一个链表中了，其实现代码如下：

【程序代码清单 11-10】C11006_CountSameBirthday.java

```
1   import java.util.HashMap;
2
3   public class C11006_CountSameBirthday {
4       private static HashMap<SameDay, Integer> map;
5       public static void main(String[] args) {
6           SameDay[] kids = {new SameDay("10-15", "tom"),
7                   new SameDay("10-22", "anna"),
8                   new SameDay("10-15", "kitty"),
9                   new SameDay("10-22", "fish"),
10                  new SameDay("10-15", "jerry")
11          };
12          map = new HashMap<SameDay, Integer>();
13          count(kids);
14          display();
15      }
16
17      private static void count(SameDay[] kids) {
18          int i = 1;
19          for(SameDay day : kids){
20              map.put(day, i++);
```

```
21            }
22        }
23
24    private static void display() {
25        String birth = null;
26        System.out.print("生日相同小孩列表：");
27        for(SameDay d : map.keySet()){
28            if (d.getBirth().equals(birth)){
29                System.out.printf("%s\t", d.getName());
30            }else{
31                System.out.printf("\n%s:",d.getBirth());
32                birth = d.getBirth();
33                System.out.printf("%s\t", d.getName());
34            }
35        }
36    }
37 }
38
39 class SameDay{
40     private String birth;
41     private String name;
42
43     public SameDay(String birth, String name){
44         this.birth = birth;
45         this.name = name;
46     }
47
48     @Override
49     public int hashCode() {
50         return birth.hashCode();
51     }
52
53     @Override
54     public boolean equals(Object obj) {
55         if (obj == this) return true;
56         if (obj == null) return false;
57         if (!(obj instanceof SameDay)) return false;
58         SameDay day = (SameDay)obj;
59         return day.birth.equals(birth) && day.name.equals(name);
60     }
61
62     public String getBirth() {
63         return birth;
64     }
65
66     public String getName() {
67         return name;
68     }
69 }
```

其运行结果如下：

```
生日相同小孩列表：
10-22:anna    fish
10-15:tom     kitty     jerry
```

代码说明：①从运行结果可以看到已经完成了功能。②第 39～69 行代码定义了 SameDay 类，其实现很简单，重写了 hashCode 方法，返回生日串的 hash 值；重写了 equals 方法，生日和姓名均相同则返回真，否则返回假。③第 4 行代码创建 HashMap 对象时,键设为 SameDay 类型，值设为整数（这里让其表示小孩的编号，在本例没有具体意义）。④第 24～36 行代码完成统计结果的输出，让生日相同的小孩按行输出。

最后需要说明的是，HashMap 也是没有进行同步控制的，而 Java 中对应的 Hashtable 就是和 HashMap 功能相似的线程同步版。

11.2.4 HashSet 类

HashSet 是 Set 接口的一个具体实现类,其元素无序且不能重复,不能按索引位置进行操作。我们经常使用它来完成数学概念上的集合操作(交、并、差),也可以用它来简单完成去掉重复值的操作。去重操作很简单,只需要将包含重复值的集合转换成 Set 即可,如有"1,2,2,1,3,1"的顺序表 ls,用如下代码即可去掉重复值:

```
HashSet<Integer> set = new HashSet<>(ls);
```

下面以一个简单的例子来演示数学概念上的集合操作,其代码如下:

【程序代码清单 11-11】C11007_SetOperation.java

```
1   import java.util.Arrays;
2   import java.util.HashSet;
3   import java.util.List;
4
5   public class C11007_SetOperation {
6       public static void main(String[] args) {
7           List<Integer> la = Arrays.asList(1,2,2,3,4,5,6);
8           List<Integer> lb = Arrays.asList(0,2,4,4,6,8,8);
9           HashSet<Integer> sa = new HashSet<Integer>(la);
10          HashSet<Integer> sb = new HashSet<Integer>(lb);
11
12          //集合交操作, sa ∩ sb
13  //        sa.retainAll(sb);
14          //集合并操作, sa ∪ sb
15  //        sa.addAll(sb);
16          //集合差操作, sa - sb
17          sa.removeAll(sb);
18
19          for(int x : sa)
20              System.out.printf("%d ", x);
21      }
22  }
```

代码说明:①第 7、8 行使用了下节要介绍的 Arrays 工具类,用于快速生成 List 对象(其中包含重复元素),第 9、10 行创建了 Set 对象(其中已经完成去重工作)。②读者可以通过注释和取消注释的方式测试上述代码,体会集合操作,并通过结果观察其含义。

11.3 集合工具类

Java 的集合框架中提供了很多有用的数据结构,前面已经介绍了一些,熟练掌握这些数据结构,在实际应用中如果需要用到其他的类型,也可以很快学会其使用。另外,Java 集合框架还提供了两个常用工具类:Arrays,封装了许多和数组通用操作相关的 API;Collections,封装了很多和 Collection 及其子类相关的通用 API。掌握了它们,很多时候都可以简化我们的代码。

11.3.1 Arrays 类

前面已经用到了和 Arrays 相关的 API,这里将系统介绍其提供的操作。

（1）binarySearch 方法：实现二分查找算法，有了它我们就不用像第 4 章那样自己完成该算法了。要求一样：待查找数组必须有序。该方法查找成功返回该元素的位置，如果查找值不在数组中，则返回其插入数组中的正确位置的负数减 1 的数字。如返回−2，则表示该元素不存在，它如果存在则应该出现在数组索引为 1 的位置（−2+1 再取绝对值）。其作用与第 4 章对二分查找进行改进的思想一样，返回更有意义的值，可以让我们对数组的分布有清楚的了解。

（2）copyOf 方法：实现数组拷贝，与前面介绍的 System.arraycopy 方法功能差不多，其用法如下：

```
int[] a = {1, 2, 3, 4, 5};
int[] b = Arrays.copyOf(a, 8);  //8 表示新数组长度，与原数组无关
```

（3）sort 方法：前面已经使用过，和前面使用过的 Collections 排序方法差不多，可以按元素本身大小比较进行排序（要求元素类型实现 Comparable 接口），也可以传入比较器（Comparator 接口对象）进行排序，具体可参见前面的例子。

（4）toString 方法：将一维数组元素拼接为"[1, 2, 3]"的形式，在数组元素输出时很方便；与之对应的是 deepToString 方法，将多维数组嵌套转换为一维形式，如二维数组"[[1, 2], [3, 4]]"。

（5）equals 方法：比较两个一维数组中的元素是否相同，而判等符"=="或对象本身的 equals 方法比较的都是引用是否相同；与之对应的是 deepEquals 方法，对多维数组每一维进行元素比较。用法如下：

```
1  int[] a = {1, 2, 3, 4, 5};
2  int[] b = Arrays.copyOf(a, 5);
3  System.out.println(a == b);                    //输出 false
4  System.out.println(a.equals(b));               //输出 false
5  System.out.println(Arrays.equals(a, b));       //输出 true
```

（6）fill/setAll 方法：fill 将数组填充为同一个值；setAll 将数组设为一组按索引有规律的元素，如设置为偶数数组。用法如下：

```
1  Arrays.fill(a, 100);
2  System.out.println(Arrays.toString(a));
3  Arrays.setAll(a, x->x*2);
4  System.out.println(Arrays.toString(a));
```

其中 setAll 方法用到了 JDK 1.8 的语法、lambda 表达式，相当于匿名内部类，但是其表达更加简便、自然。

（7）stream 方法（JDK 1.8 语法）：将数组转换为 java.util.Stream（JDK 1.8 提供）对象，结合 lambda 表达式可以对数组进行诸如过滤、映射等操作。下面简单演示其用法，更多关于 Steam 的语法请读者参阅网络资源。

```
1  int[] b = {1, 2, 3, 4, 5, 6, 7, 8};
2  Arrays.stream(b)
3  .map(x -> x * x)           //每个元素平方
4  .filter(x -> x % 2 == 0)   //过滤掉奇数
5  .limit(2)                  //取前两项
6  .forEach(x -> System.out.printf("%d ",x));  //遍历并输出
```

该语法也可以在 Collection 对象上使用。Arrays 还提供了系列 parallel 开头的方法，这些

方法主要是用在并行编程的场合以提高效率，相关内容请参阅网络资源。

11.3.2 Collections 类

Collections 类是封装 Collection 及其子类相关操作的类，和 Arrays 一样，它也提供了二分查找、排序等操作。下面再介绍其他几个常用操作：

（1）disjoint 方法：判断两个集合是否无相同的元素，返回 true 表示二者没有相同元素。

（2）rotate 方法：旋转集合中的每个元素，实质就是元素循环右移或左移，越界翻转，其用法如下：

```
1  Collections.rotate(lb, 2); //循环右移2位
2  lb.forEach(x -> System.out.printf("%d ", x)); //输出 3 4 1 2
3  System.out.println();
4  Collections.rotate(lb, -1);//循环左移1位
5  lb.forEach(x -> System.err.printf("%d ", x)); //输出 4 1 2 3
```

（3）reverse 方法：集合元素逆序。

（4）max/min 方法：查找集合元素中的最大值和最小值。

（5）shuffle 方法：将集合元素乱序，英文单词的意思是"洗牌"，其用法如下：

```
1  List<String> la = Arrays.asList("1,2,3,4,5,6,7,8,9,J,Q,K,A".split(","));
2  Collections.shuffle(la);
3  la.forEach(x -> System.err.printf("%s ", x));
4
```

（6）synchronizedXXX 系列方法：前面已经提到，对集合中的非同步版本，可以通过该系列方法将其转换为同步版本，在多线程环境下经常使用。

本 章 小 结

本章介绍了 Java 集合框架的接口及其实现的具体数据结构，读者应该熟记接口继承层次，熟练掌握动态数组 ArrayList、链表 LinkedList、字典 HashMap 和数学集合 HashSet，并在实际编程过程中选择合适的数据结构进行灵活应用。

另外，还介绍了两个强大的工具类：Arrays 和 Collections，熟练掌握它们将极大地简化我们的编程。

最后，本章涉及了 JDK1.8 提供的新特性，如 lambda 表达式、流式操作数组和集合等，关于它们的更多内容请读者参阅网络相关资源。

习 题

1. ArrayList 实现的接口是_____，HashMap 实现的接口是_____。
2. Collection 接口的子接口不包括（   ）。
    A. List   B. Set   C. Queue   D. Map
3. List 接口的以下方法中，和索引位置无关的是（   ）。
    A. get   B. set   C. size   D. add

4. 列举 Collection 中的常用方法。
5. 列举 List 中和索引位置相关的方法。
6. 列举 Map 中的常用方法。
7. 列举 Arrays 提供的常用方法（至少三个）。
8. 列举 Collections 提供的常用方法（至少三个）。
9. 内部采用 ArrayList 结构，完成顺序栈 SequenceStack 类的设计。
10. 内部采用 LinkedList 结构，完成链栈的 LinkedStack 类的设计。
11. 采用 ArrayList 结构，完成课程项目 Snake 类的设计。
12. 设计一个字典映射，完成移动方向与上、下、左、右键的映射。
13. 采用 ArrayList 结构改写约瑟夫环程序。
14. 现有字符串，其中包括英文字母、数字和其他字符，请使用 HashMap 完成各类字符的统计。
15. 编程实现斗地主游戏的发牌功能：54 张扑克牌随机洗牌，发给三个玩家，并分别显示三个玩家的扑克牌和最后三张扑克牌。扑克牌点数采用字符表示，花色也可自行指定字符表示。

第12章
文件与 I/O 流

文件是我们接触最多也是最熟悉的一种系统资源，我们对它的操作也相当熟悉，如创建文件、删除文件、重命名等。Java 中使用 File 这个类来封装与文件（包括文件夹也由 File 表示）相关的操作，掌握了这些操作，再结合编程技术，就可以完成一些自动化的任务了，如批量创建文件夹、批量改名等。

文件是硬盘存储空间的一个映射，我们用它来持久存储和读取信息，因而文件读/写也是编程中很重要的一个技术，如数据加载、保存等操作。文件可以分为文本文件和二进制文件两类：一般可以由人阅读或修改的文件，可以用 Windows 下的记事本或 UNIX 下的 vi 编辑器处理，这种文件称为文本文件；所有其他的文件都可以称为二进制文件，如视频、图像、可执行程序等。

Java 中用流的概念来抽象输入/输出的字节序列，本章将详细介绍流式输入/输出技术，以及与其相关的对象序列化技术。

学习目标

★ 熟悉文件的常用操作
★ 理解 Java I/O 的设计框架
★ 熟练掌握文件读/写技术
★ 熟练掌握对象序列化技术

12.1 文　　件

介绍文件创建及操作前，首先要明确路径的概念。路径是文件存储位置的表示，分为绝对路径和相对路径两种：绝对路径是文件名的完整描述，通常从盘符开始，如"d:\temp\test.txt"，其好处是可读性高，缺点是文件不易移动；相对路径表示文件与当前工作目录及其相关目录（上级或下级目录）之间的路径关系，如当前工作目录为"d:\temp"，则"test.txt"表示当前目录下的文件，"..\test.txt"表示当前目录的上一级目录（这里就是 d 盘根目录）下的文件，"file\test.txt"表示当前目录的下级目录 file 下的文件。相对路径的优点是方便文件移动、路径名称简短。在实际开发中经常使用的是相对路径，因为这样方便我们整体调整资源的位置。

12.1.1 创建文件对象

File 提供了四个构造方法来创建 File 对象。Java 中文件夹也当作文件，因此 File 对象可以表示一个硬盘文件，也可以表示一个文件夹。File 类的常用构造方法如下：

1. File(String pathname)

参数 pathname 表示创建 File 对象关联的硬盘文件或文件夹的名称，包括路径信息，可以是绝对路径，也可以是相对路径。如创建和当前工作目录关联的文件 test.txt，其代码为"File f = new File("test.txt");"；如创建和当前工作目录下一级目录 temp 关联的 test.txt 文件，则代码为"File f = new File("temp\\test.txt");"。需要注意的是，Windows 下的路径分隔符是反斜杠"\"，而该字符在 Java 中是特殊的转义字符，因而需要使用"\\"形式表示。不过 Java 允许我们使用"/"来作为路径分隔符，它会自动将其转换为操作系统相关的路径分隔符。因此，为了书写方便，推荐使用这种方式："File f = new File("temp/test.txt");"。

2. File(String parent, String child)

参数 parent 表示父目录的路径，参数 child 表示文件或目录的路径，二者通过字符串拼接形成完整的路径（拼接时会添加路径分隔符）。这在我们要访问一个目录下的所有文件和子目录时比较方便，其代码如：

```
File f = new File("d:/temp", "test.txt");
```

File 还提供了另外两个构造方法，一个和第 2 个很相似，只是第一个参数不是字符串，而是代表父目录的文件对象；另外一个接受 URI（统一资源标识符）参数，URI 的模式必须为"file"模式，否则会抛出异常。

12.1.2 操作文件对象

Java 中 File 对象只代表存储信息的文件本身，不提供对信息的读/写操作，File 对象的操作针对的是文件属性。另外需要注意的是，创建 File 对象时并不会检查对应的硬盘文件或目录是否存在，因此在要执行属性读/写前都必须进行检查，使用 File 对象的 exists 方法。操作文件对象的属性的方法有很多，我们将在表 12-1 中分类列举，并将场景设计为：当前工作路径为"d:/work"，文件对象与硬盘文件"temp/test.txt"关联，该文件非隐藏，大小为 188B。

表 12-1 File 对象常用操作

类　　别	方　法　名	用　　途
文件名操作	getName()	获取文件名，返回"test.txt"
	getParent()	获取父目录，返回"temp"
	getPath()	获取路径名，返回"temp/test.txt"
	getAbsolutePath()	获取完整路径，返回"d:/work/temp/test.txt"
文件信息	exists()	硬盘文件是否存在，返回 true
	isDirectory()	是否是文件夹，返回 false
	isFile()	是否是文件，返回 true
	length()	返回文件的大小，返回 188。文件不存在返回 0
	isHidden()	是否是隐藏文件，返回 false

续表

类别	方法名	用途
文件操作	createNewFile()	创建新文件并返回是否成功，本例返回 false
	delete()	删除文件并返回是否成功，本例返回 true
	renameTo(File desst)	目标与源同路径则重命名，否则移动文件
目录操作	mkdir()	创建文件夹并返回是否成功，父目录不存在则返回 false
	mkdirs()	创建文件夹，父目录不存在则一并创建
	list()	返回目录下所有文件名和子目录名的字符串数组
	listFiles()	返回目录下所有文件对象的数组，包括子目录
	static listRoots()	返回磁盘根目录数组，类型为 File

下面用一个具体例子来演示 File 对象的操作：在"d:/tem"目录下创建"test"子目录，并将该目录下的所有".py"文件按顺序重命名为"001.py"等依次编号的名字，然后将新编号的文件移动到 test 子目录中，其实现代码如下：

【程序代码清单 12-1】C12001_FileOperation.java

```java
import java.io.File;
import java.io.FileFilter;

public class C12001_FileOperation {
    public static void main(String[] args) {
        String path = "d:/tem";
        File dir = new File(path);                    //源路径
        File sub = new File(dir, "test");             //目的路径
        sub.mkdir();                                  //创建子目录
        //JDK1.8 语法，lambda 表达式简写匿名内部类
        File[] files = dir.listFiles(f -> f.getName().endsWith(".py"));
//      匿名内部类方式，通过文件后缀过滤文件
//      File[] files = dir.listFiles(new FileFilter() {
//          @Override
//          public boolean accept(File pathname) {
//              return pathname.getName().endsWith(".py");
//          }
//      });

        int i = 1;
        boolean s = true;
        for(File file : files){
            if (file.isDirectory()) continue;   //是文件夹则忽略

            //重命名并移动到目的子目录中
            File dest = new File(sub, String.format("%03d.py", i++));
            s = file.renameTo(dest);   //记录操作是否成功
        }
        System.out.println(s ? "操作成功！" : "操作失败！");
    }
}
```

代码说明：①第 12～18 行被注释的代码是常规写法，通过匿名内部类提供 FileFilter 的一个具体实现类。JDK 1.8 提供的新特性 lambda 表达式只需第 11 行一行代码即可完成相同功能，请读者两者对照比较，理解 lambda 表达式。②第 23 行代码的作用是排除文件夹的情况。③第 21、27 和 29 行代码中，定义了一个 boolean 类型变量来记录批量操作是否都成功，并根据其结果向用户报告执行情况。

12.2 I/O 流概述

前面已经提到 File 对象只能操作文件属性，而要对文件内容进行读/写就需要使用 I/O 流来进行。Java I/O 流的实现比较复杂，既要区分输入、输出，又有字符和字节方式，还有节点流和装饰流的区分，因此需要认真理解其层次与关系才容易掌握。

12.2.1 流的概念与分类

在 Java 中，流的概念是从源到目的地的字节的有序序列，是对底层实现细节的抽象和封装（我们只需了解字节序列，而无须关注其是文件还是内存，甚至是网络传输）。流中的字节依据先进先出的规则，具有严格顺序，因此流式 I/O 是一种顺序存取方式。

流是某种数据源（如文件、内存等）的一个映射，可以通过操作流的方式完成对数据源的读写。因为流是有方向的，因而 Java 两种最基本的流是输入流与输出流：其方向是以程序本身的视角，从源到程序则为输入流，从程序到目的地则为输出流。

字节序列可以由机器阅读，也可以编码为人可以阅读的字符，根据读/写时的数据单位，Java 将流又分为字符流和字节流。结合上面的分类，Java 提供的四个抽象基类如下：

- InputStream：字节输入流；
- OutputStream：字节输出流；
- Reader：字符阅读流；
- Writer：字符书写流。

12.2.2 流的套接

Java 中将关联底层设备的基础流称为节点流，与节点流关联的流称为过滤流或处理流。
- 节点流：以特殊源如硬盘文件、内存、管道、对象等构造的流，是最基本的流；
- 过滤流：以已经存在的流构造的流，可以对关联的流执行某种处理。

对于节点流和过滤流，Java 采用了设计模式中的装饰模式（通过组合的方式进行子类扩展，可以有效避免使用继承方式的组合爆炸式增长问题，有关其详细信息请参阅相关网络资源）进行设计，可以在节点流上套接多个过滤流，以流水作业的方式依次对流进行各种处理。

通过前面的介绍，我们已经了解了输入流和输出流、字符流和字节流、节点流和过滤流的划分，下面用图 12-1 和图 12-2 形象描述 Java 中流的工作方式。

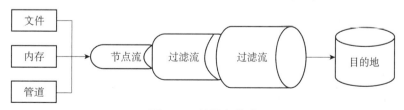

图 12-1 流输入模式

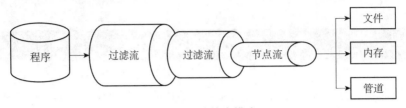

图 12-2　流输出模式

12.3　字符流读/写

字符流是专门用于读/写人可阅读的字符序列的，最常见的是读/写文本文件。

12.3.1　字符阅读流

字符阅读流的基类都是 Reader，其层次结构如图 12-3 所示。

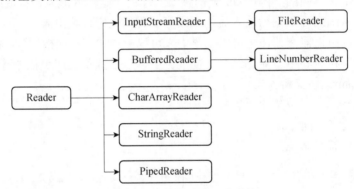

图 12-3　字符阅读流层次结构

字符阅读流 Reader 提供三种读的方法，其说明如下：

- read()：读入一个字符，返回其 Unicode 码。
- read(char[] buffer)：一次性读入所有字符，返回读入的字符数，-1 表示已经读到流的尾部。对于流中的字符很多时不适合。
- read(char[] buffer, int off, int len)：将多个字符读入字符数组，可多次读入，每次返回读入的字符数，-1 表示已经读到流的尾部。适用于流中字符很多时。

字符阅读流的读过程如下：

（1）创建基础流。
（2）套接各种过滤流（可选）。
（3）准备字符数组，并读入内容，直到流尾。
（4）关闭流。

下面以一个例子来演示字符阅读流的用法：从 Java 的源代码文件中读入并显示在控制台，其代码如下：

【程序代码清单 12-2】C12002_FileReaderDemo.java

```
1  import java.io.FileReader;
2  import java.io.Reader;
```

```
3
4    public class C12002_FileReaderDemo {
5        public static void main(String[] args) {
6            try {
7                Reader reader = new FileReader("src/Thousands.java");
8                char[] buffer = new char[20];
9                int len = 0;
10               while((len=reader.read(buffer,0,buffer.length))!= -1){
11                   String text = new String(buffer, 0, len);
12                   System.out.print(text);
13               }
14               reader.close();  //流使用完成后必须关闭
15           } catch (Exception e) { }
16       }
17   }
```

代码说明：①本例读取的是第 11 章完成的添加千分位的源码，它位于 src 目录下，读者可以自行修改要读取的文件名。②第 10 行代码完成读操作，并用 len 变量记录读取的字符数，如果为-1 则表示读完，退出循环。③第 8 行代码定义了字符数组，由于本例文件较小，因而容量只设成 20。④第 11 行将字符数组转换为字符串，其中要注意长度应该为 len，而不能是 buffer.length，因为最后一次读取不能保证能填满整个字符数组，因此可能输出的字符比原来的多，读者可以将其修改为 buffer.length 进行测试。

BufferedReader 类提供了 readLine 方法，更加方便字符的读取。下面使用字符缓冲流来改进上面的例子，其代码如下：

【程序代码清单 12-3】 C12003_FileReaderDemo.java

```
1    import java.io.BufferedReader;
2    import java.io.FileReader;
3    import java.io.IOException;
4
5    public class C12003_FileReaderDemo {
6        public static void main(String[] args) {
7            try(BufferedReader br = new BufferedReader(
8                    new FileReader("src/Thousands.java"))){
9                String line = null;
10               while((line = br.readLine()) != null){
11                   System.out.println(line);
12               }
13           } catch (IOException e) { }
14       }
15   }
```

代码说明：①第 7、8 行代码使用 BufferedReader 去包装 FileReader，然后通过第 10 行的 readLine 方法进行读取，当返回为 null 时表示读到尾部，退出循环。②细心的读者应该可以看到，我们没有关闭流的代码，而且 try 的语法也有些不同。前面已经说过，流使用完后必须关闭，为了防止忘记，JDK 1.7 后 Java 提供了 try-with-resources 语法，自动关闭资源。前面介绍的四个基础基类都实现了 Closeable 接口，这就是其语法实现的原理。

12.3.2 字符书写流

字符书写流的基类是 Writer，其层次结构如图 12-4 所示。

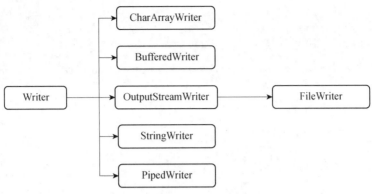

图 12-4 字符书写流层次结构

Writer 有和 Reader 对应的写方法 write()、write(char[])、write(char[],int,int)，其含义差不多，只是由读变为写而已。Writer 还提供了 write(String)方法，一般我们更习惯使用这个方法来实现写操作，其执行过程如下：

（1）创建基础流。
（2）写入字符串。
（3）关闭流。

下面简单举例演示 FileWriter 的用法，其代码如下：

【程序代码清单 12-4】C12004_FileWriterDemo.java

```
1   import java.io.FileWriter;
2   import java.io.IOException;
3   
4   public class C12004_FileWriterDemo {
5       public static void main(String[] args) {
6           try(FileWriter fw = new FileWriter("test.txt")){
7               fw.write("this is a test.\n");
8               fw.write("这是中文测试。\n");
9           }catch (IOException e) {  }
10      }
11  }
```

代码说明：FileWriter 创建有两种方式，只传一个文件名参数时表示以写的方式创建，如果文件已经存在则覆盖；文件名后，添加 true 参数表示以追加的方式创建，将会往文件尾部添加内容。

12.4 字节流读/写

Java 中通用的读/写方式按字节流进行，既可以读/写二进制文件，也可以读/写文本文件（只是需要注意有可能会出现编码问题，只要一致就没问题。字符流是帮我们完成了字符编码和解码）。在 Java 网络编程中，网络流也属于字节流，因此对网络流的操作也和下面介绍的操作方式一致，读者在开发网络相关程序时可以体验。

12.4.1 字节输入流

字节输入流的基类是 InputStream，其层次结构如图 12-5 所示。

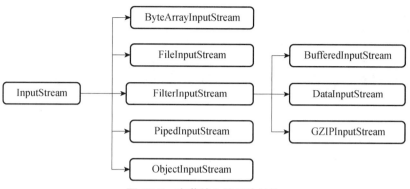

图 12-5 字节输入流层次结构

字节输入流的读过程和字符流的过程基本一致，也提供了三个 read 方法，只是参数类型不是 char，而是 byte。下面以具体例子来演示其用法：统计本书项目代码的行数，目前为止本书项目文件夹的目录结构如图 12-6 所示。

名称	修改日期	类型	大小
.metadata	2018/2/3 18:59	文件夹	
CP_SnakeGame	2018/12/28 11:17	文件夹	
RemoteSystemsTempFiles	2018/2/3 18:59	文件夹	
Test	2018/12/26 15:03	文件夹	
Unit1_Demos	2018/2/3 19:00	文件夹	
Unit2_OODemos	2018/7/19 11:35	文件夹	
Unit3_GUIDemos	2018/12/4 13:33	文件夹	
Unit4_CommonDemos	2019/1/3 10:49	文件夹	
UP01_SweepMine	2018/12/26 6:23	文件夹	
UP02_OOCalculator	2018/10/28 10:42	文件夹	
UP03_MyPaint	2018/11/25 6:19	文件夹	
UP04_WordCount	2018/12/27 8:47	文件夹	

图 12-6 本书项目文件夹的目录结构

其实现代码如下：

【程序代码清单 12-5】C12005_CountCodeLines.java

```java
import java.io.File;
import java.io.FileInputStream;
import java.io.InputStreamReader;
import java.io.LineNumberReader;

public class C12005_CountCodeLines {
    private static long lines = 0;

    public static void main(String[] args) {
        File base = new File("..");
        File[] dirs = base.listFiles();

        for(File dir : dirs){   //遍历所有项目文件夹
            count(dir);
        }

        System.out.println(lines);
    }
```

```
19
20      private static void count(File dir) {
21       File[] files = dir.listFiles(n->n.getName().equals("src"));
22          if(files.length == 0) return;   //如果没有src文件夹就返回
23          File cur = files[0];
24          countFile(cur);
25      }
26
27      private static void countFile(File cur) {
28          File[] files = cur.listFiles();
29          for(File file : files){
30              if (file.isDirectory())
31                  countFile(file);    //如果是文件夹，则递归向下统计
32              else
33                  readLines(file);    //如果是文件，则统计代码行数
34          }
35      }
36
37      private static void readLines(File file) {
38       try(FileInputStream fis = new FileInputStream(file);//基础流
39          InputStreamReader isr=new InputStreamReader(fis);//转换流
40          LineNumberReader lnr=new LineNumberReader(isr){  //计数流
41              lines += lnr.lines().count();            //JDK1.8 语法
42          } catch (Exception e) {
43              e.printStackTrace();
44          }
45      }
46 }
```

代码说明：①第 10 行代码创建当前目录的上一级目录的文件夹，".." 表示上一级。②第 21 行代码使用 lambda 表达式过滤 src 文件夹，第 22 行代码如果没有 src 文件夹则返回；第 23 行代码，如果存在则只可能有 1 个。③第 27～35 行代码 countFile 方法使用了递归技术，如果遍历到的是文件夹则继续往下递归，否则统计 Java 源代码文件的行数。④第 37～45 行代码 readLines 方法完成具体的统计工作，使用了 LineNumberReader 过滤流。字节流中也提供了 LineNumberInputStream 过滤流，但该类已经被废弃。InputStreamReader 和 OutStreamWriter 两个类在图 12-3 和图 12-4 中出现过，它们是将字节流转换为字符流的转换流。⑤第 41 行代码中，lnr.lines 方法返回的是 JDK 1.8 中的 Stream 对象，然后使用其统计函数完成代码行数的统计。

12.4.2　字节输出流

字节输出流的基类是 OutputStream，其层次结构如图 12-7 所示。

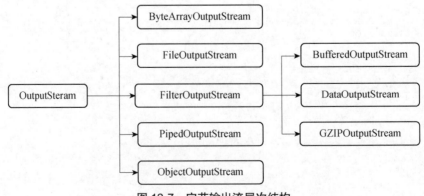

图 12-7　字节输出流层次结构

字节输出流的写过程和字符流的过程基本一致，也提供了三个 write 方法，只是参数类型不是 char，而是 byte。下面以具体例子来演示其用法：制作一个 GUI 程序，结合字节输入流和输出流，完成文件复制的功能，并且复制过程中以进度条显示复制的进度，复制完成后弹出提示对话框；本例也会演示第 3 单元提到的通用文件对话框 JFileChooser 的用法，用于选择准备复制的源文件和准备保存目的文件的位置；由于可能出现大文件复制，因而本例还将采用 Swing 提供的一个多线程封装类 SwingWorker 来处理多线程，解决文件复制时的阻塞 EDT（EventDispatchThread，第 3 单元介绍过的事件派发线程）问题。其实现代码如下：

【程序代码清单 12-6】C12006_FileCopyFrame.java

```java
1   import java.awt.event.ActionEvent;
2   import java.awt.event.ActionListener;
3   import java.io.File;
4   import java.io.FileInputStream;
5   import java.io.FileOutputStream;
6   import java.util.List;
7
8   import javax.swing.JButton;
9   import javax.swing.JFileChooser;
10  import javax.swing.JFrame;
11  import javax.swing.JLabel;
12  import javax.swing.JOptionPane;
13  import javax.swing.JProgressBar;
14  import javax.swing.JTextField;
15  import javax.swing.SwingUtilities;
16  import javax.swing.SwingWorker;
17
18  @SuppressWarnings("serial")
19  public class C12006_FileCopyFrame extends JFrame{
20      private JTextField txtSrc;
21      private JTextField txtDest;
22      private JProgressBar barProcess;
23      private JButton btnOK;
24      private CopyWorker worker;
25
26      public static void main(String[] args) {
27          SwingUtilities.invokeLater(new Runnable() {
28              @Override
29              public void run() {
30                  JFrame frame = new FileCopyFrame();
31                  frame.setVisible(true);
32              }
33          });
34      }
35
36      public FileCopyFrame(){
37          initializeComponents();
38      }
39
40      private class CopyWorker extends SwingWorker<Void, Integer>{
41          @Override
42          protected Void doInBackground() throws Exception {
43              try (FileInputStream fis =
44                      new FileInputStream(txtSrc.getText());
45                  FileOutputStream fos =
46                      new FileOutputStream(txtDest.getText())){
47                  int size = fis.available();
48                  byte[] buf = new byte[1024 * 10];
49                  int len = 0;
50                  long rec = 0;
51                  while((len = fis.read(buf,0,buf.length))!=-1){
```

```java
52                  if (isCancelled()) break;
53                  fos.write(buf, 0, len);
54                  rec += len;
55                  publish((int)(rec * 100 / size));
56              }
57          } catch (Exception e) { }
58          return null;
59      }
60
61      @Override
62      protected void process(List<Integer> chunks) {
63          barProcess.setValue(chunks.get(chunks.size() - 1));
64      }
65
66      @Override
67      protected void done() {
68          if (!isCancelled()){
69              JOptionPane.showMessageDialog(null, "复制完成！");
70              btnOK.setEnabled(true);
71          }
72      }
73  }
74
75  private class CopyHandler implements ActionListener{
76      @Override
77      public void actionPerformed(ActionEvent e) {
78          if (txtSrc.getText().isEmpty() ||
79              txtDest.getText().isEmpty()) return;
80
81          barProcess.setValue(0);
82          worker = new CopyWorker();
83          worker.execute();
84          btnOK.setEnabled(false);
85      }
86  }
87
88  private class OpenFileHandler implements ActionListener{
89      @Override
90      public void actionPerformed(ActionEvent e) {
91          JFileChooser dlg = new JFileChooser();
92          if (dlg.showOpenDialog(null) ==
93              JFileChooser.APPROVE_OPTION){
94              File file = dlg.getSelectedFile();
95              txtSrc.setText(file.getAbsolutePath());
96          }
97      }
98  }
99
100 private class SaveFileHandler implements ActionListener{
101     @Override
102     public void actionPerformed(ActionEvent e) {
103         JFileChooser dlg = new JFileChooser();
104         dlg.setFileSelectionMode(
105             JFileChooser.DIRECTORIES_ONLY);
106         if (dlg.showSaveDialog(null) ==
107             JFileChooser.APPROVE_OPTION){
108             String name = txtSrc.getText();
109             int index = name.lastIndexOf("\\");
110             String src = "\\" + name.substring(index + 1);
111             File dest = dlg.getSelectedFile();
112             txtDest.setText(dest.getAbsolutePath()+src);
113         }
114     }
115 }
116
117 private class CloseHandler implements ActionListener{
118     @Override
119     public void actionPerformed(ActionEvent e) {
```

```java
120          if (!worker.isDone()){
121              worker.cancel(true);
122              File file = new File(txtDest.getText());
123              file.deleteOnExit();
124              dispose();
125          }
126      }
127  }
128
129  private void initializeComponents() {
130      JLabel lbSrc = new JLabel("源文件: ");
131      lbSrc.setBounds(20, 30, 100, 24);
132      this.add(lbSrc);
133
134      txtSrc = new JTextField();
135      txtSrc.setBounds(120, 30, 360, 24);
136      this.add(txtSrc);
137
138      JButton btnSrc = new JButton("浏览...");
139      btnSrc.setBounds(490, 30, 80, 24);
140      btnSrc.addActionListener(new OpenFileHandler());
141      this.add(btnSrc);
142
143      JLabel lbDest = new JLabel("目的文件位置: ");
144      lbDest.setBounds(20, 80, 100, 24);
145      this.add(lbDest);
146
147      txtDest = new JTextField();
148      txtDest.setBounds(120, 80, 360, 24);
149      this.add(txtDest);
150
151      JButton btnDest = new JButton("浏览...");
152      btnDest.setBounds(490, 80, 80, 24);
153      btnDest.addActionListener(new SaveFileHandler());
154      this.add(btnDest);
155
156      barProcess = new JProgressBar();
157      barProcess.setBounds(20, 128, 550, 24);
158      this.add(barProcess);
159
160      btnOK = new JButton("开始");
161      btnOK.setBounds(200, 170, 80, 24);
162      btnOK.addActionListener(new CopyHandler());
163      this.add(btnOK);
164
165      JButton btnCancel = new JButton("取消");
166      btnCancel.setBounds(300, 170, 80, 24);
167      btnCancel.addActionListener(new CloseHandler());
168      this.add(btnCancel);
169
170      this.setLayout(null);
171      this.setTitle("文件复制助手");
172      this.setSize(600, 260);
173      this.setResizable(false);
174      this.setLocationRelativeTo(null);
175      this.setDefaultCloseOperation(EXIT_ON_CLOSE);
176  }
177 }
```

代码说明: ①第 88~98 行代码完成源文件选择的功能, JFileChooser 通用对话框默认是选择单个文件, 满足程序要求, 因而不用进行特殊设置, 打开对话框进行选择, 确定后通过 getSelectedFile 方法可以获得选中的文件对象。其运行时的效果如图 12-8 所示。

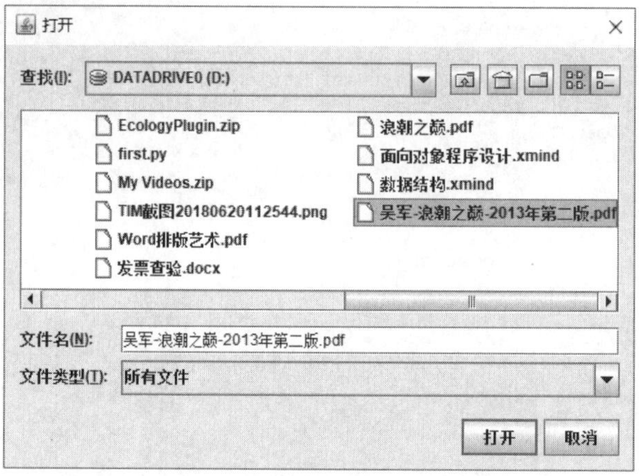

图 12-8 源文件选择对话框

②第 100~115 行代码完成目的文件位置选择的功能，与打开文件的区别是该对话框应该只能选择文件夹，可以通过 setFileSelectionMode 方法进行修改，对话框支持三种模式：FILES_ONLY、FILES_AND_DIRECTORIES 和本例用到的 DIRECTORIES_ONLY。选择文件夹后，目的文件名通过路径和源文件的文件名拼接生成。选择文件夹对话框运行界面如图 12-9 所示。

图 12-9 选择文件夹对话框运行界面

③源文件和目的文件夹选择完成后的界面如图 12-10 所示。

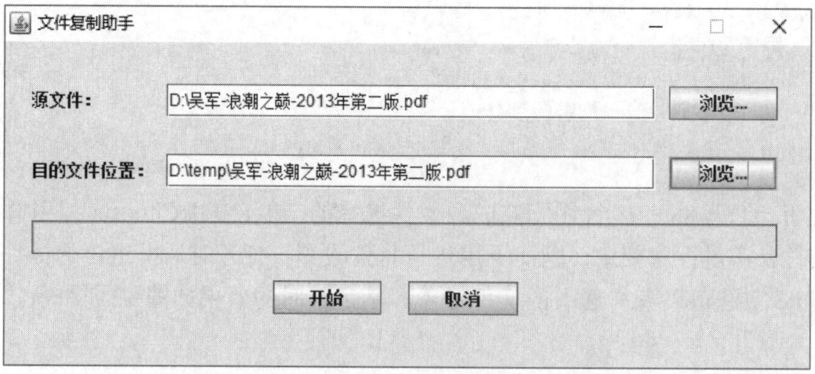

图 12-10 源文件和目的文件夹选择完成后的界面

④第 40～73 行代码完成内部类 CopyWorker 的定义,其继承于 SwingWorker 类。根据前面介绍的知识,EDT 负责 GUI 与用户交互的事件分发线程,如果其上执行耗时操作,则会出现界面卡顿或无反应的问题。所以我们应该为耗时操作开启其他线程,专门执行非 UI 的耗时任务。前面使用 SwingUtilities 类的方法 invokeLater 时就说过,在非 GUI 线程中不能直接进行 UI 组件更新,要更新需要使用该类的该方法来进行线程切换(从非 GUI 线程切换到 EDT 线程)。而 SwingWorker 类就是 Java 提供的一个可以解决这两个问题的强大的工作线程类:其抽象方法 doInBackground 用于执行耗时操作,而 process 和 done 方法就是在线程执行过程中,可以和 EDT 线程切换的方法。

下面结合代码来讲解该类的典型用法:第 40 行代码创建 SwingWorker 的一个子类,其泛型参数中,第一个表示 doInBackground 中执行完耗时操作后返回的结果类型,此处可以没有返回值,因而指定为 Void 类型;第二个参数表示执行过程中通过 publish 方法汇报进度时需要传递的参数类型,这里指定为 Integer,表示完成的百分比。第 42～59 行代码完成后台要完成的耗时操作,并汇报复制进度完成的百分比,采用 publish 方法;SwingWorker 类还支持撤销操作,因此在每次读/写前,我们添加了是否取消的判断;process 方法收到 publish 汇报的进度,将其组织为一个线性表,一次 publish 对应一次 process,每次都是追加至尾部,因此我们取最后一个元素为当前进度,并使用这个百分比更新进度条;done 方法表示耗时操作完成,本例就是文件复制完成后弹出提示框而已。

⑤第 75～86 行代码完成单击开始按钮的事件处理程序,当源或目的文件没有设置值时则不操作;然后创建 CopyWorker 对象,并通过 execute 方法触发工作线程的启动。本例运行过程的效果如图 12-11 所示。

图 12-11　文件复制过程中

⑥可以通过单击取消按钮来撤销复制操作,如第 117～127 行代码所示,调用 cancel 方法完成取消,并在程序退出后删除未完成复制的临时文件。

12.4.3　标准输入/输出

在前面的控制台程序中,我们一直使用 Scanner 来读取标准输入的内容(即键盘录入),用 System.out 来输出内容。在学习了本章内容后,可以看到 Scanner 初始化时可以接收 InputStream 参数,除标准输入 Syste.in 外,完全可以传入文件输入流,从而实现使用 Scanner 来读取文件的功能;而标准输出也可以修改为文件,因而可以用原来的输出语句写文件。由于这两种方式大家经常使用,只是修改输入端或输出端,应该能轻松掌握。下面用一个简单例子来演示其用法：从源代码中读取每一行，然后为行添加行号再写入新文件中，具体代码如下：

【程序代码清单 12-7】 C12007_AddLineNumbers.java

```java
import java.io.FileInputStream;
import java.io.PrintStream;
import java.util.Scanner;

public class C12007_AddLineNumbers {
    public static void main(String[] args) {
        try {
            FileInputStream fis = new FileInputStream("src/ArrayListDemo.java");
            PrintStream ps = new PrintStream("linenumber.java");
            System.setOut(ps);  //输出到文件
            Scanner sc = new Scanner(fis);   //输入源为文件
            String line = null;
            int i = 1;
            while((line = sc.nextLine()) != null){
                System.out.printf("%d\t%s\n", i++, line);
            }
            sc.close();
            ps.close();
        } catch (Exception e) { }
    }
}
```

代码说明：第 10、11 行代码将标准输出从屏幕修改为文件，第 8、9 和 12 行代码将输入源修改为文件，然后就可以像原来一样使用输入和输出语句了。

最后需要说明的是，Java 中还提供了 RandomAccessFile 类，可支持随机读/写。比如，要使用多线程方式下载文件，可以通过它分块写入；又比如，下载经常需要提供的断点续传功能也可以使用它来完成。限于篇幅，本书不再赘述，读者可参阅相关网络资源进行学习。

12.5　对象序列化

12.5.1　序列化技术概述

序列化技术就是 Java 对象和字节序列间的转换技术，把对象转换为字节序列的过程称为对象的序列化，把字节序列恢复为对象的过程称为对象的反序列化。

序列化技术主要有两种用途：

（1）把对象的字节序列持久保存到文件中，需要时又可以通过反序列化恢复对象的状态。

（2）在网络传输时，发送方需要将对象序列化字节序列后进行传输，而接收方收到字节序列后又反序列化恢复对象。

12.5.2　序列化与反序列化

Java 支持默认序列化技术相当简单，定义类时实现 Serializable 接口即可（该接口只是一个标记，其中并没有规定要实现的方法），然后通过 ObjectInputStream 对象的 readObject 方法实现反序列化，通过 ObjectOutputStream 对象的 writeObject 方法实现序列化。下面以一个配置类序

列化和反序列化为例来演示其用法,我们先定义一个用于序列化的类 C12008_ConfigObject,其代码如下:

【程序代码清单 12-8】C12008_ConfigObject.java

```
1   import java.io.Serializable;
2
3   public class C12008_ConfigObject implements Serializable{
4       private static final long serialVersionUID =
5                                       -19598586463838000015L;
6
7       private String title;
8       private int size;
9
10      public ConfigObject(String title, int size){
11          setTitle(title);
12          setSize(size);
13      }
14
15      public String getTitle() {
16          return title;
17      }
18
19      public void setTitle(String title) {
20          this.title = title;
21      }
22
23      public int getSize() {
24          return size;
25      }
26
27      public void setSize(int size) {
28          this.size = size;
29      }
30  }
```

代码说明:该类只是简单地定义两个字段、get/set 方法和构造方法,其中的序列化 ID 在没加它之前会出现警告,然后根据提示由系统生成,其值是根据类文件的内容计算的,具体数字不用关心。它的作用是为了保证序列化和反序列化的兼容性,后面会简单讲解。

下面来添加一个测试类,对该类进行序列化和反序列化操作,其代码如下:

【程序代码清单 12-9】C12008_SerializeDemo.java

```
1   import java.io.FileInputStream;
2   import java.io.FileOutputStream;
3   import java.io.ObjectInputStream;
4   import java.io.ObjectOutputStream;
5
6
7   public class C12008_SerializeDemo {
8       public static void main(String[] args) {
9        C12008_ConfigObject co=new C12008_ConfigObject("game", 30);
10          Serailize(co);
11          C12008_ConfigObject sco = Deserailize();
12          System.out.println(sco.getTitle());
13      }
14
15      private static void Serailize(ConfigObject co) {
16          try {
17              ObjectOutputStream oos =
18           new ObjectOutputStream(new FileOutputStream("co.bin"));
19              oos.writeObject(co);
20              oos.close();
21          } catch (Exception e) { }
```

```
22      }
23
24      private static C12008_ConfigObject Deserailize() {
25          C12008_ConfigObject co = null;
26          try {
27              ObjectInputStream ois =
28              new ObjectInputStream(new FileInputStream("co.bin"));
29              co = (C12008_ConfigObject)ois.readObject();
30              ois.close();
31          } catch (Exception e) { }
32          return co;
33      }
34  }
```

代码说明：①第9行先创建一个 C12008_ConfigObject 对象，然后执行序列化操作，使用 ObjectOutputStream 类的 writeObject 方法，并序列化进一个二进制文件。②使用 ObjectInputStream 类进行反序列化，将文件中的序列重新恢复为对象，然后输出其标题。

如果之前没有添加序列化 ID，那么当我们序列化后，修改配置类的代码，然后再反序列化就会出现如下错误：

```
local class incompatible: stream classdesc serialVersionUID = -1959858646383800015, local class serialVersionUID = 2623083244324839827
```

错误的意思是两个类不兼容，因而序列化时最好由系统生成序列 ID 以避免上述错误。

上面讲解了将对象序列化到文件的用法，接下来再举一个序列化到内存的例子：为了简单，仍然以 C12008_ConfigObject 类为例，将其序列化为内存字节序列，然后就可以通过网络传输（本书不介绍网络编程的内容，读者可参阅网络资源进行扩展学习，这里只说明原理，并不具体实现）；接收方接收到字节序列后通过反序列化恢复对象。整个过程在网络编程中经常使用，因为网络传输需要字节序列，如传输字符串可以通过其 getBytes 方法获得字节序列，而对自定义的对象，就要通过该技术来获得字节序列，其具体代码如下：

【程序代码清单 12-10】C12009_NetSimulation.java

```
1   import java.io.ByteArrayInputStream;
2   import java.io.ByteArrayOutputStream;
3   import java.io.ObjectInputStream;
4   import java.io.ObjectOutputStream;
5
6   public class C12009_NetSimulation {
7       public static void main(String[] args) {
8           //发送方准备数据
9           byte[] data = create();
10          //通过网络传输字节序列
11          //send(data);
12
13          //接收方接收数据，并恢复对象
14          C12008_ConfigObject co = read(data);
15          System.out.println(co.getTitle());
16      }
17
18      private static byte[] create() {
19          ByteArrayOutputStream bos = new ByteArrayOutputStream();
20          try {
21              ConfigObject co = new ConfigObject("game", 30);
22              ObjectOutputStream oos = new ObjectOutputStream(bos);
23              oos.writeObject(co);
24              oos.close();
25          } catch (Exception e) { }
26          return bos.toByteArray();
```

```
27      }
28
29      private static ConfigObject read(byte[] data) {
30          ConfigObject co = null;
31          try {
32              ByteArrayInputStream bis = new ByteArrayInputStream(data);
33              ObjectInputStream ois = new ObjectInputStream(bis);
34              co = (ConfigObject)ois.readObject();
35              ois.close();
36          } catch (Exception e) { }
37          return co;
38      }
39  }
40
```

代码说明：ByteArrayInputStream 和 ByteArrayOutputStream 在前面的流层次图中出现过，字节数组流可以理解为内存流，请读者结合代码理解其用法。

12.5.3 序列化的限制

序列化和反序列化可以轻松地完成对象到字节序列或文件的转换，而且实现也相当简单，可以满足大部分应用的需求。但序列化技术还是有些限制，其规则如下：

◆ 序列化对象的字段类型必须都实现 Serializable 接口。
◆ 序列化是对对象字段执行，静态变量不会序列化。
◆ 如果不希望某些字段被序列化，可以通过关键字 transient 进行修饰；如果存在不需要序列化的父类，也可将这些字段提升到父类。
◆ 前面提到的序列化 ID 用于保证序列化对象的兼容，ID 不同则反序列化会失败。

在使用序列化技术时，如果希望对某些敏感字段进行特殊处理，则需要自定义 writeObject 和 readObject 方法来实现。Java 调用对象输入/输出流的相应读/写对象方法时，首先会尝试调用序列化对象中的读/写方法，如果没有，就调用输入/输出流中的默认方法。下面模拟密码字段的处理来演示其用法，配置类 ConfigObjectV2 第 2 版如下：

【程序代码清单 12-11】C12010_ConfigObjectV2.java

```
1   import java.io.ObjectInputStream;
2   import java.io.ObjectInputStream.GetField;
3   import java.io.ObjectOutputStream;
4   import java.io.Serializable;
5   import java.io.ObjectOutputStream.PutField;
6
7   public class C12010_ConfigObjectV2 implements Serializable{
8       private static final long serialVersionUID =
9                       -1959858646383800015L;
10
11      private String title;
12      private int size;
13      private String password = "123456";
14
15      public C12010_ConfigObjectV2(String title, int size){
16          setTitle(title);
17          setSize(size);
18      }
19
20      private void writeObject(ObjectOutputStream oos){
21          try {
22              oos.putFields().put("title", title);
23              oos.putFields().put("size", size);
```

```
24            PutField pwd = oos.putFields();
25            password = encrypt(password);
26            pwd.put("password", password);
27            oos.writeFields();
28        } catch (Exception e) { }
29    }
30
31    private String encrypt(String pwd) {
32        //模拟加密过程
33        return "aefcdh";
34    }
35
36    private void readObject(ObjectInputStream ois){
37        try {
38            GetField fields = ois.readFields();
39            title = fields.get("title", "").toString();
40            size = (int)fields.get("size", 0);
41            String pwd = fields.get("password", "").toString();
42            password = decrypt(pwd);
43        } catch (Exception e) { }
44    }
45
46    private String decrypt(String pwd) {
47        //模拟解密过程
48        return "123456";
49    }
50
51    public String getPassword(){
52        return password;
53    }
54
55    ...
56 }
```

代码说明：①自定义 writeObject 方法，该方法参数为 ObjectOutputStream 类型。可以使用对象输出流中的 writeXXX 系列方法完成各个字段的写入操作，然后反序列化时必须严格按同样的顺序读出字段。这里是以类似字典结构的方式完成写入，读出时就可以通过键进行访问，不需要按顺序，这样实现更方便也更不容易出错。其中第 22~26 行代码完成字典的准备，然后通过方法 writeFields 一次写入即可。②自定义 readObject 方法，接收 ObjectInputStream 类型参数。第 38 行代码一次读出所有字段，然后按键读出字段的值。get 方法第 1 个参数表示键值，第 2 个参数表示默认值（即如果不存在对应的键值对，则使用该值返回）。③上述代码的加密、解密仅仅为了演示，没有实际作用，读者可自行扩展其算法。④请读者仿照 C12009_NetSimulation.java 的代码自行测试。

12.6 单元项目

下一章将讲解 Java 数据库访问技术 JDBC，这是一个比较独立而且重要的主题，我们将单独介绍。因此我们将本单元的项目安排在这一节进行，综合应用第 10~12 章的技术完成单词统计程序。

12.6.1 项目概述

本单元的综合项目为：完成一个 GUI 程序，实现英文单词的统计功能，其主要内容包括英文文件读入、拆分单词、统计单词、统计结果排序等。项目涉及字符串及正则表达式处理、动态数组和字典结构的使用、文件读写、Swing 界面技术等知识。

12.6.2 设计与实现

该项目主要包含两个类的设计与实现：MainFrame 界面类和 WordCount 业务类，另外肯定应该包含 Entry 类。首先创建项目 UP04_WordCount，然后分别添加这三个类文件：Entry.java、MainFrame.java、WordCount.java。

接下来先来设计和实现 WordCount 类：该类包含英文文件名称 name，保存单词的顺序表，提供 readFile、splitWords、count 和 sortByValue 四个方法，其具体代码如下：

【程序代码清单 12-12】WordCount.java

```java
import java.io.BufferedReader;
import java.io.File;
import java.io.FileReader;
import java.util.ArrayList;
import java.util.Collections;
import java.util.Comparator;
import java.util.HashMap;
import java.util.Map;
import java.util.Map.Entry;
import java.util.Set;
import java.util.regex.Matcher;
import java.util.regex.Pattern;

public class WordCount {
    private String name;
    private ArrayList<String> words;

    public WordCount(String name){
        this.name = name;
        words = new ArrayList<String>();
    }

    public HashMap<String, Integer> run(){
        ArrayList<String> lines = readFile();
        splitWords(lines);
        return count();
    }

    public ArrayList<Map.Entry<String, Integer>> sortByValue(
                        HashMap<String, Integer> map){
        Set<Map.Entry<String, Integer>> set = map.entrySet();
        ArrayList<Map.Entry<String, Integer>> list =
            new ArrayList<Map.Entry<String,Integer>>(set);
        Collections.sort(list,
            new Comparator<Map.Entry<String, Integer>>() {
            @Override
            public int compare(Entry<String, Integer> left,
                 Entry<String, Integer> right) {
                return right.getValue() - left.getValue();
            }
        });
        return list;
    }

    private ArrayList<String> readFile() {
        ArrayList<String> lines = new ArrayList<String>();
        try {
            File file = new File(name);
            FileReader fr = new FileReader(file);
```

```
50              BufferedReader br = new BufferedReader(fr);
51              String line = null;
52              while((line = br.readLine()) != null){
53                  lines.add(line);
54              }
55              br.close();
56          } catch (Exception e) { }
57          return lines;
58      }
59
60      private void splitWords(ArrayList<String> lines) {
61          Pattern p = Pattern.compile("\\b\\w+\\b");
62          for(String line : lines){
63              Matcher m = p.matcher(line);
64              while(m.find())
65                  words.add(m.group());
66          }
67      }
68
69      private HashMap<String, Integer> count() {
70          HashMap<String, Integer> map =
71                          new HashMap<String, Integer>();
72          for(String word : words){
73              word = word.toLowerCase();
74              if (map.containsKey(word))
75                  map.put(word, map.get(word) + 1);
76              else
77                  map.put(word, 1);
78          }
79          return map;
80      }
81  }
```

代码说明：①第 45~58 行代码定义 readFile 方法，将文件按行的方式读入，并返回行集。②第 60~67 行代码定义 splitWords 方法，其中采用正则模式对每一行进行单词匹配，并将其加入顺序表。该正则模式解释如下："\b"表示开始为单词分界位置，"\w+"表示英文字母、数字和下画线组成的字符串，"\b"表示结束为单词分界位置。③第 69~81 行代码定义 count 方法，通过 HashMap 完成单词统计，并将结果返回。④第 29~43 行代码定义 sortByValue 方法，其中第 31 行代码获取 map 的项集合，其元素类型为 Map.Entry<String, Integer>，Map 接口中的内部接口；第 32、33 行代码将项集转换为顺序表，为排序做准备；第 34~41 行代码使用集合工具类 Collections 的 sort 方法，并通过传入比较器完成按值降序排列的需求。

业务类实现后，我们来实现 MainFrame 界面类：支持使用文件选择框选择要统计的文件，使用支持滚动的文本域组件显示统计结果，提供排序按钮完成排序并在文本域中刷新显示，其具体实现代码如下：

【程序代码清单 12-13】MainFrame.java

```
1   import java.awt.event.ActionEvent;
2   import java.awt.event.ActionListener;
3   import java.io.File;
4   import java.util.HashMap;
5   import java.util.List;
6   import java.util.Map;
7
8   import javax.swing.JButton;
9   import javax.swing.JFileChooser;
10  import javax.swing.JFrame;
11  import javax.swing.JLabel;
```

```java
import javax.swing.JScrollPane;
import javax.swing.JTextArea;
import javax.swing.JTextField;
import javax.swing.SwingWorker;

@SuppressWarnings("serial")
public class MainFrame extends JFrame{
    private JTextArea txtResult;
    private JTextField txtName;
    private WordCount wc;
    private HashMap<String, Integer> map;

    public MainFrame(){
        map = new HashMap<String, Integer>();
        initializeComponents();
    }

    private class CountWorker extends SwingWorker<Void, Void>{
        @Override
        protected Void doInBackground() throws Exception {
            wc = new WordCount(txtName.getText());
            map = wc.run();
            return null;
        }

        @Override
        protected void done() {
            for(String key : map.keySet()){
                txtResult.append(String.format("%s:\t%d\n",
                                    key, map.get(key)));
            }
        }
    }

    private class SelectHandler implements ActionListener{
        @Override
        public void actionPerformed(ActionEvent e) {
            JFileChooser dlg = new JFileChooser();
            if (dlg.showOpenDialog(null) ==
                    JFileChooser.APPROVE_OPTION){
                File file = dlg.getSelectedFile();
                txtName.setText(file.getAbsolutePath());
            }
        }
    }

    private class CountHandler implements ActionListener{
        @Override
        public void actionPerformed(ActionEvent e) {
            CountWorker worker = new CountWorker();
            worker.execute();
        }
    }

    private class SortHandler implements ActionListener{
        @Override
        public void actionPerformed(ActionEvent e) {
            List<Map.Entry<String, Integer>> list =
                            wc.sortByValue(map);
            txtResult.setText("");
            for(int i = 0; i < list.size(); i++){
                String key = list.get(i).getKey();
                int value = list.get(i).getValue();
                txtResult.append(String.format("%s\t%d\n",
                                    key, value));
            }
        }
    }
```

```java
80   private void initializeComponents() {
81       JLabel lbFile = new JLabel("英文文件：");
82       lbFile.setBounds(20, 20, 70, 24);
83       this.add(lbFile);
84
85       txtName = new JTextField();
86       txtName.setBounds(84, 20, 240, 24);
87       this.add(txtName);
88
89       JButton btnFind = new JButton("...");
90       btnFind.setBounds(340, 20, 40, 24);
91       btnFind.addActionListener(new SelectHandler());
92       this.add(btnFind);
93
94       JButton btnCount = new JButton("统计");
95       btnCount.setBounds(240, 70, 60, 24);
96       btnCount.addActionListener(new CountHandler());
97       this.add(btnCount);
98
99       JButton btnSort = new JButton("排序");
100      btnSort.setBounds(320, 70, 60, 24);
101      btnSort.addActionListener(new SortHandler());
102      this.add(btnSort);
103
104      JScrollPane spane = new JScrollPane();
105      spane.setVerticalScrollBarPolicy(
106              JScrollPane.VERTICAL_SCROLLBAR_ALWAYS);
107      spane.setHorizontalScrollBarPolicy(
108              JScrollPane.HORIZONTAL_SCROLLBAR_AS_NEEDED);
109
110      txtResult = new JTextArea();
111      spane.setViewportView(txtResult);
112      spane.setBounds(20, 114, 360, 480);
113      this.add(spane);
114
115      this.setLayout(null);
116      this.setTitle("单词统计");
117      this.setSize(400, 640);
118      this.setResizable(false);
119      this.setLocationRelativeTo(null);
120      this.setDefaultCloseOperation(EXIT_ON_CLOSE);
121  }
122 }
```

代码说明：①第 29~44 行代码再次使用 SwingWorker 类来完成耗时操作，完成后将统计结果显示到文本域中。②界面相关代码前面已经介绍过，请读者结合代码进行巩固。

最后，完成 Entry 类 main 方法的实现，其代码如下：

【程序代码清单 12-14】Entry.java

```java
1   import javax.swing.JFrame;
2   import javax.swing.SwingUtilities;
3
4   public class Entry {
5       public static void main(String[] args) {
6           SwingUtilities.invokeLater(new Runnable() {
7               @Override
8               public void run() {
9                   JFrame frame = new MainFrame();
10                  frame.setVisible(true);
11              }
12          });
13      }
14  }
```

单词统计运行效果如图 12-12 所示。

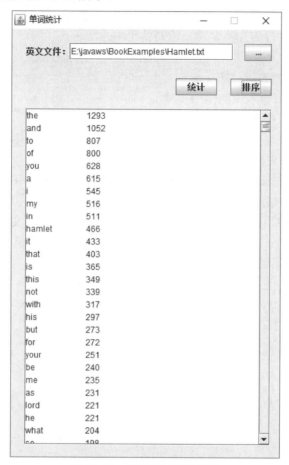

图 12-12　单词统计运行效果

本 章 小 结

本章介绍了 Java 中的文件操作和 I/O 流读/写技术，读者应该理解流的概念和分类，清楚节点流和过滤流、字节流和字符流、输入流和输出流的定义和区别，熟练掌握字节方式和字符方式的读写过程。

学习本章后，读者要掌握 Scanner 的新用法，了解标准输入和输出如何修改，用前面熟悉的方法来完成文件读/写。最后，读者要熟练掌握对象序列化和反序列化技术，除了持久化保存信息时需要使用外，在今后大家学习网络编程时也特别有用。

习　　题

1. 字符阅读流的抽象基类是＿＿＿＿＿＿，字符书写流的抽象基类是＿＿＿＿＿＿。
2. 字节输出流的抽象基类是＿＿＿＿＿＿，字节输入流的抽象基类是＿＿＿＿＿＿。

3. 序列化技术中，若字段不序列化，可通过关键字（　　）来限定。
  A. static   B. final   C. transient   D. abstract

4. 如果需要获取文件的完整名称，需要使用的方法是（　　）。
  A. getName   B. getAbsolutePath   C. getPath   D. getParent

5. 简述 Java 中 I/O 流的分类。

6. 简述 Java 中字节输入流的使用步骤。

7. 简述序列化与反序列化技术的限制。

8. 现有一个班的花名册 ls.txt，其中每行包含"学号 姓名"，要求编程实现批量创建文件夹的操作，每个文件夹按"学号_姓名"的方式命名。

9. 已知文件夹"d:/tem"下有多个 Java 源码文件，要求修改每个源码文件中的 private 权限为 public 权限，请编程实现。

10. 制作一个游戏排行榜的界面，游戏记录存储在 records.txt 文件中，每行一条记录，其格式为"用户名：得分"。要求游戏记录按得分降序显示，显示组件自由选择。

11. 为第 3 单元项目绘图软件添加功能：保存绘制的图形，并可以重新加载显示。要求使用序列化与反序列化技术实现 Shape 对象的保存和恢复。

12. 上网扩展阅读 Java 的压缩流，并编写测试程序，观察文本文件的压缩效果。

13. 上网扩展阅读 Java 的加密流，并编写测试程序进行验证。

第 13 章
数据库访问技术 JDBC

数据持久保存可以通过两种方式：存入硬盘文件或存入数据库。因而数据库技术是应用程序中需要掌握的一门重要技术，而数据库访问技术则是很多应用程序开发必备的技能之一。本章将简要介绍 Java 中提供的数据库访问技术 JDBC：加载驱动，建立数据库连接，数据库增、删、查、改操作等。

 学习目标

★ 熟练掌握数据库连接的各种字符串
★ 熟练掌握执行数据库操作的各种对象
★ 掌握存储过程的使用方法
★ 掌握事务的概念并学会应用

13.1 JDBC 基本概念

当应用程序需要使用大量数据时，通常有必要将数据存储在数据库中，比如目前流行的 Oracle、MS SQL Server、MySQL 等数据库系统。在 Java 程序中可以使用 JDBC（Java DataBase Connectivity，Java 数据库连接）API 来进行数据库的访问。JDBC API 大部分都包含在 java.sql 包中，使用 JDBC 编写程序操作简单、安全可靠并且具有跨平台、可移植的特性。

读者可以查看 java.sql 包中的内容，会发现其中大部分是接口的声明。这是因为 JDBC 需要面对各种不同的数据库系统，所以它实际上是一个规范，并不包括具体的数据库访问实现。真正的数据库访问实现是由具体的数据库厂商提供的相应驱动程序完成的，也就是说 JDBC 并不是直接访问数据库，而是通过 JDBC 驱动程序来完成。JDBC 驱动示意图如图 13-1 所示。

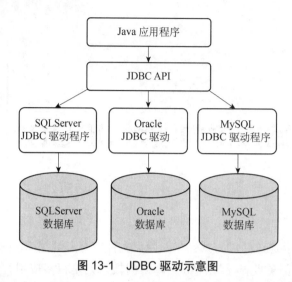

图 13-1 JDBC 驱动示意图

13.2　JDBC 驱动程序类型

Java 中的 JDBC 驱动可以分为四种类型,包括 JDBC-ODBC 桥、本地 API 驱动、网络协议驱动和本地协议驱动。

(1)**JDBC-ODBC 桥**:最早实现的 JDBC 驱动程序。ODBC(Open DataBase Connectivity,开放数据库连接)是微软公司提出的数据库访问接口标准。在 Java 刚出来时,JDBC-ODBC 桥是一个很有用的驱动程序,因为大多数的数据库只支持 ODBC 访问。但它的缺点是执行效率比较低,对于那些大数据量存取的应用是不适合的;而且这种方法要求客户端必须安装 ODBC 驱动,所以对于基于网络的应用也是不合适的。

(2)**本地 API 驱动**:直接把 JDBC 调用转变为数据库的标准调用再去访问数据库,用于访问特定数据库的客户端。这种方法比起 JDBC-ODBC 桥执行效率大大提高了。但是它仍然需要在客户端加载数据库厂商提供的代码库,这样就不适合基于网络的应用;并且执行效率比起后面两种 JDBC 驱动还是不够高。

(3)**网络协议驱动**:JDBC 客户端使用标准的网络套接字与中间件应用服务器进行通信。套接字的相关信息被中间件应用服务器转换为数据库管理系统所要求的调用格式,并转发到数据库服务器。这种驱动程序是非常灵活的,因为它不需要在客户端上安装代码,而且单个驱动程序能提供多个数据库的访问。但是,这种驱动在中间件层仍然需要配置其他数据库驱动程序,并且由于多了一个中间层传递数据,其执行效率还不是最好。

(4)**本地协议驱动**:这种驱动直接把 JDBC 调用转换为符合相关数据库系统规范的请求,可以完全由 Java 编码实现,是可用于数据库的最高性能的驱动程序。这种驱动程序可以动态下载。但是,对于不同的数据库需要下载不同的驱动程序。

如果正在访问某个固定类型数据库,如 Oracle、Sybase 或 MySQL,首选的驱动程序是本地协议驱动。如果 Java 应用程序同时访问多个数据库类型,类型三是首选的驱动程序。本地 API 驱动程序是在数据库没有提供网络协议驱动或本地协议驱动程序时使用的。

JDBC-ODBC 桥驱动程序不被认为是部署级的驱动程序，它存在的目的通常仅用于开发和测试，在 Java 8 中已不再支持这种数据访问形式。

13.3 搭建数据库环境

13.3.1 安装 MySQL 数据库

首先需要在个人计算机上安装好 MySQL 数据库，推荐去官方网站下载开源免费的社区版（MySQL Community Edition）的最新版本进行安装。同时需要记住安装 MySQL 时指定的账户名和登录密码，在获取数据库连接对象时会用到。这里假设账户名为 root，密码为 123456。本书所用 MySQL 版本为 8.0.13。

13.3.2 建立数据表

在安装好的 MySQL 上创建一个名为 test 的数据库，并建立一张名为 student 的表，注意将数据库的字符集设置为 UTF-8，以便更好支持中文。student 表结构如表 13-1 所示。

表 13-1　student 表结构

序号	字段名	数据类型	长度	默认值	备注
1	sid	Int	11	自增	主键
2	sno	Varchar	11	无	学号
3	name	Varchar	8	无	姓名
4	gender	Varchar	1	无	性别
5	class	Varchar	20	无	班级
6	birthday	Date		无	生日

在 student 表中添加几条记录，如图 13-2 所示。

sid	sno	name	gender	class	birthday
1	16310320301	刘青松	男	软件工程16203	1998-11-22
2	16310320302	李新	男	软件工程16204	1998-09-22
3	16310120912	张欣	女	计算机16209	1997-05-12
4	16320320233	魏佳琪	女	财务管理16202	1999-01-17
5	16340220227	李政浩	男	商务英语16202	1998-03-18

图 13-2　student 表数据

13.3.3 配置 JDBC 驱动

在 MySQL 官方网站下载 MySQL 的最新版 JDBC 驱动程序（Connector/J）。该驱动程序是一个压缩文件。解压该文件后可以找到具体的驱动程序文件，通常会是一个 jar 文件。文件名类似 mysql-connector-java-8.0.11.jar。该驱动文件需要加入项目的 Build Path 中。步骤如下：

（1）在当前的项目文件夹下创建 lib 子文件夹，并将驱动文件复制到该文件夹下，如图 13-3 所示。

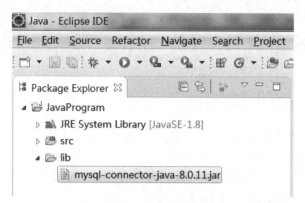

图 13-3　复制驱动文件

（2）选中驱动文件名称后单击鼠标右键，在弹出的菜单中选择【Build Path】，然后在旁边展开的子菜单中单击【Add to Build Path】菜单项，Eclipse 会将驱动文件加入当前项目的编译路径中，如图 13-4 所示。

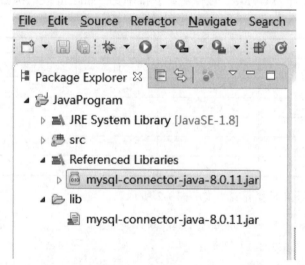

图 13-4　添加驱动文件

配置驱动文件的目的其实就是让 Eclipse 在编译、运行程序时能够准确地找到驱动文件中包含的各项类文件。

13.3.4　接口 Driver 和类 DriverManager

每种数据库的 JDBC 驱动程序都会提供一个实现了 java.sql.Driver 接口的类，比如我们使用的 MySQL 的 JDBC 驱动程序 mysql-connector-java-8.0.11.jar。这个 jar 文件本身也是压缩文件，可以用 WinRAR 一类的压缩工具打开这个驱动文件，并找到 Driver 接口的实现类，如图 13-5 所示。

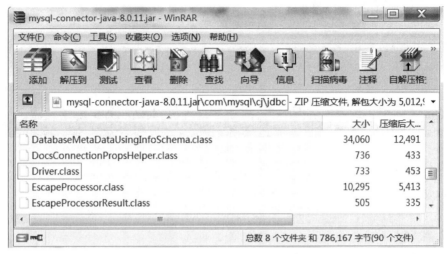

图 13-5 Driver 接口的实现类

当访问数据库时，首先需要加载 Driver 类。加载方式则是通过调用 java.lang.Class 类的静态方法 forName（String className）来完成，方法的参数为要加载的 Driver 类的完整包路径，如图 13-5 中第一个框中的内容"com\mysql\cj\jdbc"。成功加载后，会将 Driver 类的对象注册到 DriverManager 类中；如果加载失败，会抛出 ClassNotFoundException 异常。

DriverManager 类是 java.sql 包中的核心类，是驱动的管理类，只需要加载好数据库的驱动程序然后再调用其中的 getConnection 方法即可完成数据库的连接，因为可以通过改变传入 getConnection 方法的参数来返回不同的数据库连接，所以它可以管理不同的驱动程序。

13.3.5 编写驱动测试程序

【程序代码清单 13-1】C13001_TestJDBC.java

```
1  import java.sql.Connection;
2  import java.sql.DriverManager;
3
4  public class C13001_TestJDBC {
5      @SuppressWarnings("unused")
6      public static void main(String[] args) {
7          String user = "root"; // 登录 MySQL 的用户名
8          String pwd = "123456"; // 登录 MySQL 的密码
9          String url = "jdbc:mysql://localhost/test"+
10                     "?serverTimezone=GMT%2B8"; // 连接字符串
11         try {
12             // 注册驱动程序类
13             Class.forName("com.mysql.cj.jdbc.Driver");
14             // 获取数据库连接
15             Connection conn = DriverManager.getConnection(url,user,pwd);
16             System.out.println("Success!");
17         } catch (Exception e) {
18             e.printStackTrace();
19         }
20     }
21 }
22
```

上面的程序如果能正常执行，会在控制台窗口打印出"Success!"，且没有抛出异常信息，那么就表示数据库已建好，JDBC 驱动也已配置好，可以正常建立数据库连接了。如果读者安装的 MySQL 是 8.0 之前的版本，如 5.x，那么驱动也最好使用相应的版本，同时第 13 行代码应改为：

```
Class.forName("com.mysql.jdbc.Driver");
```

13.4 数据库访问

使用 JDBC 访问数据库通常有以下几个步骤：
- 注册数据库驱动；
- 创建连接对象；
- 创建 SQL 对象；
- 执行 SQL 语句；
- 访问结果集对象。

下面以 MySQL 数据库为例来详细讲解这些步骤。

13.4.1 注册数据库驱动

前面的测试类 TestJDBC 中第 13 行代码如下：

```
Class.forName("com.mysql.cj.jdbc.Driver");
```

这一行代码的作用就是注册驱动程序类，即将驱动程序包中的 Driver 类加载到 JVM 中，字符串"com.mysql.cj.jdbc.Driver"其实就是 Driver 类的完整包路径，只要驱动文件已经被加入 Eclipse 的编译路径中，JVM 就可以根据这个路径找到 Driver 类。如果使用其他数据库系统，这个类的路径肯定会不同，可以从驱动程序文档中获取。

实际上从 JDBC 的 4.0 版本开始，已经可以自动加载驱动类。读者可以自行尝试将第 13 行代码注释掉后再执行程序看看结果。

13.4.2 创建连接对象

前面的测试类 TestJDBC 中第 15 行代码如下：

```
Connection conn = DriverManager.getConnection(url, user, pwd);
```

这一行代码通过 java.sql 包中的核心类 DriverManager 中的静态方法 getConnection(String url, String user, String pwd) 来获取数据库连接对象，所有的数据库操作都是基于这个连接对象来完成的。可以把连接对象看作连接数据库系统和应用程序间的一条通道，数据通过这条通道进行传输。

方法中的三个参数分别由第 7～9 行代码声明。第 1 个参数 url 即数据库连接字符串，格式为：

```
jdbc:mysql://[host:port]/[database][?参数名1=参数值1][&参数名2=参数值2]...
```

其中 jdbc 表示协议名；mysql 表示子协议；host 表示主机名，可以使用数据库系统所在的服务器域名或 IP 地址，比如"localhost"或"127.0.0.1"；port 表示端口，MySQL 默认端口是 3306，如果没有改变默认端口可以省略；database 表示默认连接的数据库名；参数表示连接数据库时的一些设置，比如"serverTimezone=GMT%2B8"表示设置默认时区为 GMT+8（中国所在的东 8 区），因为 url 中不能直接出现"+"符号，所以要用转义符号"%2B"来替代（实质就是"+"号的 ASCII 码）。

对于不同的数据库系统，连接字符串通常也不同，如果使用其他数据库系统，则需要使用不同的连接字符串，可自行上网搜索或查阅具体的 JDBC 驱动文档来获得。

getConnection 方法还有几种重载的形式可以获取连接对象，读者可以查阅 JDK 的 API 文档。

13.4.3 创建 SQL 对象

对数据库的操作是通过 SQL 语句完成的，JVM 本身肯定不能直接执行 SQL 语句，因此 SQL 语句应该由数据库系统来具体执行。SQL 对象的作用就是封装 SQL 语句，然后发送给数据库系统。创建 SQL 对象由 Connection 连接对象的方法来完成。

- createStatement 方法：创建普通的 SQL 对象（Statement）。
- prepareStatement（String sql）方法：和第一种方法不同的是，该方法创建预编译 SQL 对象（PreparedStatement），以提高效率。
- prepareCall（String sql）方法：创建存储过程 SQL 对象（CallableStatement），专门用于执行存储过程。由于 CallableStatement 扩展于 PreparedStatement，因而它也可以预编译 SQL 语句。

创建 SQL 对象典型代码如下：

```
Statement stmt = conn.createStatement();
```

13.4.4 执行 SQL 语句

通过执行 SQL 对象的 executeXXX 方法可以将 SQL 语句发送给数据库系统执行，并获得执行结果。如果执行 INSERT、UPDATE 或 DELETE 语句，通常使用 executeUpdate 或 executeLargeUpdate 方法，会返回受影响的记录条数，比如使用一条 INSERT 语句插入 6 条记录，则会返回整数 6。典型代码如下：

```
int r = stmt.executeUpdate("update student set name='newname' where sid=2;");
```

以上代码的执行结果是将 student 表中 sid 值为 2 的记录中字段 name 的值更新为"newname"，同时返回值为 1。executeLargeUpdate 方法是 JDK 1.8 新加入的方法，返回 long 值，用于当受影响的记录条数超过 int 最大值时使用，目前这种使用比较少。

如果执行 SELECT 语句，通常使用 executeQuery 方法，会返回一个 ResultSet 对象，封装了查询到的所有记录。典型代码如下：

```
ResultSet rs = stmt.executeQuery("select * from student;");
```

Java 还提供了一个通用接口去执行 SQL 语句的方法 execute，它能够接受任何 SQL 语句，返回的布尔值是判断是否有 ResultSet 返回。Statement 提供了两个方法去获得 execute 真正的执行结果（分别针对 executeUpdate 和 executeQuery 的情况）：getResultSet 和 getUpdateCount。已经确定是查询语句时最好用 executeQuery，确定是增、删、改操作时最好用 executeUpdate。如果执行的 SQL 语句无法静态决定，就需要使用 execute 方法，然后根据其返回状态再使用上述两个方法 getResultSet 或 getUpdateCount 获得具体的返回结果。

最后，为了提高批量执行的效率，SQL 对象还提供了 executeBatch 方法来支持增、删、改的批处理，如批量删除。其执行过程是先将需要执行的操作加入 batch 中，使用方法 addBatch（String sql），然后再一次性执行。

13.4.5 访问结果集对象

通过 SQL 对象发送查询语句，查询到的所有记录会被封装进一个 ResultSet 对象返回，通过 getXXX 方法可以访问结果集中的具体记录数据。典型代码如下：

```
rs.getString("name");
```

该代码用于获取某一条记录中的 "name" 字段的值，其中方法的参数可以是字段名，也可以是字段的索引值，从左到右从 1 开始。getXXX 方法中的 XXX 是指某种数据类型，比如 getString、getInt、getDate 等，具体类型应该和数据表的字段类型匹配。当然，除了 Blob 类型外的其他类型字段都可以通过 getString 方法获取，因为都能自动转换为 String 类型。

应该注意，getXXX 方法是访问某条记录的某个字段，而结果集中是封装了所有查询的记录数据，也就是很可能是多条记录，所以访问某个字段的值时，首先就需要去确定访问的是结果集中的哪一条记录。结果集中使用 "光标" 的概念来指定当前访问的具体记录，可以通过 next、first、last、move 等方法来移动光标改变将要被访问的记录。下列代码将遍历一个结果集中的所有记录，并获取每条记录中的 name 字段值：

【程序代码清单 13-2】遍历结果集

```
1  while (rs.next()) {
2      String name = rs.getString("name");
3  }
```

结果集的 next 方法将光标从当前位置向下移一行。结果集中的光标最初位于第一行之前；第一次调用 next 方法使第一行成为当前行；第二次调用使第二行成为当前行，依次类推。并且 next 方法会返回一个布尔值，如果光标下移一行后的新的当前行有效，则返回 true；如果不存在下一行，则返回 false。比如当前行是结果集的最后一行记录，这时再执行 next 方法，光标下移后的当前行则为无效行，会返回 false。因此 next 方法作为 while 循环的条件非常适合。

完整的获取 student 表中所有记录 name 字段值的代码如下：

【程序代码清单 13-3】C13002_TestJDBC.java

```
1  import java.sql.Connection;
2  import java.sql.DriverManager;
3  import java.sql.ResultSet;
4  import java.sql.Statement;
5  
6  public class C13002_TestJDBC {
7      public static void main(String[] args) {
8          String user = "root"; // 登录 MySQL 的用户名
9          String pwd = "123456"; // 登录 MySQL 的密码
10         String url = "jdbc:mysql://localhost/test" +
11                 "?serverTimezone=GMT%2B8"; // 连接字符串
12         try {
```

第13章 数据库访问技术JDBC

```
13              Connection conn = DriverManager.getConnection(url, user, pwd);
14              // 创建语句对象
15              Statement stmt = conn.createStatement();
16              // 发送语句并获得查询结果
17              ResultSet rs = stmt.executeQuery("select * from student;");
18              while (rs.next()) { // 遍历结果集
19                  // name 字段的索引值为 3
20                  System.out.println(rs.getString(3));
21              }
22              rs.close(); // 关闭结果集
23              stmt.close(); // 关闭语句对象
24              conn.close(); // 关闭连接
25          } catch (Exception e) {
26              e.printStackTrace();
27          }
28      }
29  }
30
```

13.5 数据库操作

对于连接数据库的代码，通常可以封装在一个工具类中，这样可以在需要连接对象时直接调用方法获取，具体代码如下：

【程序代码清单 13-4】C13003_DBUtil.java

```
1   import java.sql.Connection;
2   import java.sql.DriverManager;
3   import java.sql.SQLException;
4   import java.sql.Statement;
5
6   public class C13003_DBUtil {
7       private static String USER = "root"; // 登录 MySQL 的用户名
8       private static String PWD = "123456"; // 登录 MySQL 的密码
9       private static String URL = "jdbc:mysql://localhost/test?"
10                  + "serverTimezone=GMT%2B8"; // 连接字符串
11      private static C13003_DBUtil dbutil;
12      private Connection conn;
13      private Statement stmt;
14
15      private C13003_DBUtil(){}//阻止外界创建对象
16
17      //获取 DBUtil 对象，单件模式
18      public static C13003_DBUtil getInstance() {
19          if (dbutil == null)
20              dbutil = new C13003_DBUtil();
21          return dbutil;
22      }
23
24      // 获取数据库连接
25      public Connection getConn() {
26          try {
27              if (conn == null || conn.isClosed()) {
28                  conn = DriverManager.getConnection(URL, USER, PWD);
29              }
30          } catch (SQLException e) {
31              e.printStackTrace();
32          }
33          return conn;
34      }
35
36      // 获取语句对象
```

```java
37  public Statement getStmt() {
38      try {
39          if (stmt == null || stmt.isClosed()) {
40              stmt = getConn().createStatement();
41          }
42      } catch (SQLException e) {
43          e.printStackTrace();
44      }
45      return stmt;
46  }
47
48  // 关闭语句对象和连接对象,释放资源
49  public void close() {
50      try {
51          if (stmt != null && !stmt.isClosed()) {
52              stmt.close();
53          }
54      } catch (SQLException e) {
55          e.printStackTrace();
56      }
57      try {
58          if (conn != null && !conn.isClosed()) {
59              conn.close();
60          }
61      } catch (SQLException e) {
62          e.printStackTrace();
63      }
64  }
65 }
```

13.5.1 在 Swing 窗口中显示结果集

如果要把查询到的结果集显示在一个 Swing 窗口中,那么最适合的组件就是 JTable,它可以用表格的形式显示数据。在 javax.swing.table 包中提供了大量支持 JTable 的类和接口,其中最重要的就是 TableModel 接口。JTable 的设计采用了 MVC（Model/View/Controller）的设计模式,将 JTable 可视组件和数据进行了分离。TableModel 负责为 JTable 提供显示数据,但它包含了九个方法,要实现起来比较麻烦。Java 中提供了 AbstractTableModel 和 DefaultTableModel 类来实现 TableModel 接口,这样就可以大大简化实现 TableModel 接口的工作。其中以 AbstractTableModel 类更为灵活和常用。下面的代码将 student 表中的记录显示在一个 JTable 中:

【程序代码清单 13-5】C13004_StudentTable.java

```java
1  import java.sql.ResultSet;
2  import java.sql.SQLException;
3
4  import javax.swing.JFrame;
5  import javax.swing.JScrollPane;
6  import javax.swing.JTable;
7  import javax.swing.table.AbstractTableModel;
8  import javax.swing.table.TableModel;
9
10 @SuppressWarnings("serial")
11 public class C13004_StudentTable extends JFrame {
12     private C13003_DBUtil db = C13003_DBUtil.getInstance();
13     private JTable sTable;
14     private TableModel tModel;
15     //声明滚动面板对象用于放置 JTable
16     private JScrollPane jspStudent = new JScrollPane();
17
18     public C13004_StudentTable() {
19         this.setTitle("Student 表");
20         this.setSize(500, 400);
```

第13章 数据库访问技术JDBC

```
21            this.setLocationRelativeTo(null);
22            this.setDefaultCloseOperation(JFrame.EXIT_ON_CLOSE);
23            this.add(jspStudent);
24            init();
25        }
26
27        private void init() {
28            initTable();
29            sTable = new JTable(tModel);
30            jspStudent.setViewportView(sTable);
31        }
32
33        private void initTable() {
34            tModel = new StudentTableModel();//初始化 TableModel
35        }
36
37        //声明 TableModel
38        class StudentTableModel extends AbstractTableModel {
39            private int rowCount, colCount = 6;// 声明行数和列数
40            private String value;
41            private ResultSet rs;
42
43            //查询 student 表的所有记录得到结果集
44            public StudentTableModel() {
45                try {
46                    rs = db.getStmt().executeQuery("select * from "
47                                        + " student");
48                    while (rs.next())//计算结果集中的记录条数
49                        rowCount++;
50                } catch (SQLException e) {
51                    e.printStackTrace();
52                }
53            }
54
55            @Override
56            //返回指定表格单元的元素
57            public Object getValueAt(int x, int y) {
58                try {
59                    if (rs != null) {
60                        rs.absolute(x + 1);
61                        value = rs.getString(y + 1);
62                    }
63                } catch (SQLException e) {
64                    e.printStackTrace();
65                }
66                return value;
67            }
68
69            @Override
70            public int getRowCount() {  //返回表格的行数
71                return rowCount;
72            }
73
74            @Override
75            public int getColumnCount() {  //返回表格的列数
76                return colCount;
77            }
78        }
79
80        public static void main(String[] args) {
81            new C13004_StudentTable().setVisible(true);
82        }
83    }
```

在上面的代码中,可以看到继承 AbstractTableModel 类只需要实现三个方法就能实现 TableModel 接口。这三个方法分别确定了表格的行数、列数和单元格的值,有了这些数据就

可以绘制出一个表格了。注意 JTable 的单元格索引值是从 0 开始的，而结果集中的记录和字段的索引值是从 1 开始的，所以 getValueAt 方法中在确定结果集的当前记录和字段索引时对传进来的参数都做了+1 的操作。程序运行结果如图 13-6 所示。

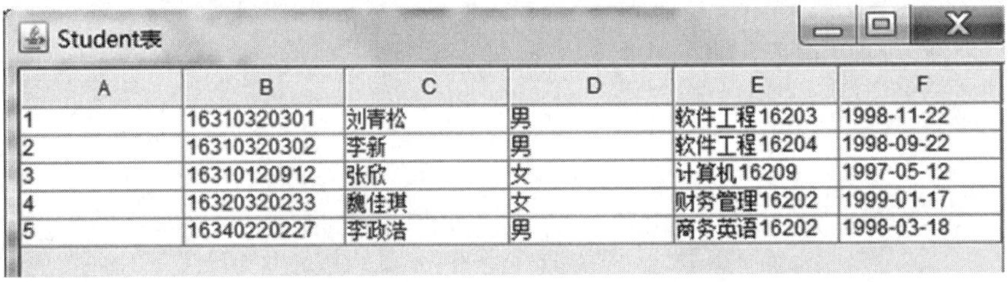

A	B	C	D	E	F
1	16310320301	刘青松	男	软件工程16203	1998-11-22
2	16310320302	李新	男	软件工程16204	1998-09-22
3	16310120912	张欣	女	计算机16209	1997-05-12
4	16320320233	魏佳琪	女	财务管理16202	1999-01-17
5	16340220227	李政浩	男	商务英语16202	1998-03-18

图 13-6　用 JTable 显示 student 表

13.5.2　元数据

在 StudentTable 类中，我们会注意到初始化表格的列数时，我们直接赋值为 6，这显然不合理，因为列数应该是 student 表的字段数。但是，在 ResultSet 对象中并没有方法直接获取字段数，同时，在运行的结果中，表格的表头也应该是显示字段名称更合理，而不是用"ABCDEF"来替代。这时就需要另一个接口的辅助，即 ResultSetMetaData（元数据）。它可以获取关于 ResultSet 对象中列的类型和属性信息的对象。

接下来，我们将对前面的案例进行改写，其中对 ResultSetMetaData 类进行应用，其具体代码如下：

【程序代码清单 13-6】C13005_StudentTable.java

```java
import java.sql.ResultSetMetaData;
...

@SuppressWarnings("serial")
public class C13005_StudentTable extends JFrame {
    ...

    //声明 TableModel
    class StudentTableModel extends AbstractTableModel {
        private int rowCount, colCount = 6;// 声明行数和列数
        private String value;
        private ResultSet rs;
        private ResultSetMetaData rsmd;//声明元数据对象
        private String[] colNames;//声明存放字段名的数组

        // 查询 student 表的所有记录得到结果集
        public StudentTableModel() {
            try {
                rs = db.getStmt().executeQuery("select * from "
                        + " student");
                rsmd = rs.getMetaData();//通过结果集对象获得元数据
                while (rs.next())
                    rowCount++;
                colCount = rsmd.getColumnCount();//获取结果集中的列数
                colNames = new String[colCount];
                //获取字段名称存进数组
                for (int i = 0; i < colCount; i++) {
                    colNames[i] = rsmd.getColumnName(i + 1);
                }
            } catch (SQLException e) {
                e.printStackTrace();
            }
```

```
33          }
34
35          @Override
36          public Object getValueAt(int x, int y){
37              try {
38                  if (rs != null) {
39                      rs.absolute(x + 1);
40                      value = rs.getString(y + 1);
41                  }
42              } catch (SQLException e) {
43                  e.printStackTrace();
44              }
45              return value;
46          }
47
48          @Override
49          public int getRowCount() {
50              return rowCount;
51          }
52
53          @Override
54          public int getColumnCount() {
55              return colCount;
56          }
57
58          @Override
59          public String getColumnName(int column) { //返回表格的表头
60              return colNames[column];
61          }
62      }
63
64      public static void main(String[] args) {
65          new C13005_StudentTable().setVisible(true);
66      }
67  }
```

使用上面的 StudentTableModel 重新运行程序得到类似图 13-7 所示的界面。

sid	sno	name	gender	class	birthday
1	16310320301	刘青松	男	软件工程16203	1998-11-22
2	16310320302	李新	男	软件工程16204	1998-09-22
3	16310120912	张欣	女	计算机16209	1997-05-12
4	16320320233	魏佳琪	女	财务管理16202	1999-01-17
5	16340220227	李政浩	男	商务英语16202	1998-03-18

图 13-7 改进 TableModel 后的 JTable

13.5.3 PreparedStatement 对象

在使用 Statement 对象发送 SQL 语句给数据库系统执行时,每条 SQL 语句都会被数据库系统进行编译。如果不断向数据库提交 SQL 语句编译执行,可能会增加数据库负担导致效率降低。PreparedStatement 对象可以对 SQL 语句进行预编译,有效降低数据库系统负担。对 SQL 进行预处理时可以使用通配符 "?" 来替代任何字段值。在实际执行预编译语句前,必须通过调用 setXXX 方法设置通配符替代的字段值。例如,对于如下所示代码:

【程序代码清单 13-7】Statement 调用方式

```
1  Statement stmt = conn.createStatement();
2  stmt.executeUpdate("update student set name='张三' where sid=2;");
```

```
3    stmt.executeUpdate ("update student set name='李四' where sid=3;");
4    stmt.executeUpdate ("update student set name='王五' where sid=4;");
```

我们可以使用 PreparedStatement 替代 Statement，代码如下：

【程序代码清单 13-8】PreparedStatement 调用方式

```
1    String sql = "update student set name=? where sid=?;";
2    PreparedStatement pstmt = conn.prepareStatement (sql);
3    pstmt.setString (1, "张三");
4    pstmt.setInt (2, 2);
5    pstmt.executeUpdate ();
6    pstmt.setString (1, "李四");
7    pstmt.setInt (2, 2);
8    pstmt.executeUpdate ();
9    pstmt.setString (1, "王五");
10   pstmt.setInt (2, 2);
11   pstmt.executeUpdate ();
```

PreparedStatement 中的 setXXX 方法接收两个参数，第一个参数表示通配符的索引值，从 1 开始；第二个参数表示替代通配符的字段值。

虽然看上去代码行数比使用 Statement 的方式增加了，但执行效率却更高。原因在于使用 PreparedStatement 时，SQL 语句只编译了一次，但执行了多次；而使用 Statement 时，SQL 语句会被编译多次。很明显，重复执行的次数越多越能体现出相对前一种方式的效率优势。

相对于 Statement，使用 PreparedStatement 除了能提高执行效率外，还可以提高代码的可读性和可维护性，可以避免一些恶意 SQL 注入。所以，通常在编写程序时可以使用 PreparedStatement 完全替代 Statement。

13.6 事务处理

在实际应用中，通常需要对多个数据库表做相关的修改，但有可能不是所有的修改都被成功执行。比如，在从一个银行账户 A 向另一个账户 B 转账 100 元时，程序需要执行两次 Update 操作：操作 1，从 A 的余额中减去 100 元；操作 2，让 B 的余额增加 100 元。如果程序完成了操作 1 后，因为某种原因导致操作 2 没有完成，就会造成客户的"掉钱"现象，这是绝对不允许出现的情况。也就是说操作 1 和 2 必须同时成功，如果某个操作失败，则另一个操作即使已经成功，也应该被撤销，数据恢复到操作前的状态。

13.6.1 事务

事务（Transaction）是并发控制的单元，是用户定义的一个操作序列。这些操作要么都做，要么都不做，是一个不可分割的工作单位。事务具有以下特性：

（1）原子性（Atomicity）：事务是数据库的逻辑工作单位，而且必须是原子工作单位，对于其数据修改，要么全部执行，要么全部不执行。

（2）一致性（Consistency）：事务在完成时，必须是所有的数据都保持一致状态。如果事务操作成功，则系统的所有变化将正确地应用于系统中，系统处于有效状态；如果事务操作中出现错误，则系统中的所有事务将自动发生回滚，返回到操作前的状态来保持系统的一致性。

（3）隔离性（Isolation）：多个事务相互隔离，互不影响。

（4）持久性（Durability）：一个事务一旦提交，事务的操作便永久性地保存在数据库中。即使此时再执行回滚操作也不能撤销所做的更改。

在 JDBC 中处理事务都是通过 Connection 对象完成的。同一事务中所有的操作，都在使用同一个 Connection 对象。Connection 中处理事务有三个方法：

（1）setAutoCommit（boolean）：设置是否为自动提交事务（默认值为 true），如果是自动提交，则每条执行的 SQL 语句都是一个单独的事务；如果设置为 false，那么相当于开启了事务操作，此时当前 Connection 上的所有 SQL 语句将聚集到事务中，直到调用 commit 方法或 rollback 方法为止。

（2）commit：提交事务。用于使当前事务中的更改成为持久的更改，并释放 Connection 对象当前持有的所有数据库锁。

（3）rollback：回滚事务。取消在当前事务中进行的所有更改，并释放此 Connection 对象当前持有的所有数据库锁。

注意执行 commit 方法或 rollback 方法之前应该已经执行了 setAutoCommit (false)。

处理事务的代码结构通常如下：

【程序代码清单 13-9】事务示例代码

```
1  try{
2      conn.setAutoCommit(false);//开启事务
3      ......      //数据库操作
4      conn.commit();//提交事务
5  } catch (SQLException e) {
6     con.rollback();//发生异常时需要回滚事务，恢复到操作前的状态
7  }
```

下面给出完整的事务处理代码：

【程序代码清单 13-10】C13006_TransTest.java

```
1  import java.sql.Connection;
2  import java.sql.SQLException;
3  import java.sql.Statement;
4
5  public class C13006_TransTest{
6      public static void main(String[] args) {
7          Connection conn = C13003_DBUtil.getInstance().getConn();
8          Statement stmt = C13003_DBUtil.getInstance().getStmt();
9          try {
10             conn.setAutoCommit(false); //关闭自动提交，开启事务
11             stmt.executeUpdate("update student set name='张三' "
12                             + "where sid=1;");
13             stmt.executeUpdate("update student set name='李四' "
14                             + "where sid=2;");
15         stmt.executeUpdate("update student set sno=' 16310120922-1' "
16                             + "where sid=3;");
17             conn.commit();//提交事务
18         } catch (Exception e) {
19             try {
20                 conn.rollback();//如有异常执行回滚
21             } catch (SQLException e1) {
22                 e1.printStackTrace();
23             }
24         } finally {
25             C13003_DBUtil.getInstance().close();//关闭操作释放资源
26         }
27     }
28 }
```

上面的代码意图执行三条 SQL 语句对 student 表进行数据更新，但是第 3 句 SQL 语句中的 sno 的更新值为"16310120922-1"，长度超过了字段长度限定值 11，所以会抛出异常，从而使程序执行 catch 语句块中的 conn.rollback 回滚事务，撤销前两条语句的正常更新操作。如果把第 3 句 SQL 语句中的 sno 的更新值修改为"16310120922"，那么程序会正常执行 conn.commit 提交事务，三条语句的更新操作都将生效。

13.6.2 保存点

保存点支持对事务的处理进行部分提交。JDBC 中提供 Savepoint 接口支持保存点。Connection 接口中有两个方法管理保存点：

（1）setSavepoint（String name）：创建一个具有指定名称的保存点对象，并返回这个对象。

（2）releaseSavepoint（Savepoint s）：从当前事务中移除指定的 Savepoint 和后续 Savepoint 对象。请注意，它需要一个 Savepoint 对象作为参数。这个对象通常是由 setSavepoint 方法生成的。

下面的代码演示保存点的使用：

【程序代码清单 13-11】C13007_TransTest.java

```java
import java.sql.Connection;
import java.sql.SQLException;
import java.sql.Savepoint;
import java.sql.Statement;

public class C13007_TransTest {
    public static void main(String[] args) {
        Connection conn = C13003_DBUtil.getInstance().getConn();
        Statement stmt = C13003_DBUtil.getInstance().getStmt();
        Savepoint spoint = null;//声明保存点
        try {
            conn.setAutoCommit(false);//关闭自动提交，开启事务
            stmt.executeUpdate("update student set name='张三' "
                    +" where sid=1;");
            stmt.executeUpdate("update student set name='李四' "
                    +" where sid=2;");
            spoint = conn.setSavepoint();//设置保存点
            stmt.executeUpdate("update student set "
                    + "sno=' 16310120922-1' where sid=3;");
            conn.commit();//提交事务
        } catch (Exception e) {
            try {
                conn.rollback(spoint);//如有异常回滚到保存点
                conn.commit();//回滚到保存点后提交事务
            } catch (SQLException e1) {
                e1.printStackTrace();
            }
        } finally {
            C13003_DBUtil.getInstance().close();//关闭操作释放资源
        }
    }
}
```

上面的代码同样执行三条 SQL 语句，其中第 3 条语句会抛出异常，但是我们在第 3 条语句前设置了保存点，并且在 catch 语句块中回滚时加入了保存点对象作为参数：conn.rollback（spoint），所以执行第 3 条 SQL 语句抛出异常时，程序事务回滚到保存点，随后又一次执行 conn.commit 方法，此时回滚点之前的 SQL 语句会得到执行，回滚点之后的 SQL 语句会被跳过。执行结果如图 13-8 所示。

sid	sno	name	gender	class	birthday
1	16310320301	张三	男	软件工程16203	1998-11-22
2	16310320302	李四	男	软件工程16204	1998-09-22
3	16310120912	张欣	女	计算机16209	1997-05-12
4	16320320233	魏佳琪	女	财务管理16202	1999-01-17
5	16340220227	李政浩	男	商务英语16202	1998-03-18

图 13-8　更新后的 student 表数据

本章小结

本章介绍了 Java 中的数据库访问技术 JDBC，并以 MySQL 数据库为例进行了演示，读者需要掌握数据库访问的步骤，掌握执行 SQL 语句的三种对象：Statement、PreparedStatement、CallableStatement，并理解三者的区别和应用场景，掌握结果集的访问方法和 Swing 界面下的显示方法，理解事务并学会应用。

习　题

1. JDBC 访问数据库时主要完成三个任务：_____、_____和获取执行结果。
2. JDBC API 中用于发送要执行的 SQL 语句的类是（　　）。
   A. DriverManager   B. ResultSet   C. Connection   D. Statement
3. JDBC API 定义了一组用于与数据库进行通信的接口和类，它们包含在包（　　）中。
   A. java.lang   B. java.sql   C. java.util   D. java.math
4. 获取 ResultSet 对象 rst 的第一行数据，以下正确的是（　　）。
   A. rst.hashNext()   B. rst.next()   C. rst.first()   D. rst.nextRow()
5. 以下方法不能用于 Cursor 中的光标定位的是（　　）。
   A. last()   B. afterLast()   C. isFirst()   D. first()
6. 关于 PreparedStatement 的使用下列说法错误的是（　　）。
   A. PreparedStatement 是个类
   B. PreparedStatement 是预编译的，执行效率高
   C. PreparedStatement 继承了 Statement
   D. PreparedStatement 可以绑定参数，可以防 SQL 注入
7. 关于 JDBC API 管理的事务下列说法错误的是（　　）。
   A. 新连接对象默认处于自动提交模式
   B. commit 方法使对数据库所做的任何更改都成为永久性的，而 rollback 方法将取消那些更改
   C. 新连接对象默认处于手动提交模式。
   D. 如果两个更新都成功，则调用 commit，从而使两个更新结果成为永久性的；如果其中之一或两个更新都失败了，则调用 rollback，以将值恢复为进行更新之前的值

8. JDBC 中提供保存点支持的是（　　）。

    A. Statement   B. Savepoint   C. DriverManager   D. ResultSet

9. 简述通过 JDBC 连接数据库并查询数据的过程。

10. 根据前面的 student 表，编写一个方法 updateInfo(Student s)，通过接收的 Student 对象更新 student 表里的记录。

第 5 单元　课程项目实践

君子知夫不全不粹之不足以为美也，故诵数以贯之，思索以通之，为其人以处之，除其害者以持养之。

——荀子·《劝学篇》

 单元知识点

Java 程序的组成和组织
Java 编程规范
数据类型和变量
表达式和语句
程序控制结构
数组
Java 面向对象技术
Java 集合类、
Java 数据处理的属性文件读/写
Swing 界面编程
Java 绘图技术
国际化与本地化
多线程

 单元案例

蛇的创建
吃食物
生长
移动
碰撞检测

 单元项目

贪吃蛇游戏

第14章 课程项目——贪吃蛇游戏

14.1 项目功能描述

本项目是对经典的贪吃蛇游戏的模拟和扩展，运用课程中学到的 Java 编程知识，采用经典的 MVC 架构对面向对象编程思想进行训练，并对 IDE 集成开发工具进行熟练使用。涉及主要知识点有：Java 程序的组成和组织、Java 编程规范、数据类型和变量、表达式和语句、程序控制结构、数组、Java 面向对象技术（类定义、类和对象、继承和多态、抽象类和接口、内部类、枚举类型）、Java 集合类、Java 数据处理的属性文件读/写、Swing 界面编程、Java 绘图技术、国际化与本地化、多线程（Timer 定时器）等。

贪吃蛇游戏的核心功能包括蛇的创建、吃食物、生长、移动、碰撞检测（边界检查、自身碰撞检查）等，附加功能包括计分、计时、游戏配置、国际化与本地化等。游戏采用 MVC 架构：

M：model，业务逻辑模块，负责业务处理。

V：view，用户界面模块，负责数据的显示和收集、界面逻辑。

C：control，控制器模块，model 和 view 的中介，主要功能是通知业务逻辑模块修改和通知用户界面模块刷新。

14.2 项目设计与实现

14.2.1 搭建游戏框架

项目框架搭建步骤：

（1）创建项目 SnakeGame，并添加程序入口类 GameEntry。

（2）添加业务模型包 game.model，并添加如下类：

Snake：提供游戏中蛇相关的数据（如节点集和移动方向等）和行为（如蛇的生长、移动、碰撞检测等）的封装。

Node：游戏中最小组成单元，可表示蛇的节点、食物、障碍物。包含节点位置信息及节点类型，为配合 Java 集合类的操作需要重写 equals 方法。

GameServer：业务模型对外公开接口（满足迪米特法则），即提供中介服务，包括蛇的创建和管理、食物的创建、分数监听机制、游戏结束监听机制等。

NodeType：节点类型枚举，分为 Node、Food、Rock 三种。

Direction：游戏方向枚举，分为 Left、Up、Right、Down 四个。

OverListener：游戏结束监听接口。

ScoreListener：分数监听接口。

（3）添加界面模型包 game.view，并添加如下类：

FrameGame：游戏主界面。

PanelGame：游戏画布，即游戏区域。

PanelInfo：游戏信息面板，包括分数显示、计时显示、开始按钮。

MenuGame：游戏菜单，包括 Game、View、Help 等。

（4）添加控制器模型包 game.control，并添加如下类：

GameController：游戏中控。

PlayerController：玩家控制器，实现键盘监听和开始按钮监听。

（5）添加游戏工具包 game.util，并添加如下类：

DigitIamge：动态生成数字图片。

GameImage：集中管理游戏中的所有图片。

GameConfig：集中管理游戏配置信息。

（6）添加游戏国际化资源包 game.i18n，并添加如下文件（菜单选项中的 File）：

base.properties：默认资源文件，在特定资源或本地资源找不到时用。

base_zh_CN.properties：中文资源文件。

（7）在项目下添加配置文件 config.properties。

（8）在项目下添加图片文件夹 imgs，添加节点、食物、logo、开始按钮、0~9 数字图片。

项目整体代码框架如图 14-1 所示。

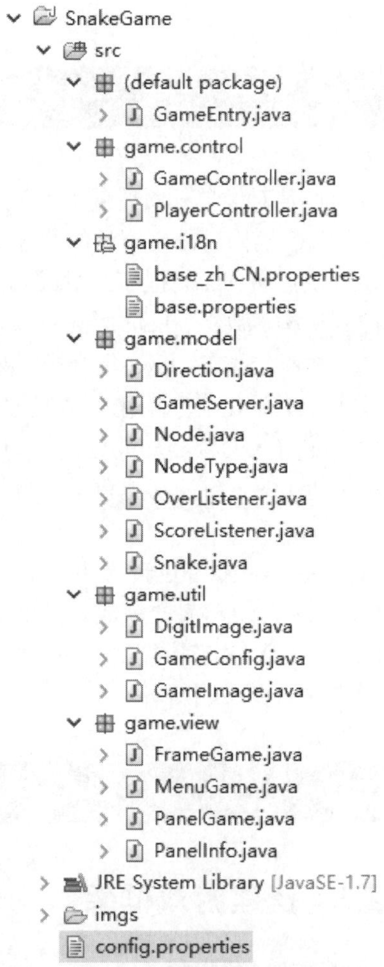

14.2.2 GameImage 类实现

图 14-1 项目整体代码框架

图片集中管理的好处是方便查找和修改，因此本类的主要功能就是统一加载游戏中的所有图片，并按需对外提供 get 访问器。鉴于外界使用该类的方便，其中成员变量全部设定为 static（类成员），并提供静态初始化块来加载图片。其中 splitImage 方法的作用为：将加载的 0~9 数字整张图片切割为 10 张单独的数字图片，用到内存图片及包含 10 个参数的

drawImage 方法，请仔细理解处理过程。该类具体代码如下：

【程序代码清单 14-1】GameImage.java

```java
package game.util;

import java.awt.Graphics;
import java.awt.Image;
import java.awt.image.BufferedImage;

import javax.swing.ImageIcon;

/**
 * 集中管理游戏中的所有图片，对外提供相应的 get 访问器
 * */
public class GameImage {
    private static Image logo;          //应用程序图标
    private static ImageIcon start;   //开始按钮图片
    //0~9 数字图片数组，图片资源为整张图片，需切片处理
    private static Image[] numbers;
    //节点类型图片数组，蛇节点、食物、暂缺障碍图片
    private static Image[] nodes;
    static{
        logo = new ImageIcon("imgs/logo.jpg").getImage();
        start = new ImageIcon("imgs/start.png");
        numbers = splitImage("imgs/numbers.png", 10);
        nodes = new Image[3];
        nodes[0] = new ImageIcon("imgs/snake.png").getImage();
        nodes[1] = new ImageIcon("imgs/food.png").getImage();
    }

    /*将加载的 0-9 数字整张图片切割为 10 张单独的数字图片，用到内存图片及包含 10 个参数的 drawImage 方法
    */
    private static Image[] splitImage(String name, int size) {
        Image img = new ImageIcon(name).getImage();
        int ih = img.getHeight(null), iw = img.getWidth(null) / size;
        Image[] imgs = new Image[size];
        for(int i = 0; i < size; i++){
            BufferedImage bi = new BufferedImage(iw, ih, BufferedImage.TRANSLUCENT);//内存图片透明
            Graphics grfx = bi.getGraphics();
            grfx.drawImage(img, 0, 0, iw, ih,
                    i*iw, 0, (i+1)*iw, ih, null);  //切片处理
            imgs[i] = bi;
        }
        return imgs;
    }

    //获取对应节点类型序号的图片
    public static Image getNode(int index){
        return nodes[index];
    }

    public static Image getLogo(){
        return logo;
    }

    public static ImageIcon getStart(){
        return start;
    }

    //获取指定数字的图片
    public static Image getNumber(int num){
        return numbers[num];
    }

    public static int getNumWidth(){
```

```
64         return numbers[0].getWidth(null);
65     }
66
67     public static int getNumHeight(){
68         return numbers[0].getHeight(null);
69     }
70 }
```

14.2.3 DigitImage 类实现

根据指定位数、指定数值动态生成相应数字图片，位数不足则前面补 0，超出则截断高位。例如，指定位数为 3，数 13 的图片为 013，而数 1234 的图片为 234。完成该功能的算法为：从右至左依次绘制数字，直到指定位数为止，具体实现代码如下：

【程序代码清单 14-2】DigitImage.java

```
1  package game.util;
2
3  import java.awt.Graphics;
4  import java.awt.Image;
5  import java.awt.image.BufferedImage;
6  import javax.swing.ImageIcon;
7  /**
8   * 该类提供动态生成分数图片的功能*/
9  public class DigitImage {
10     private static int bits = 3;        //数字串的位数
11
12     /*根据指定的数值生成相应位数的数字图片，不足前面补 0，超过截断高位。
13      * 绘制算法从右到左进行，即从个位数开始绘制*/
14     public static ImageIcon getIcon(int value){
15         int iw = GameImage.getNumWidth();   //单独数字图片宽度
16         int ih = GameImage.getNumHeight();  //单独数字图片高度
17         BufferedImage bi = new BufferedImage(iw*bits,
18             ih, BufferedImage.TRANSLUCENT);//内存图片透明
19         Graphics grfx = bi.getGraphics();   //获取图片绘图表面
20         int count = 0;                       //记录绘制次数，共绘制 bits 次
21         while(count < bits){
22             Image img = GameImage.getNumber(value % 10);//取个位
23             grfx.drawImage(img, (bits - 1 - count)*iw, 0, null);
24             value /= 10;      //截断个位
25             count++;
26         }
27         return new ImageIcon(bi);
28     }
29
30     public static int getBits() {
31         return bits;
32     }
33
34     public static void setBits(int bits) {
35         DigitImage.bits = bits;
36     }
37 }
38
```

14.2.4 GameConfig 类实现

该类的主要作用是完成游戏配置信息的管理。使用配置文件保存游戏信息的方式，可以避免程序代码中的硬编码问题，达到程序动态修改配置信息而不用修改代码的目的，满足面向对象原则中的开关原则（对扩展开放，对修改关闭）。Java 提供的 Properties 类可以从配置

文件中读取信息，然后以字典结构进行存储（key-value 对），访问时可以根据键值查找相应的值。配置文件的扩展名为.properties，本游戏中的配置文件 config.properites 如图 14-2 所示。

```
config.properties ⊠
1 cellSize=30
2 rows=12
3 cols=20
```

图 14-2　配置文件 config.properites

本程序中主要是体验配置管理的好处，因此管理的配置信息比较少，真实项目中可以进行扩展。有了配置文件，GameConfig 的实现代码如下：

【程序代码清单 14-3】GameConfig.java

```java
package game.util;

import java.io.FileInputStream;
import java.util.Properties;

/**游戏配置信息管理类，负责加载配置信息及提供get 访问器*/
public class GameConfig {
    //皮肤路径，有多套图片时可用。本程序未使用，读者可扩展
    private static String skinPath = "classic";
    private static int cellSize;
    private static int rows;
    private static int cols;
    private static Properties cfg;

    //静态初始块
    static{
       try {
           cfg = new Properties();
            cfg.load(new FileInputStream("config.properties"));
           cellSize = Integer.parseInt(cfg.getProperty("cellSize"));
            rows =Integer.parseInt(cfg.getProperty("rows"));
            cols =Integer.parseInt(cfg.getProperty("cols"));
       } catch (Exception e) {}
    }

    public static int getCanvasWidth(){
        return cellSize * cols + 4 + 8; //画布边框宽度2*2，边距留白2*4
    }

    public static int getCanvasHeight(){
        return cellSize * rows + 4;    //画布边框高度2*2
    }

    public static String getSkinPath(){
        return skinPath;
    }

    public static int getCellSize() {
        return cellSize;
    }

    public static int getRows() {
        return rows;
    }

    public static int getCols() {
        return cols;
    }
}
```

14.2.5 Node 类实现

游戏中最小组成单元，可表示蛇的节点、食物、障碍物。包含节点位置信息（节点所处位置的行列号）及节点类型。Java 中提供的枚举类型表示一组命名常量，常用于三个及以上状态信息的表示。游戏中的节点类型可以包括蛇节点、食物节点、障碍物节点，可以扩展出蛇头节点、蛇尾节点等，其定义代码如下：

【程序代码清单 14-4】NodeType.java

```
1   package game.model;
2
3   /**
4    * 节点类型枚举，包括但不限于如下三类*/
5   public enum NodeType {
6       Snake,   //蛇节点
7       Food,    //食物节点
8       Rock     //障碍物节点
9   }
```

Node 类提供了 draw 方法进行单元格绘制，并支持缩放绘制；为配合 Java 集合框架中的集合类使用，Node 类还需要重写 Object 的 equals 方法，具体实现代码如下：

【程序代码清单 14-5】Node.java

```
1   package game.model;
2
3   import game.util.GameConfig;
4   import game.util.GameImage;
5
6   import java.awt.Graphics;
7   import java.awt.Image;
8
9   /**
10   * 功能描述：实体类。游戏中最小组成单元，可表示蛇节点、食物节点、障碍物节点。包含节点位置信息及节点类型，
11   需要重写 equals 方法
12   */
13  public class Node {
14      private int row;           //单元格行号
15      private int col;           //单元格列号
16      private NodeType type;     //节点类型
17
18      //接受行列号的构造方法
19      public Node(int r, int c){
20          this(r, c, NodeType.Snake);
21      }
22
23      //构造方法重载，接受行列号及类型参数
24      public Node(int r, int c, NodeType t){
25          row = r;
26          col = c;
27          type = t;
28      }
29
30      //重写 Object 提供的 equals 方法，用于节点对象相等判断，如集合中的查找操作
31      @Override
32      public boolean equals(Object obj) {
33          if (this == obj) return true;
34          if (obj == null) return false;
35          if(this.getClass() != obj.getClass()) return false;
36
37          Node n = (Node)obj;
```

```
38              return row == n.row && col == n.col;
39          }
40
41          public void draw(Graphics g){
42              //获取配置信息中的单元格大小
43              int size = GameConfig.getCellSize();
44              //坐标平移(2,2)，留出边框位置
45              int x = col * size + 2, y = row * size + 2;
46              //获取相应节点类型的图片
47              Image img = GameImage.getNode(type.ordinal());
48              //根据指定大小缩放绘制图片
49              g.drawImage(img, x, y, size, size, null);
50          }
51
52          public int getRow() {
53              return row;
54          }
55
56          public void setRow(int row) {
57              this.row = row;
58          }
59
60          public int getCol() {
61              return col;
62          }
63
64          public void setCol(int col) {
65              this.col = col;
66          }
67
68          public NodeType getType() {
69              return type;
70          }
71
72          public void setType(NodeType type) {
73              this.type = type;
74          }
75      }
```

14.2.6 Snake 类实现

首先要实现蛇移动方向的枚举类型，包括上、下、左、右四个方向，其实现代码如下：
【程序代码清单 14-6】Direction.java

```
1   package game.model;
2   /**移动方向枚举，包括上、下、左、右四个方向*/
3   public enum Direction {
4       Left,
5       Up,
6       Right,
7       Down
8   }
```

Snake 类提供游戏中蛇相关的数据和行为封装。信息包括蛇的节点集、移动方向等，功能包括蛇的绘制、移动、增长、吃食物及检测等。数据结构采用 Java 集合框架中的顺序表 ArrayList，考虑到顺序表的操作效率，具体功能实现时只在顺序表的尾部进行，以减少顺序表中的元素移动。因此将蛇的头部保存在顺序表的尾部，蛇增长的时候也从顺序表尾部追加，并修改蛇头部为新增节点。实现中还用到 Java 提供的第四种循环结构：foreach 循环，专门用于集合性质的数据进行从头到尾依次遍历的循环操作，如数组、顺序表等。Snake 的具体实现代码如下：

【程序代码清单 14-7】Snake.java

```java
1   package game.model;
2
3   import game.util.GameConfig;
4
5   import java.awt.Graphics;
6   import java.util.ArrayList;
7
8   /**
9    * 功能描述：提供游戏中蛇相关的数据和行为封装。信息包括蛇的节点集、移动方向等，
10   * 功能包括蛇的移动、增长、吃食物及检测等
11   */
12  public class Snake {
13      private ArrayList<Node> nodes = new ArrayList<>();//节点集
14      private Direction direction = Direction.Right;//默认移动方向为右
15      private int[][] offsets;        //定义偏移数组，用于取消分支简化程序结构
16
17      public Snake(){
18          defaultInit();
19          offsets = new int[][]{
20              {0,-1},{-1,0},{0,1},{1,0} };
21      }
22
23      //默认初始化操作，每局游戏开始，蛇对象都需要重新初始化
24      public void defaultInit(){
25          nodes.clear();
26          //初始时，蛇对象默认包括三个节点，中间靠左水平排列
27          int r = GameConfig.getRows() / 2 - 1;
28          nodes.add(new Node(r, 0));
29          nodes.add(new Node(r, 1));
30          nodes.add(new Node(r, 2));
31          direction = Direction.Right;
32      }
33
34      /**蛇移动算法：除尾部节点(蛇头部)外，后面节点依次前进为上一个节点，
35       * 头部节点根据当前移动方向进行修改，利用预定义的偏移数组化简实现*/
36      public void move(){
37          for(int i = 0; i < nodes.size() - 1; i++){
38              Node n = nodes.get(i), next = nodes.get(i+1);
39              n.setRow(next.getRow());
40              n.setCol(next.getCol());
41          }
42          Node next = getHeadNext();
43          nodes.set(nodes.size() - 1, next);
44      }
45
46      /*蛇转向操作，要求同直线方向的反方向不能操作，即右时不能向左，下时不能向上，其余同理。方法实现时利用
47       了枚举元序号间的关系，间距为2即同直线方向*/
48      public void turnTo(Direction dir){
49          int x = Math.abs(dir.ordinal()-direction.ordinal());
50          if (x != 2)
51              direction = dir;
52      }
53
54      /*判断蛇是否吃到食物节点，通过蛇头部的下一个位置是否与食物节点相等进行判断。仅仅是判断，蛇头部本身并
55      没有发生移动*/
56      public boolean isEat(Node food) {
57          Node next = getHeadNext();
58          return next.equals(food);
59      }
60
61      //蛇吃到食物增长，修改食物节点类型
62      public void grow(Node n){
63          n.setType(NodeType.Snake);
64          nodes.add(n);
65      }
```

```
66
67      //绘制蛇,蛇通知节点集中节点进行绘制
68      public void draw(Graphics g){
69          for(Node n : nodes)
70              n.draw(g);
71      }
72
73      //创建食物时,食物节点位置是否在蛇身上,在即不合法
74      public boolean checkOverlap(Node n){
75          boolean s = true;
76          for(Node node : nodes){
77              if (node.equals(n)){
78                  s = false;
79                  break;
80              }
81          }
82          return s;
83      }
84
85      //碰撞检测,包括边界检查和自身检查
86      public boolean validate() {
87          return checkCollision() && checkSelf();
88      }
89
90      //检查蛇头部下一个位置是否和蛇节点集重叠
91      private boolean checkSelf() {
92          Node next = getHeadNext();
93          return checkOverlap(next);
94      }
95
96      //通过检查蛇头部下一个位置是否越界来判断是否碰墙
97      private boolean checkCollision() {
98          Node next = getHeadNext();
99          int r = next.getRow(), c = next.getCol();
100         return (r >= 0 && r < GameConfig.getRows())
101             &&(c >= 0 && c < GameConfig.getCols());
102     }
103
104     //获取蛇头部下一个位置
105     private Node getHeadNext(){
106         Node head = nodes.get(nodes.size() - 1);
107         int r = head.getRow() + offsets[direction.ordinal()][0];
108         int c = head.getCol() + offsets[direction.ordinal()][1];
109         return new Node(r, c);
110     }
111 }
```

14.2.7 事件机制模拟

面向对象语义中的事件是描述对象之间的一种通信关系,涉及事件、事件定义者、事件使用者三个对象。事件本身是一个中介,即委托,其中只进行调用规范的定义①,Java 中本身未提供相应语法,需要使用接口进行模拟实现。事件定义者是事件源,其中持有事件的引用,并提供事件定制方法②及事件触发时机的实现③。事件使用者需要完成事件定制④和事件调用规范的实现(即提供事件处理程序)⑤。一个完整的事件机制包括上述 5 个步骤才能实现,而前面介绍 Java Swing 中的事件处理时,我们只需完成④、⑤两个步骤,而前三个步骤由 Java API 完成。

本游戏中游戏结束和游戏得分需要使用事件机制进行实现,业务模型中完成前三步,控制模块中完成后两步。此处完成第 1 步即事件监听器接口的定义,包括分数监听和游戏结束监听,其代码如下:

【程序代码清单 14-8】OverListener.java

```
1   package game.model;
2
3   /**
4    * 游戏结束事件监听器接口*/
5   public interface OverListener {
6       void overGame();
7   }
```

【程序代码清单 14-9】ScoreListener.java

```
1   package game.model;
2
3   /**
4    * 游戏得分事件监听器接口定义*/
5   public interface ScoreListener {
6       void report(int score);
7   }
```

14.2.8　GameServer 类实现

游戏服务器采用外观模式（满足迪米特法则）封装业务模型，是业务模型对外提供的唯一接口，包含蛇对象、食物对象、游戏得分、游戏结束监听器引用、游戏得分监听器引用，对外提供游戏开始、游戏绘制、游戏进行等方法，并提供事件定制方法（事件第 2 步）及事件触发的时机实现（事件第 3 步）。该类实现时主要是进行简单处理后通知其他业务对象执行相应的操作，具体代码如下：

【程序代码清单 14-10】GameServer.java

```
1   package game.model;
2
3   import game.util.GameConfig;
4
5   import java.awt.Graphics;
6   import java.util.Random;
7   /**
8    * 游戏服务器，采用外观模式封装业务模型，是业务模型对外提供的唯一接口。
9    * 包含蛇对象、食物对象、游戏得分、 游戏结束监听器引用、游戏得分监听器引用，
10   * 对外提供游戏开始、游戏绘制、游戏进行等方法，并提供事件定制方法及事件触发
11   * 的时机实现*/
12  public class GameServer {
13      private Snake snake;                    //蛇对象
14      private Node food;                      //食物对象
15      private int score = 0;                  //游戏得分
16      private ScoreListener listener;         //得分监听器引用
17      private OverListener overListener;      //结束监听器引用
18
19      //事件定制方法，即监听器引用初始化操作
20      public void addScoreListener(ScoreListener listener){
21          this.listener = listener;
22      }
23
24      //事件定制方法，即监听器引用初始化操作
25      public void addOverListener(OverListener listener){
26          overListener = listener;
27      }
28
29      public GameServer(){
30          snake = new Snake();
31      }
32
```

```java
33      //游戏开始，得分归零，蛇重置初值，创建食物
34      public void start(){
35          score = 0;
36          snake.defaultInit();
37          createFood();
38      }
39
40      /*游戏进行中，即蛇边移动边吃食物，如果没有吃到食物就碰撞检测和移动，否则通知蛇增长，产生新食物，计算
41      得分并通知事件使用者进行界面刷新显示*/
42      public void move(){
43          if (!snake.isEat(food))
44              checkAndMove(snake);
45          else{
46              snake.grow(food);
47              createFood();
48              calcScore();
49              if (listener != null) listener.report(score);
50          }
51      }
52
53      //根据方向名，通知蛇修改移动方向
54      public void turnTo(String name){
55          Direction d = Direction.valueOf(name);
56          snake.turnTo(d);
57      }
58
59      //游戏绘制，包括蛇绘制和食物绘制
60      public void draw(Graphics g){
61          snake.draw(g);
62          if (food != null) food.draw(g);
63      }
64
65      //随机位置产生食物，过程中要检查食物位置是否合法
66      private void createFood(){
67          Random ran = new Random();
68          while(true){
69              int r = ran.nextInt(GameConfig.getRows());
70              int c = ran.nextInt(GameConfig.getCols());
71              Node n = new Node(r, c, NodeType.Food);
72              if (snake.checkOverlap(n)){
73                  food = n;
74                  break;
75              }
76          }
77      }
78
79      //计算游戏得分，目前规则为吃到一个食物加1分。计分规则可自行修改
80      private void calcScore(){
81          score++;
82      }
83
84      //检测并移动，合法移动，否则通知事件使用者进行游戏结束处理
85      private void checkAndMove(Snake snake){
86          if (snake.validate())
87              snake.move();
88          else if (overListener != null)
89              overListener.overGame();
90      }
91  }
```

14.2.9　PanelInfo 类实现

游戏信息面板继承于 JPanel，包括游戏计时、计分的显示及开始图片按钮，内部组件使用 Box 进行组织，容器本身的布局方式设置为 BorderLayout，并为容器添加立体（凹陷效果）

的边框，具体实现代码如下：

【程序代码清单 14-11】PanelInfo.java

```java
package game.view;

import game.util.DigitImage;
import game.util.GameImage;
import java.awt.BorderLayout;
import java.awt.Insets;
import java.awt.event.ActionListener;
import javax.swing.BorderFactory;
import javax.swing.Box;
import javax.swing.ImageIcon;
import javax.swing.JButton;
import javax.swing.JLabel;
import javax.swing.JPanel;
import javax.swing.border.BevelBorder;

/**游戏信息面板，包括分数显示、计时显示和开始按钮*/
@SuppressWarnings("serial")
public class PanelInfo extends JPanel{
    private JButton btnStart;     //开始按钮
    private JLabel lbTime;        //用 JLabel 显示计时图片
    private JLabel lbScore;       //用 JLabel 显示计分图片

    //对外提供定制按钮事件的方法
    public void addStartListener(ActionListener listener){
        btnStart.addActionListener(listener);
    }

    //刷新计时显示
    public void refreshTime(int timeValue) {
        //通过数字图片类获取对应时间数的图片
        ImageIcon icon = DigitImage.getIcon(timeValue);
        lbTime.setIcon(icon);
    }

    //刷新计分显示
    public void refreshScore(int value) {
        ImageIcon icon = DigitImage.getIcon(value);
        lbScore.setIcon(icon);
    }

    //采用 Box 方式进行布局，1 行 7 列
    public PanelInfo(){
        Box vBox = Box.createVerticalBox();{
            Box hBox = Box.createHorizontalBox();{
                hBox.add(Box.createHorizontalStrut(4));
                ImageIcon imgScore = DigitImage.getIcon(0);
                lbScore = new JLabel(imgScore);
                hBox.add(lbScore);
                hBox.add(Box.createHorizontalGlue());
                //使用图片按钮
                btnStart = new JButton(GameImage.getStart());
                //取消按钮焦点虚线框
                btnStart.setFocusable(false);
                //清除按钮背景绘制，达到透明效果
                btnStart.setContentAreaFilled(false);
                //清除图片与按钮边界的留白
                btnStart.setMargin(new Insets(0, 0, 0, 0));
                //清除按钮边框
                btnStart.setBorderPainted(false);
                hBox.add(btnStart);
                hBox.add(Box.createHorizontalGlue());
                ImageIcon imgTime = DigitImage.getIcon(0);
                lbTime = new JLabel(imgTime);
```

```
64                hBox.add(lbTime);
65                hBox.add(Box.createHorizontalStrut(4));
66            }
67            vBox.add(hBox);
68        }
69        this.setLayout(new BorderLayout());
70        this.add(vBox);
71        //为信息面板添加立体边框,凹陷效果
72        this.setBorder(BorderFactory.createBevelBorder(
73                            BevelBorder.LOWERED));
74    }
75 }
```

14.2.10 PanelGame 类实现

游戏绘制面板继承于 JPanel，持有游戏服务器对象的引用，重绘时通知该对象进行自身的绘制操作。为该容器添加了立体（凹陷效果）的边框，具体实现代码如下：

【程序代码清单 14-12】PanelGame.java

```
1  package game.view;
2
3  import java.awt.Graphics;
4  import game.model.GameServer;
5  import javax.swing.BorderFactory;
6  import javax.swing.JPanel;
7  import javax.swing.border.BevelBorder;
8
9  /**游戏绘制区域,持有游戏服务器对象的引用,重绘时通知该对象*/
10 @SuppressWarnings("serial")
11 public class PanelGame extends JPanel{
12     private GameServer server;
13
14     public PanelGame(GameServer server){
15         this.server = server;
16         this.setBorder(BorderFactory.createBevelBorder(
17                             BevelBorder.LOWERED));
18     }
19
20     @Override
21     protected void paintComponent(Graphics g) {
22         super.paintComponent(g);
23         server.draw(g);
24     }
25 }
```

14.2.11 国际化与本地化

Java 中国际化和本地化的支持：国际化与本地化的意思是软件中的文本、日期、数字等和区域文化相关的信息，可以根据当前的区域设置进行动态自适应。Java 中通过 Locale 区域文化类、ResourceBundle 资源包和相应的格式化对象对国际化与本地化进行支持，其执行步骤如下：

（1）提供扩展名为.properties 的不同区域资源文件，命名要求为"资源名_语言_地区.properties"，如无语言和区域信息则为默认资源文件，程序中必须提供这个默认文件。以中文为例，至少有 base.properties、base_zh_CN.propertes 两个资源文件。资源文件中每行以键值对的方式提供，如"title=标题"。将资源文件放入项目的 java 包中，建议用单独的 package 保存。

（2）使用指定语言和区域信息创建 Locale 对象。

（3）使用 ResourceBundle 类，提供资源文件名（不包含语言和区域信息）和 Locale 对象加载资源文件。不提供 Locale 对象则使用当前计算机的区域设置。加载时顺序为指定语言区域的资源文件，未找到则加载当前区域设置的资源文件，再找不到则加载默认资源文件。因此默认资源文件必须提供。

（4）使用 ResourceBundle 对象的 getString 方法获取本地化文本信息。

游戏中对菜单中文本信息进行了国际化处理，资源文件保存在 game.i18n 包中，默认资源文件 base.properties 如图 14-3 所示，中文资源文件如图 14-4 所示。

```
base.properties
1 title=SnakeGame
2 game=Game
3 new=New
4 exit=Exit
5 help=Help
6 about=About SnakeGame...
```

图 14-3　默认资源文件 base.properties

```
base_zh_CN.properties
1 title=\u8D2A\u5403\u86C7
2 game=\u6E38\u620F(G)
3 new=\u5F00\u5C40(N)
4 exit=\u9000\u51FA(x)
5 help=\u5E2E\u52A9(H)
6 about=\u5173\u4E8E\u8D2A\u5403\u86C7(A)...
```

图 14-4　中文资源文件

说明：在 Eclipse 中，中文显示为其 unicode 编码方式。如果要用中文方式进行编辑，则编辑后需要使用 native2ascii 这个 JDK 工具进行转换，读者可参阅网络资源了解其用法。

14.2.12　MenuGame 类实现

游戏菜单继承于 JMenuBar，持有 ResourceBundle 对象的引用和 GameController（游戏中控）对象的引用，菜单组只有游戏和帮助两个。游戏菜单可以理解为另一个玩家控制器，玩家进行菜单操作通知游戏中控执行相应功能，由于游戏中控类还未完成，目前会有编译错误。游戏菜单文本实现了国际化与本地化的支持，具体实现代码如下：

【程序代码清单 14-13】MenuGame.java

```
1  package game.view;
2  
3  import game.control.GameController;
4  
5  import java.awt.event.ActionEvent;
6  import java.awt.event.ActionListener;
7  import java.util.ResourceBundle;
8  
9  import javax.swing.JMenu;
10 import javax.swing.JMenuBar;
11 import javax.swing.JMenuItem;
12 import javax.swing.KeyStroke;
```

```java
/**
 * 游戏菜单，继承于JMenuBar，持有ResourceBundle对象的引用和
 * GameController对象的引用*/
@SuppressWarnings("serial")
public class MenuGame extends JMenuBar{
    private ResourceBundle bundle;
    private GameController game;

    public MenuGame(ResourceBundle b, GameController g){
        bundle = b;
        game = g;
        initializeMenus();
    }

    //通知游戏中控开新局
    private class NewHandler implements ActionListener{
        @Override
        public void actionPerformed(ActionEvent e) {
            game.start();//GameController 后面实现
        }
    }

    private class ExitHandler implements ActionListener{
        @Override
        public void actionPerformed(ActionEvent e) {
            System.exit(0);
        }
    }

    private void initializeMenus() {
        //------------------------游戏菜单组----------------------
        JMenu mnGame = new JMenu(bundle.getString("game"));
        mnGame.setMnemonic('G');

        JMenuItem itemNew = new JMenuItem(bundle.getString("new"));
        itemNew.setMnemonic('N');
        itemNew.setAccelerator(KeyStroke.getKeyStroke("F2"));
        itemNew.addActionListener(new NewHandler());

      JMenuItem itemExit = new JMenuItem(bundle.getString("exit"));;
        itemExit.setMnemonic('x');
        itemExit.setAccelerator(KeyStroke.getKeyStroke("ctrl Q"));
        itemExit.addActionListener(new ExitHandler());

        mnGame.add(itemNew);
        mnGame.addSeparator();
        mnGame.add(itemExit);
        //--------------------------------------------------------

        //------------------------帮助菜单组----------------------
        JMenu mnHelp = new JMenu(bundle.getString("help"));
        mnHelp.setMnemonic('H');

      JMenuItem itemAbout = new JMenuItem(bundle.getString("about"));
        itemAbout.setMnemonic('A');

        mnHelp.add(itemAbout);
        //--------------------------------------------------------

        this.add(mnGame);
        this.add(mnHelp);
    }
}
```

14.2.13 FrameGame 类实现

游戏主界面组装 PanelInfo 和 PanelGame，采用 Box 进行布局，负责通知 PanelInfo 对象完成相应操作。界面中间单元格为游戏信息显示和游戏界面，使用 JPanel 及 BorderLayout 进行布局，其具体实现代码如下：

【程序代码清单 14-14】FrameGame.java

```java
package game.view;

import game.model.GameServer;
import game.util.GameImage;

import java.awt.BorderLayout;
import java.awt.event.ActionListener;

import javax.swing.Box;
import javax.swing.JFrame;
import javax.swing.JPanel;

/**
 * 游戏主界面，组装 PanelInfo 和 PanelGame，采用 Box 进行布局，负责通知
 * PanelInfo 对象完成相应操作 */
@SuppressWarnings("serial")
public class FrameGame extends JFrame{
    private PanelInfo info;

    //通知 PanelInfo 对象定制监听器
    public void addStartListener(ActionListener listener){
        info.addStartListener(listener);
    }

    //通知 PanelInfo 对象刷新时间显示
    public void refreshTime(int timeValue) {
        info.refreshTime(timeValue);
    }

    //通知 PanelInfo 对象刷新得分显示
    public void refreshScore(int value) {
        info.refreshScore(value);
    }

    public FrameGame(GameServer server){
        info = new PanelInfo();
        PanelGame canvas = new PanelGame(server);

        /*3行3列，中间单元格采用 JPanel 及 BorderLayout，布局 PanelInfo 和 PanelGame*/
        Box vBox = Box.createVerticalBox();{
            vBox.add(Box.createVerticalStrut(4));
            Box hBox = Box.createHorizontalBox();{
                hBox.add(Box.createHorizontalStrut(4));
                JPanel panel = new JPanel(new BorderLayout(0, 4));
                panel.add(info, BorderLayout.NORTH);
                panel.add(canvas);
                hBox.add(panel);
                hBox.add(Box.createHorizontalStrut(4));
            }
            vBox.add(hBox);
            vBox.add(Box.createVerticalStrut(4));
        }

        this.add(vBox);
        this.setIconImage(GameImage.getLogo());
```

```
56            this.setDefaultCloseOperation(EXIT_ON_CLOSE);
57        }
58  }
59
```

14.2.14　PlayerController 类实现

玩家控制器实现开始按钮点击事件及键盘事件，持有游戏中控对象的引用。目前代码存在编译错误，等 GameController 完成后即可，其实现代码如下：

【程序代码清单 14-15】PlayerController.java

```
1   package game.control;
2
3   import java.awt.event.ActionEvent;
4   import java.awt.event.ActionListener;
5   import java.awt.event.KeyAdapter;
6   import java.awt.event.KeyEvent;
7
8   /**
9    * 玩家控制器，实现开始按钮点击事件及键盘事件，持有游戏中控对象的引用 */
10  public class PlayerController extends KeyAdapter implements ActionListener{
11      private GameController game;
12
13      public PlayerController(GameController game){
14          this.game = game;
15      }
16
17      //开始按钮点击事件处理程序
18      @Override
19      public void actionPerformed(ActionEvent e) {
20          game.start();
21      }
22
23      //键盘事件处理程序
24      @Override
25      public void keyPressed(KeyEvent e) {
26          String[] dirs = {"Left","Up","Right","Down"};
27          int code = e.getKeyCode();
28          if (code >= 37 && code <= 40)
29              game.turnTo(dirs[code - 37]);
30      }
31  }
32
```

14.2.15　GameController 类实现

游戏中控负责界面、业务模型的创建和组装，负责创建玩家控制器和玩家菜单并组装，负责游戏线程和时间线程的管理，最后开启游戏、显示游戏、进行游戏方向操作。该类所起的主要作用就是完成游戏各个模块的创建及安装（这里的意思就是在对象间建立联系），其具体实现代码如下：

【程序代码清单 14-16】GameController.java

```
1   package game.control;
2
3   import java.awt.Insets;
4   import java.awt.event.ActionEvent;
5   import java.awt.event.ActionListener;
6   import java.util.ResourceBundle;
7
```

```java
 8   import javax.swing.Timer;
 9
10   import game.model.GameServer;
11   import game.model.OverListener;
12   import game.model.ScoreListener;
13   import game.util.GameConfig;
14   import game.view.FrameGame;
15   import game.view.MenuGame;
16
17   /**
18    * 游戏中控，负责界面、业务模型的创建和组装，负责创建玩家控制器和玩家菜单并组装，负责游戏线程和时间线程的
19    管理，最后开启游戏、显示游戏、进行游戏方向操作*/
20   public class GameController {
21       private FrameGame view;                    //游戏主界面
22       private MenuGame menu;                     //游戏菜单
23       private GameServer model;                  //游戏服务器
24       private PlayerController player;           //玩家控制器
25       private Timer gameTimer;                   //游戏线程，每200ms刷新一次
26       private Timer timer;                       //时间显示线程，每秒刷新一次
27       private int timeValue = 0;                 //时间计数
28
29       //游戏线程事件处理，游戏服务器操作，界面刷新
30       private class GameHandler implements ActionListener{
31           @Override
32           public void actionPerformed(ActionEvent e) {
33               model.move();
34               view.repaint();
35           }
36       }
37
38       //时间线程事件处理，时间增一并刷新
39       private class TimeHandler implements ActionListener{
40           @Override
41           public void actionPerformed(ActionEvent e) {
42               timeValue++;
43               view.refreshTime(timeValue);
44           }
45       }
46
47       //计分事件处理，刷新即可
48       private class ScoreHandler implements ScoreListener{
49           @Override
50           public void report(int score) {
51               view.refreshScore(score);
52           }
53       }
54
55       //游戏结束事件处理，关闭定时器
56       private class OverHandler implements OverListener{
57           @Override
58           public void overGame() {
59               timer.stop();
60               gameTimer.stop();
61           }
62       }
63
64       public GameController(){
65           //创建游戏服务器对象，并定制计分和计时监听器
66           model = new GameServer();
67           model.addScoreListener(new ScoreHandler());
68           model.addOverListener(new OverHandler());
69
70           //创建玩家控制器，通过参数this使游戏中控和玩家控制器连接
71           player = new PlayerController(this);
72
73           //创建游戏主界面，并定制开始按钮监听器和键盘监听器
74           view = new FrameGame(model);
75           view.addStartListener(player);
```

```
76          view.addKeyListener(player);
77
78          //创建游戏菜单对象，并完成国际化与本地化处理
79          ResourceBundle bundle = ResourceBundle.getBundle(
80                                          "game/i18n/base");
81          menu = new MenuGame(bundle, this);   //通过this与游戏中控连接
82          view.setJMenuBar(menu);
83          view.setTitle(bundle.getString("title"));
84
85          //创建游戏线程和时间线程(可以只用一个线程，自己思考扩展)
86          gameTimer = new Timer(200, new GameHandler());
87          timer = new Timer(1000, new TimeHandler());
88      }
89
90      //开启游戏
91      public void start(){
92          model.start();
93          view.refreshScore(0);
94          view.refreshTime(0);
95          timeValue = 0;
96          gameTimer.start();
97          timer.start();
98      }
99
100     //游戏方向操作
101     public void turnTo(String name){
102         model.turnTo(name);
103     }
104
105     //界面显示
106     public void show(){
107         view.setVisible(true);
108         Insets is = view.getInsets();  //界面除客户区外的上、下、左、右区域
109         view.setSize(GameConfig.getCanvasWidth()
110                 +is.left*2, GameConfig.getCanvasHeight()
111                 +96+is.top+is.bottom);
112         view.setLocationRelativeTo(null);
113     }
114 }
```

14.2.16 GameEntry 类实现

程序入口方法实现，创建游戏中控对象，并显示界面，其实现代码如下：
【程序代码清单 14-17】GameEntry.java

```
1   import game.control.GameController;
2
3   import javax.swing.SwingUtilities;
4
5   /**
6    * 游戏入口，创建游戏中控对象，并显示界面 */
7   public class GameEntry {
8       public static void main(String[] args) {
9           SwingUtilities.invokeLater(new Runnable() {
10              @Override
11              public void run() {
12                  GameController game = new GameController();
13                  game.show();
14              }
15          });
16      }
17  }
```

大功告成！希望读者能够正常运行了。

本项目运行效果如图 14-5 所示，运行结束效果如图 14-6 所示。

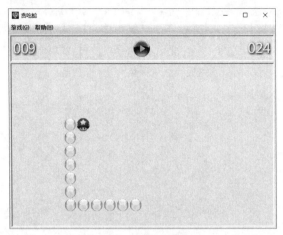

图 14-5　游戏运行界面

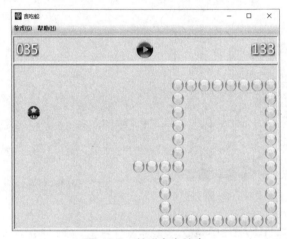

图 14-6　蛇碰自身结束

14.3　课程项目总结

贪吃蛇游戏采用 MVC 架构进行设计，增加了程序的灵活性和扩展性，读者可尝试进行如下扩展（不限于）：

◆ 游戏等级设置，游戏速度根据等级调整；
◆ 添加障碍物，并可设计关卡；
◆ 毒蘑菇设计，如加速蘑菇；
◆ 传输门设计，可将蛇传送到食物最近的门；
◆ 双蛇对战模式设计；
◆ 联网模式设计。

希望读者能够通过对该项目的理解，体验面向对象编程带来的好处，并强化面向对象编程的训练。

附录 A 《劝学篇》

君子曰：学不可以已。

青，取之于蓝，而青于蓝；冰，水为之，而寒于水。木直中绳，輮（róu）以为轮，其曲中规。虽有（yòu）槁暴（pù），不复挺者，輮使之然也。故木受绳则直，金就砺则利，君子博学而日参省乎己，则知明而行无过矣。

故不登高山，不知天之高也；不临深溪，不知地之厚也；不闻先王之遗言，不知学问之大也。干，越，夷，貉之子，生而同声，长而异俗，教使之然也。诗曰："嗟尔君子，无恒安息。靖共尔位，好是正直。神之听之，介尔景福。"神莫大于化道，福莫长于无祸。

吾尝终日而思矣，不如须臾之所学也；吾尝跂而望矣，不如登高之博见也。登高而招，臂非加长也，而见者远；顺风而呼，声非加疾也，而闻者彰。假舆马者，非利足也，而致千里；假舟楫者，非能水也，而绝江河。君子生（xìng）非异也，善假于物也。

南方有鸟焉，名曰蒙鸠，以羽为巢，而编之以发，系之苇苕，风至苕折，卵破子死。巢非不完也，所系者然也。西方有木焉，名曰射干，茎长四寸，生于高山之上，而临百仞之渊，木茎非能长也，所立者然也。蓬生麻中，不扶而直；白沙在涅，与之俱黑。兰槐之根是为芷，其渐之滫（xiǔ），君子不近，庶人不服。其质非不美也，所渐者然也。故君子居必择乡，游必就士，所以防邪辟而近中正也。

物类之起，必有所始。荣辱之来，必象其德。肉腐出虫，鱼枯生蠹（dù）。怠慢忘身，祸灾乃作。强自取柱，柔自取束。邪秽在身，怨之所构。施薪若一，火就燥也，平地若一，水就湿也。草木畴生，禽兽群焉，物各从其类也。是故质的张，而弓矢至焉；林木茂，而斧斤至焉；树成荫，而众鸟息焉。醯酸，而蚋聚焉。故言有招祸也，行有招辱也，君子慎其所立乎！

积土成山，风雨兴焉；积水成渊，蛟龙生焉；积善成德，而神明自得，圣心备焉。故不积跬步，无以至千里；不积小流，无以成江海。骐骥一跃，不能十步；驽马十驾，功在不舍。锲而舍之，朽木不折；锲而不舍，金石可镂。蚓无爪牙之利，筋骨之强，上食埃土，下饮黄泉，用心一也。蟹六跪而二螯，非蛇鳝之穴无可寄托者，用心躁也。

是故无冥冥之志者，无昭昭之明；无惛惛之事者，无赫赫之功。行衢（qú）道者不至，事两君者不容。目不能两视而明，耳不能两听而聪。螣蛇无足而飞，鼫鼠五技而穷。《诗》曰："尸鸠在桑，其子七兮。淑人君子，其仪一兮。其仪一兮，心如结兮！"故君子结于一也。

昔者瓠巴鼓瑟，而流鱼出听；伯牙鼓琴，而六马仰秣。故声无小而不闻，行无隐而不形。玉在山而草润，渊生珠而崖不枯。为善不积邪？安有不闻者乎？

学恶乎始？恶乎终？曰：其数则始乎诵经，终乎读礼；其义则始乎为士，终乎为圣人，真积力久则入，学至乎没而后止也。故学数有终，若其义则不可须臾舍也。为之，人也；舍之，禽兽也。故书者，政事之纪也；诗者，中声之所止也；礼者，法之大分，类之纲纪也。故学至乎礼而止矣。夫是之谓道德之极。礼之敬文也，乐之中和也，诗书之博也，春秋之微也，在天地之间者毕矣。君子之学也，入乎耳，着乎心，布乎四体，形乎动静。端而言，蝡而动，一可以为法则。小人之学也，入乎耳，出乎口；口耳之间，则四寸耳，曷足以美七尺之躯哉！古之学者为己，今之学者为人。君子之学也，以美其身；小人之学也，以为禽犊。故不问而告谓之傲，问一而告二谓之囋。傲、非也，囋、非也；君子如向矣。

学莫便乎近其人。礼乐法而不说，诗书故而不切，春秋约而不速。方其人之习君子之说，则尊以遍矣，周于世矣。故曰：学莫便乎近其人。

学之经莫速乎好其人，隆礼次之。上不能好其人，下不能隆礼，安特将学杂识志，顺诗书而已耳。则末世穷年，不免为陋儒而已。将原先王，本仁义，则礼正其经纬蹊径也。若挈裘领，诎五指而顿之，顺者不可胜数也。不道礼宪，以诗书为之，譬之犹以指测河也，以戈舂黍也，以锥餐壶也，不可以得之矣。故隆礼，虽未明，法士也；不隆礼，虽察辩，散儒也。

问楛者，勿告也；告楛者，勿问也；说楛者，勿听也。有争气者，勿与辩也。故必由其道至，然后接之；非其道则避之。故礼恭，而后可与言道之方；辞顺，而后可与言道之理；色从，而后可与言道之致。故未可与言而言，谓之傲；可与言而不言，谓之隐；不观气色而言，谓瞽。故君子不傲、不隐、不瞽，谨顺其身。诗曰："匪交匪舒，天子所予。"此之谓也。

百发失一，不足谓善射；千里蹞步不至，不足谓善御；伦类不通，仁义不一，不足谓善学。学也者，固学一之也。一出焉，一入焉，涂巷之人也；其善者少，不善者多，桀纣盗跖也；全之尽之，然后学者也。

君子知夫不全不粹之不足以为美也，故诵数以贯之，思索以通之，为其人以处之，除其害者以持养之。使目非是无欲见也，使口非是无欲言也，使心非是无欲虑也。及至其致好之也，目好之五色，耳好之五声，口好之五味，心利之有天下。是故权利不能倾也，群众不能移也，天下不能荡也。生乎由是，死乎由是，夫是之谓德操。德操然后能定，能定然后能应。能定能应，夫是之谓成人。天见其明，地见其光，君子贵其全也。

——荀子

附录 B 编码规范

1. 统一编程风格的意义

（1）增加开发过程代码的强壮性、可读性、易维护性。
（2）减少有经验和无经验开发人员编程所需的脑力工作。
（3）为软件的良好维护性打下好的基础。
（4）在项目范围内统一代码风格。
（5）通过人为及自动的方式对最终软件应用质量标准。
（6）使新的开发人员快速适应项目氛围。
（7）支持项目资源的复用：允许开发人员从一个项目区域（或子项目团队）移动到另一个，而不需要重新适应新的子项目团队的氛围。
（8）拥有一个优秀而且职业化的开发团队所必需的素质。

2. 命名规范

（1）代码中的命名严禁使用拼音与英文混合的方式，更不允许直接使用中文的方式。说明：正确的英文拼写和语法可以让阅读者易于理解，避免歧义。注意，即使纯拼音命名方式也要避免采用。

反例：DaZhePromotion [打折] / getPingfenByName() [评分] / int 某变量 = 3。

正例：alibaba / taobao / youku / hangzhou 等国际通用的名称，可视同英文。

（2）类名使用 PascalCase 风格，即每个单词的首字母大写，但以下情形例外（领域模型的相关命名）：DAO / BO / DTO 等。

反例：macroPolo / UserDao / XMLService / TCPUDPDeal / TAPromotion。

正例：MarcoPolo / UserDAO / XmlService / TcpUdpDeal / TaPromotion。

（3）方法名、参数名、成员变量都统一使用 CamelCase 风格，即第 1 个单词首字母小写，后面单词首字母大写，如 getName()、number 等。

（4）常量命名全部大写，单词间用下画线隔开，力求语义表达完整清楚，不要嫌名字长，如 JFrame 中的 EXIT_ON_CLOSE。

（5）包名统一使用小写，点分隔符之间有且仅有一个自然语义的英语单词。为避免命名冲突，可采用公司域名反写的方式定义包前缀。

（6）使用 Java 风格定义数组，即中括号在前，如数组定义：String[] args;。不要使用 C 风格，即 String args[]的方式来定义。

（7）如果用到了设计模式，建议在类名中体现出具体模式，如本书中采用工厂模式时的命名 OperatorFactory。

（8）接口和实现类的命名有两套规则：

①对于 Service 和 DAO 类，基于 SOA 的理念，暴露出来的服务一定是接口，内部的实现类用 Impl 的后缀与接口区别。

正例：CacheServiceImpl 实现 CacheService 接口。

②如果是形容能力的接口名称，取对应的形容词做接口名（通常是 - able 的形式），如 Java 中 Comparable 接口。

（9）各层命名规约：

①Service/DAO 层方法命名规约：
- 获取单个对象的方法用 get 做前缀；
- 获取多个对象的方法用 list 做前缀；
- 获取统计值的方法用 count 做前缀；
- 插入的方法用 save（推荐）或 insert 做前缀；
- 删除的方法用 remove（推荐）或 delete 做前缀；
- 修改的方法用 update 做前缀。

②领域模型命名规约：
- 数据对象：xxxDO，xxx 即为数据表名；
- 数据传输对象：xxxDTO，xxx 为业务领域相关的名称；
- 展示对象：xxxVO，xxx 一般为网页名称。

3. 格式规范

（1）if-else if-else 格式：

```
if（（a > b）&&（a > c）){
    b = b - 1
}else if（a > b）{
    b = b + 1;
}else{
    a = a + 1;
}
```

（2）switch 格式：

```
switch(n){
    case 0:
        do();
        break;
    case 1:
    case 2:
        do2();
        break;
    default:
        doDefault();
}
```

（3）while 格式：

```
while（n < 6）{
    doSomething();
    n++;
}
```

（4）for 格式：

```
for (int i = 0; i < a.length; i++) {
    doSomething();
}
```

（5）try-catch-finally 格式：

```
try {
    statements;
}catch (Exception ex) {
    ex.printStackTrace();
}finally {
    statements;
}
```

4．注释风格

（1）注释应该正确、简洁、有重点。

（2）应该编写优雅的、可读性良好的代码，而不是为玄妙、晦涩的代码写注释。

（3）原则上应尽量减少程序体内代码的注释，应该保持代码本身的直接可读性。

（4）方法的注释，可以只对 public 或者重要的 private 方法进行注解。另外，建议对公开权限的成员添加文档注释。

5．其他规范

（1）代码分段，如方法内按逻辑空 1 行的方式分段，方法间用空行分隔。

（2）遵循 30s 法则：其他的程序员应能在少于 30s 的时间内完全理解你的成员方法。如果他们做不到，说明你的代码太难维护，应加以改进。一个好的经验法则是：如果一个成员函数一屏显示不下，那么它就很可能太长了。

（3）始终进行参数检验：不要认为只有我才会调用这个方法，我能够保证参数的有效性。事实上很多运行错误就是没有对参数进行检验。对于传入了非法值的方法调用，可以返回一个对调用无意义的值（如 null、-1），或者干脆抛出一个异常。

（4）方法的参数不宜过多，如果实在是太多，可以考虑将这些参数封装成一个类，然后将这个类的某个实例作为参数传入方法。

（5）干法则（don't repeat yourself，dry）：避免重复代码。

附录 C

JDK 版本特性

1. JDK 1.5 新增特性（2004 年 10 月发布）

（1）泛型（Generics）

（2）增强 for 循环

（3）自动拆装箱（Autoboxing/unboxing）

（4）类型安全的枚举（Typesafeenums）

（5）静态导入（import static）

（6）元数据（Metadata）

（7）线程池

2. JDK 1.6 新增特性（2006 年 4 月发布）

（1）Desktop 类和 SystemTray 类

（2）使用 JAXB2 来实现对象与 XML 之间的映射

（3）StAX

（4）使用 Compiler API

（5）轻量级 Http Server API

（6）插入式注解处理 API（Pluggable Annotation Processing API）

（7）用 Console 开发控制台程序

（8）对脚本语言的支持

（9）Common Annotations

3. JDK 1.7 新增特性（2011 年 7 月发布）

（1）自动资源管理

（2）增强的对通用实例创建（diamond）的类型推断

（3）数字字面量下画线支持

（4）switch 中使用 string

（5）二进制字面量

（6）简化的可变参数调用

4. JDK 1.8 新增特性（2014 年 3 月发布）

（1）接口的默认方法

（2）Lambda 表达式

（3）函数式接口
（4）方法与构造函数引用
（5）Lambda 作用域
（6）访问局部变量
（7）访问对象字段与静态变量
（8）访问接口的默认方法
（9）Date API
（10）Annotation 多重注解

反侵权盗版声明

电子工业出版社依法对本作品享有专有出版权。任何未经权利人书面许可，复制、销售或通过信息网络传播本作品的行为，歪曲、篡改、剽窃本作品的行为，均违反《中华人民共和国著作权法》，其行为人应承担相应的民事责任和行政责任，构成犯罪的，将被依法追究刑事责任。

为了维护市场秩序，保护权利人的合法权益，我社将依法查处和打击侵权盗版的单位和个人。欢迎社会各界人士积极举报侵权盗版行为，本社将奖励举报有功人员，并保证举报人的信息不被泄露。

举报电话：（010）88254396；（010）88258888
传　　真：（010）88254397
E-mail：　dbqq@phei.com.cn
通信地址：北京市海淀区万寿路 173 信箱
　　　　　电子工业出版社总编办公室
邮　　编：100036